国家科学技术学术著作出版基金资助出版

汽车碰撞车体与乘员约束系统的参数设计方法

张君媛　著

科学出版社

北京

内 容 简 介

本书从运动学和动力学的角度，给出了整车碰撞系统重要参数的力学关系和碰撞波形的主要特征参数；提出了基于统计数据的波形评价方法和波形与约束系统刚度之间的耦合关系评价方法；建立了反映汽车碰撞系统中各子系统与乘员响应之间力学联系的半经验、半理论解析表达式；探究了如何利用这些基本理论和方法进行汽车碰撞车体及乘员约束系统参数的快速设计。本书方法不依赖于大型商业 CAE 软件和 CAE 工程师，使用本书方法能在未形成整车有限元模型甚至是几何模型之前进行碰撞安全性的概念设计。

本书适合汽车设计专业的在校研究生和企业汽车安全工程师阅读。

图书在版编目（CIP）数据

汽车碰撞车体与乘员约束系统的参数设计方法 / 张君媛著. —北京：科学出版社，2018.11

ISBN 978-7-03-059101-2

Ⅰ. ①汽… Ⅱ. ①张… Ⅲ. ①汽车-安全设计-研究 Ⅳ. ①U461.91

中国版本图书馆 CIP 数据核字（2018）第 238146 号

责任编辑：姜 红 / 责任校对：王 瑞
责任印制：吴兆东 / 封面设计：无极书装

科 学 出 版 社 出版
北京东黄城根北街 16 号
邮政编码：100717
http://www.sciencep.com

北京凌奇印刷有限责任公司 印刷

科学出版社发行 各地新华书店经销

*

2018 年 11 月第 一 版 开本：720 × 1000 1/16
2019 年 1 月第二次印刷 印张：13
字数：262 000

POD定价： 99.00元
（如有印装质量问题，我社负责调换）

前　　言

汽车碰撞安全性设计是一个从汽车设计的角度出发，减少和减轻汽车碰撞给乘员及行人带来各种伤害的学科领域。

汽车碰撞是一个瞬态、非线性、大变形的复杂力学过程。美国密歇根大学（University of Michigan）Huang 于 2002 年出版的 *Vehicle Crash Mechanics*（《汽车碰撞力学》）通过复杂系统的力学简化，全面、系统地研究了汽车碰撞力学的基本原理，提出了车体、乘员和约束系统之间的内在联系和多项系统性能的评价参数，对于读者了解和认识汽车碰撞过程的力学本质有非常大的帮助。本书以此为切入点，细化和发展了该书的部分理论，同时构建了若干结构碰撞及碰撞保护系统的解析模型，推导了多种结构断面抗撞性设计参数的求解公式，建立了汽车碰撞系统中各子系统与乘员响应之间的力学联系及半经验、半理论的解析表达式，并重点研究了如何利用这些基本理论和方法进行汽车碰撞车体及乘员约束系统参数的快速设计。本书方法不依赖于大型商业计算机辅助工程（computer aided engineering，CAE）软件和 CAE 工程师，能在未形成整车有限元模型甚至几何模型之前，尽早获得设计参数最佳取值空间，以避免设计不足或“过设计”，业界也通常将这个过程称为碰撞安全性的概念设计（或正向设计）。

本书研究对象包含既密切关联又相对独立的车体结构抗撞性和乘员约束系统两部分。

第 1 章从运动学和动力学的角度给出了整车碰撞系统重要参数的力学关系和碰撞波形的主要特征参数；第 2 章给出了碰撞波形的简化表达，提出了基于统计数据的碰撞波形评价方法；第 3 章以简化的车体-乘员单自由度解析模型为依据给出了波形与乘员响应的量化关系，论述了乘员能量的耗散与约束系统刚度的关系；第 4 章仍以车体-乘员单自由度解析模型为依据，提出了双台阶碰撞波形与三线性约束刚度的最优耦合关系评价方法，并进行了统计验证；第 5 章为车体结构抗撞性双梯形目标设计与约束系统刚度的目标设计及目标分解方法；第 6 章讨论了车体薄壁梁的压溃和弯曲的理论模型与解析表达，重点推导了多（十二）直角截面薄壁梁的抗撞性理论公式，支持结构概念设计阶段断面参数的快速选择；第 7 章则提出了安全气囊的力学模型及其冲击反力的解析表达式，并将其应用于单自由度的车体-乘员模型，同时还提出了车体-乘员双自由度解析模型，细化了约束系统参数在模型中的表达，该章模型的特点是能够进行任意波形下的乘员响应快速求解，并支持概念设计阶段的参数设计。由于方程复杂，书中给出了主要的算法程序。

本书适合汽车设计专业的在校研究生和企业汽车安全工程师阅读。本书假定读者已了解汽车碰撞安全系统的基本构成、工作原理、各项法规，并已具备基本的力学知识。

作者自2000年初开始接触汽车碰撞安全性理论、方法及仿真技术，十多年来先后承担了多项来自国家和企业的研究课题，涵盖了汽车碰撞力学、汽车碰撞安全仿真技术、车体结构力学、乘员约束系统优化、汽车安全构件轻量化等理论与应用技术。期间培养了数十名该领域的硕士、博士研究生。本书内容基于作者承担的国家自然科学基金项目（51075180、51375203）和国家科技支撑计划项目（2011BAG03B04子课题）的研究成果，研究和发展了部分汽车碰撞力学理论，系统地提出了汽车碰撞车体结构与乘员约束系统参数设计的解析方法。

在本书成稿之际，感谢作者的导师林逸教授，他的学识和气度令作者敬佩。十几年前他引领作者走进这个领域，他的鼓励和信任促使作者投身其中，体会了耕耘的辛苦，更获得了收获的快乐。师恩如海，只有努力工作，聊以回报。感谢作者的学生张燕、刘乐丹、陈超、陈光、安月、武栎楠、马悦、谢力哲、周浩、张乐、靳阳、倪滢滢、刘茜、王丹琦等，他们参与了本书诸多章节的研究和撰写工作，其间付出了极大的辛苦。感谢中国第一汽车集团公司技术中心邱少波总监始终无私地分享他的知识和智慧。感谢合作过程中给予过作者大量帮助的长安汽车工程研究院赵会博士，清华大学周青教授，同济大学朱西产教授、高云凯教授，中国第一汽车集团公司技术中心李红建博士、唐洪斌博士，一汽轿车股份有限公司产品开发部卢放博士，一汽-大众汽车有限公司产品开发部刘静岩师弟。

感谢国家科学技术学术著作出版基金的资助。

感谢周浩博士、王丹琦博士对书稿进行的大量、繁杂的整理工作。

挂一漏万，敬请海涵。

作　者

2017年10月于长春

目　　录

第 1 章　整车碰撞的基本力学关系

1.1　基本运动学关系

汽车在与正面刚性壁障（front rigid barrier，FRB）碰撞过程中相对地面是一个减速过程。如果规定车辆前进的方向为正方向，那么汽车将产生一个负的加速度。在地面坐标系（也称绝对坐标系，见图 1.1）中，当车辆停下来时，其速度将由碰撞前的行驶速度减为零，若有回弹，其速度将变为负值。

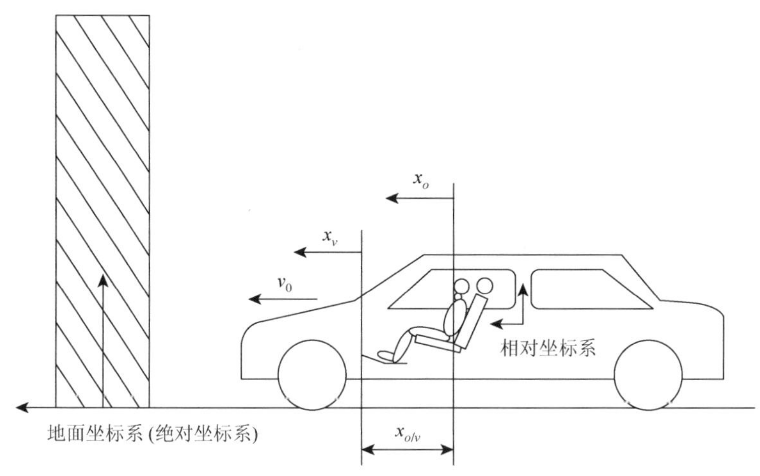

图 1.1　汽车碰撞的地面坐标系和相对坐标系

在地面坐标系中观测到车辆速度由碰撞前的速度按如下方程进行衰减：

$$\dot{x}_v - v_0 + \int_0^t \ddot{x}_v \mathrm{d}t \qquad (1.1)$$

式中，v_0 为车体碰撞前的速度；$\ddot{x}_v$ 为车体绝对加速度。缩写与符号说明见附录 I 。

车体位移 x_v 由速度的积分获得：

$$x_v = \int_0^t \dot{x}_v \mathrm{d}t \qquad (1.2)$$

位移为一个时间函数，表明车辆前部在碰撞事件中破坏变形的过程，乘员舱整体向前的位移等于车体前端压溃量。当然加速度与速度函数必须在碰撞中几乎没有变形的乘员舱的某个部位测得（一般选择 B 立柱下端）。

图 1.2 显示的是某车型 56km/h 正面刚性壁障碰撞的加速度曲线、速度曲线以及车体位移曲线。在 66.5ms 时车辆的破坏变形量达到最大值。由于变形结构的恢复，车辆开始回弹，速度变为负值。最终测得的残余变形量可能与曲线上的最大值并不相等。

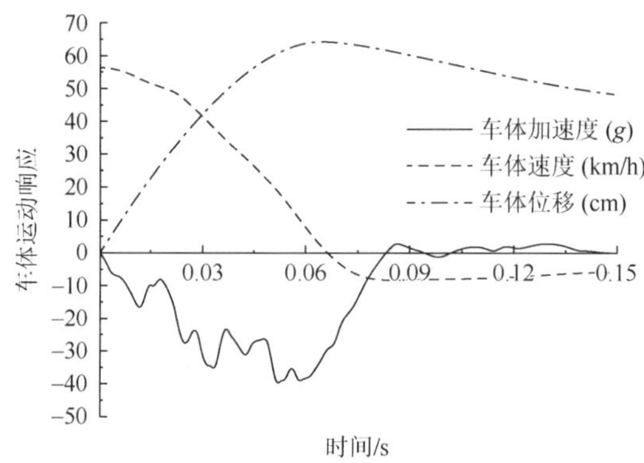

图 1.2　车体加速度、速度和位移曲线

在地面坐标系中观测到的乘员速度和乘员位移按如下方程式求得

$$\dot{x}_o = v_0 + \int_0^t \ddot{x}_o \mathrm{d}t \tag{1.3}$$

$$x_o = \int_0^t \dot{x}_o \mathrm{d}t \tag{1.4}$$

式中，$\ddot{x}_o$ 为乘员加速度；$\dot{x}_o$ 为乘员速度；x_o 为乘员位移。曲线如图 1.3 所示。

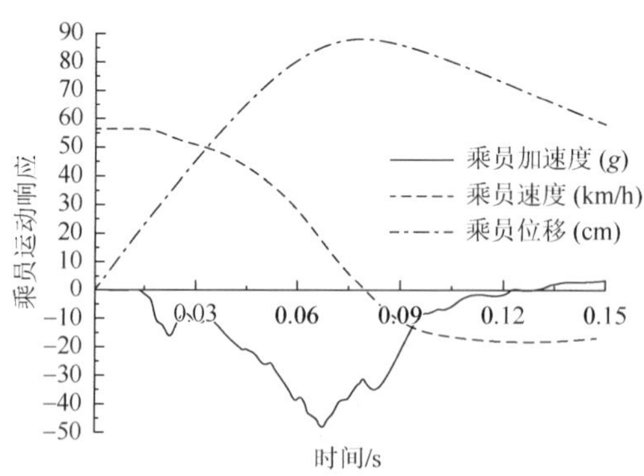

图 1.3　乘员加速度、速度和位移曲线

为研究问题方便，通常将乘员的运动用车体坐标系描述，车体坐标系固定于车体不变形部分，也称为移动坐标系。碰撞开始后，车体坐标系内乘员开始加速并相对于车内饰向前移动，直到其撞上转向盘或仪表板。

在移动坐标系中，乘员速度从“0”开始，相对于车体向前运动，其速度和位移可分别表示为

$$\dot{x}_{o/v} = \int_0^t \ddot{x}_{o/v} \mathrm{d}t \tag{1.5}$$

$$x_{o/v} = \int_0^t \dot{x}_{o/v} \mathrm{d}t = \int\int_0^t \ddot{x}_{o/v} \mathrm{d}t \tag{1.6}$$

式中，$\dot{x}_{o/v}$ 为乘员相对速度；$\ddot{x}_{o/v}$ 为乘员相对加速度；$x_{o/v}$ 为乘员相对位移。曲线如图 1.4 所示。

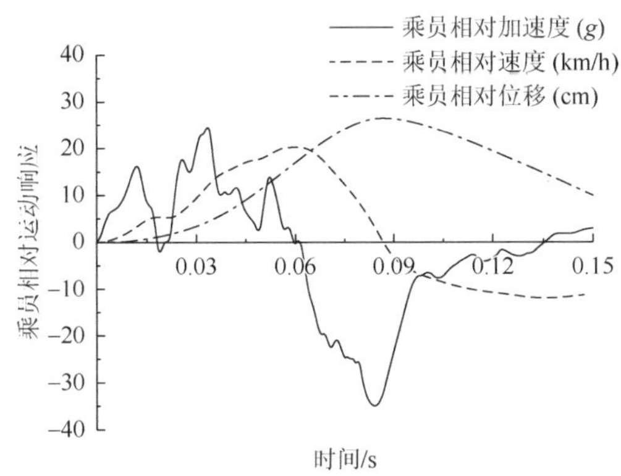

图 1.4　乘员相对加速度、相对速度和相对位移曲线

在完全刚性的 100%障碍壁碰撞试验中，如果乘员不受（或忽视）任何约束，则乘员的绝对加速度为 0，因为

$$\ddot{x}_o = \ddot{x}_v + \ddot{x}_{o/v} \tag{1.7}$$

有

$$\ddot{x}_{o/v} = -\ddot{x}_v \tag{1.8}$$

$\ddot{x}_o$ 表示乘员在地面坐标系中的加速度，即乘员的绝对加速度。因此，乘员在移动坐标系中的加速度在数值上等于地面坐标系中车的加速度的负值。

1.2　简化的车体动力学关系

正面全宽碰撞是评价汽车碰撞安全性的典型工况之一。该工况下车体前端结构完全参与碰撞，变形完全，吸能充分，因此在汽车抗撞性概念设计（conceptual design）阶段，通常将正面全宽碰撞工况作为主要的设计工况，对该工况下整车

的吸能量、变形量、碰撞波形（crash pulse）、碰撞力以及前端主要结构的刚度、变形模式等进行设计，再对其他碰撞工况（40%偏置、30°角、25%小偏置等）进行验证，根据各个工况的具体要求对结构进行适当调整。

在以往的资料中，为了直观、快速地了解碰撞中的车体动力学参数，有两种简化的碰撞力学模型。

模型一[1]（图 1.5（a））：将碰撞行为简化为质量为 M 的车辆以速度 v_0 匀速运动，$t=0$ 时刻撞击到刚性壁障，$t=t_E$ 时刻达到最大位移 D_{max}。该模型假设引起车辆前部压溃的碰撞力为恒力 F_0（图 1.5（b）），则有运动方程：

$$M\ddot{x}_v=-F_0 \tag{1.9}$$

$$\ddot{x}_v=-\frac{F_0}{M} \tag{1.10}$$

$$\dot{x}_v=\int_0^t \ddot{x}_v \mathrm{d}t=-\frac{F_0}{M}t+C_1 \tag{1.11}$$

由初始条件 $t=0$，$\dot{x}_v=v_0$，求得

$$C_1=v_0$$

$$\dot{x}_v=-\frac{F_0}{M}t+v_0 \tag{1.12}$$

$$x_v=\int_0^t \dot{x}_v \mathrm{d}t=-\frac{F_0}{2M}t^2+v_0t+C_2 \tag{1.13}$$

由初始条件 $t=0$，$x_v=0$，求得

$$C_2=0$$

$$x_v=-\frac{F_0}{2M}t^2+v_0t \tag{1.14}$$

在 $t=t_E$ 时刻，$\dot{x}_v=0$，求得

$$t_E=\frac{Mv_0}{F_0} \tag{1.15}$$

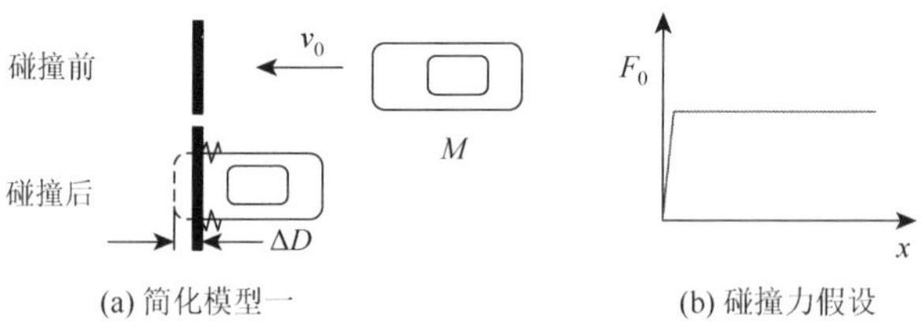

图 1.5 简化模型一及碰撞力假设

模型一的车体加速度、速度和位移曲线如图 1.6 所示。

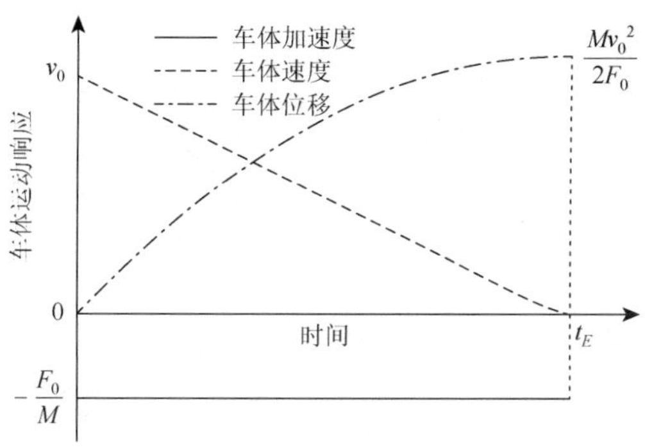

图 1.6　模型一的车体加速度、速度和位移曲线

在这种假设下，车体产生了恒定的碰撞加速度。

案例 1　假设某车总质量为 1500kg，以 56km/h 的速度撞击刚性壁障，乘员舱平均压溃载荷为 300kN。则有恒定加速度：

$$\ddot{x}_v = -\frac{F_0}{M} = -20g$$

碰撞终止时刻：

$$t_E = \frac{Mv_0}{F_0} = 0.078\text{s}$$

最大位移：

$$D_{\max} = -\frac{F_0}{2M}t_E^2 + v_0 t_E = 0.605\text{m}$$

与图 1.2 中的速度历程进行比较，可以发现这个简易模型可以较合理地预测碰撞行为。

从能量角度来看，有

$$\frac{1}{2}Mv_0^2 = F_0 D_{\max} \tag{1.16}$$

$$D_{\max} = \frac{Mv_0^2}{2F_0} \tag{1.17}$$

式（1.17）给出了初始能量确定的情况下平均反力和最大位移的关系。

模型二[1]：质量为 M 的车辆以速度 v_0 撞击刚性障碍壁（图 1.7（a）），假设碰撞力 F 与变形 x 成正比（图 1.7（b）），即刚度为恒值 K。则有运动方程：

$$M\ddot{x}_v + F = 0 \tag{1.18}$$

$$F = Kx_v \tag{1.19}$$

$$M\ddot{x}_v + Kx_v = 0 \tag{1.20}$$

其通解：

$$x_v(t) = A\sin(\omega t), \quad \omega = \sqrt{\frac{K}{M}} \tag{1.21}$$

考虑到初始条件：当 $t=0$ 时，$\dot{x}_v = v_0$，$\ddot{x}_v = 0$，有

$$x_v(t) = v_0\sqrt{\frac{M}{K}}\sin\left(\sqrt{\frac{K}{M}}t\right) \tag{1.22}$$

$$\dot{x}_v(t) = v_0\cos\left(\sqrt{\frac{K}{M}}t\right) \tag{1.23}$$

$$\ddot{x}_v(t) = -v_0\sqrt{\frac{K}{M}}\sin\left(\sqrt{\frac{K}{M}}t\right) \tag{1.24}$$

当车体达到最大位移 $D_{\max}$ 时，车速为 0，即

$$\dot{x}_v(t) = v_0\cos\left(\sqrt{\frac{K}{M}}t\right) = 0 \tag{1.25}$$

由于

$$\sqrt{\frac{K}{M}}t = \frac{\pi}{2} \tag{1.26}$$

此时位移和加速度为

$$D_{\max} = v_0\sqrt{\frac{M}{K}} \tag{1.27}$$

$$a_{\max} = -v_0\sqrt{\frac{K}{M}} \tag{1.28}$$

位移公式可以变形为

$$K = \frac{Mv_0^2}{D_{\max}^2} \tag{1.29}$$

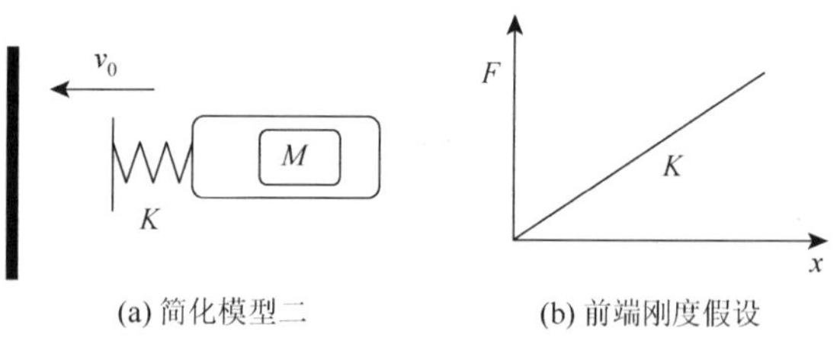

图 1.7　简化模型二及前端刚度假设

模型二的车体加速度、速度和位移曲线如图 1.8 所示。

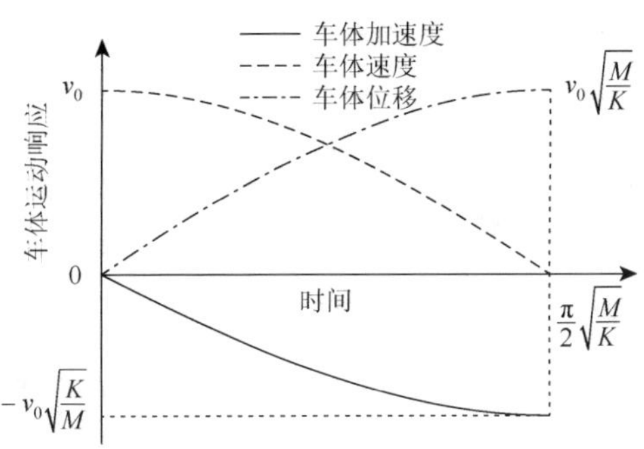

图 1.8　模型二的车体加速度、速度和位移曲线

案例 2　某整车的质量为 1500kg，以 50km/h 的速度正面与刚性墙相撞。如果可移动最大距离为 500mm，则前段刚度、最大加速度和最大反力分别为

$$K = \frac{Mv_0^2}{D_{max}^2} = 1157.41\text{kN / m}$$

$$a_{max} = -v_0\sqrt{\frac{K}{M}} = -385.80\text{m / s}^2$$

$$F_{max} = Ma_{max} = -578.7\text{kN}$$

由于

$$D_{max} = v_0\sqrt{\frac{M}{K}}$$

所以在车体刚度和车速不变的前提下，压溃距离与车体质量成正比，车体质量越大，压溃距离越大，即所需压缩空间越大。

从能量的角度可以得到相同的结论：将前端结构看成单自由度弹簧，假设全部能量由前端结构吸收，在最大位移处车速为零。

$$\frac{1}{2}Mv_0^2 = \frac{1}{2}KD_{max}^2 \tag{1.30}$$

如果 D_{max} 为 500mm，则前端刚度、最大反力分别为

$$K = \frac{Mv_0^2}{D_{max}^2} = 1157.41\text{kN / m}$$

$$F_{max} = -KD_{max} = -578.7\text{kN}$$

整车加速度峰值为

$$a_{max} = \frac{F_{max}}{M} = -385.80\text{m/s}^2$$

两种模型分别对车体前端结构的力学性能作了不同的假设和简化，揭示了重要的物理量之间的相关性。两种模型分别用于不同目的的研究。

1.3 实车正面碰撞波形

1.3.1 碰撞波形及其特征参数

实际事故中，车辆发生正面碰撞时，车辆前端结构发生变形、破坏，吸收碰撞产生的能量，直至车辆速度降为零并发生反弹。整个碰撞期间，车体处于一个减速过程，车辆中各点加速度不同。理想情况是车辆发生正面碰撞时，主要变形吸能部位是车辆前端结构，B 柱之后的结构在整个碰撞过程中几乎不发生变形。因此，通常将B柱上采集到的加速度信号作为整车加速度，该信号也是碰撞试验中最容易获得的车辆响应之一。模拟实车正碰的台车试验中，台车系统的加速度曲线即源于实车正碰时在B柱上采集到的加速度信号（图 1.9）。乘员舱及其后面的车体结构在碰撞时可以看作刚体运动，同时将其加速度-时间（或加速度-位移）历程称为汽车正面碰撞波形（frontal crash pulse）。

图 1.9 碰撞波形采集部位

在各种研究中一般对碰撞波形、碰撞脉冲（crash impulse）和加速度波形等概念均不作区分。为了简化表达，本书采用车体加速度的绝对值与时间的曲线作为碰撞波形，表达车体在碰撞中的减速过程。

正面碰撞波形不仅可以用来衡量车辆正碰的剧烈程度，更重要的是，碰撞波形和乘员伤害密切相关。近几十年，国内外众多学者开展了大量研究，本书后续章节将讨论针对乘员伤害的最优波形和波形与车体结构参数的关系。

碰撞过程中采集到的碰撞波形是一条连续变化的曲线，为了研究方便，本书将该曲线称为原始碰撞波形（或详细碰撞波形），并定义描述原始碰撞波形的关键参数（图 1.10）。

（1）碰撞波形峰值（the peak crash pulse）A_{max}，即加速度在加速度-时间曲线上的最大值。碰撞波形峰值反映了碰撞过程中最为激烈的瞬间。

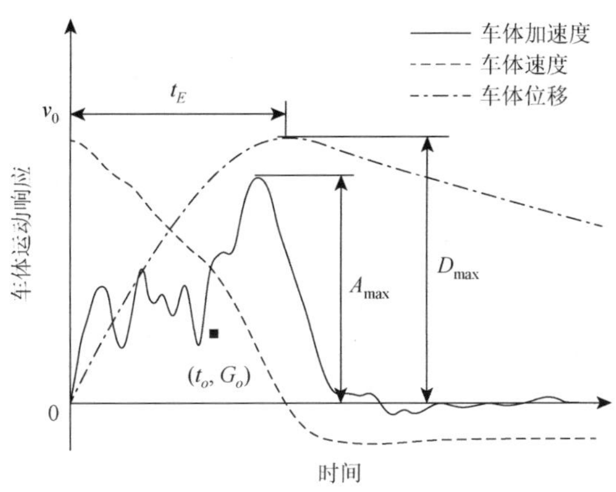

图 1.10　正面碰撞波形的关键参数

（2）最大动态压溃量（maximum dynamic deformation）D_{max}，由加速度-时间曲线经过两次积分得到的位移-时间曲线上的最大位移值即车体的最大动态压溃量，是从车辆与壁障开始接触时刻到车辆速度减为零时刻车辆向前运动的距离，也是车体前端结构的压溃量。

（3）车辆回弹时刻 t_E，即车辆速度减为 0 的时刻，表明车辆停止的快慢，同时也是车体到达最大动态压溃量的时刻。

（4）碰撞波形形心（centroid of the crash pulse）(t_o，G_o)，是指加速度-时间曲线与时间轴围成的几何形状的形心，形心的横坐标称为形心时刻 t_o，形心纵坐标称为形心加速度 G_o。形心位置表征了碰撞加速度波形在时间域上的长度和分布情况。其计算方法如下：

$$t_o = \frac{\int_0^t t \cdot \ddot{x}_v \mathrm{d}t}{\int_0^t \ddot{x}_v \mathrm{d}t} \tag{1.31}$$

$$G_o = \frac{\int_0^t \ddot{x}_v^{\ 2} \mathrm{d}t}{2\int_0^t \ddot{x}_v \mathrm{d}t} \tag{1.32}$$

碰撞波形除了是汽车抗撞性的重要评价指标外，还是影响乘员伤害的重要因素。碰撞波形的形状取决于车体吸收的总能量以及车体前端结构的吸能空间和刚度分布。对于不同级别的车型，碰撞波形都会有一定差别（图 1.11 中的车型 A 和车型 B），其乘员主要伤害指标差别较大，如表 1.1 所示。即使波形相近（图 1.11 中的车型 A 和车型 C），乘员伤害也不能完全相同。

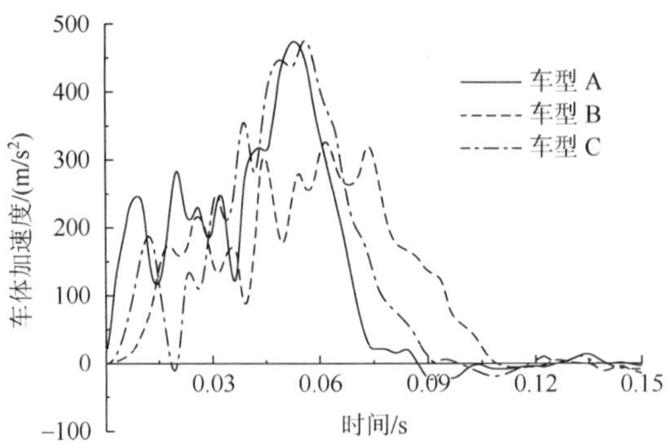

图 1.11　三款车型的碰撞波形

表 1.1　乘员主要伤害指标对比

车型	头部损伤准则 HIC_{15}	颈部损伤准则 N_{ij}	胸部加速度/g	胸部压缩量/mm	大腿力/N
车型 A	148	0.25	41	18	1428
车型 B	232	0.36	43	27	1847
车型 C	101	0.32	38	25	901

1.3.2　压溃率与能量密度

碰撞加速度体现了壁障作用在车辆上的接触反力（碰撞力），碰撞波形与碰撞力之间的关系（图 1.12）可以近似表示为

$$F(t) = M(t) \cdot a(t) \tag{1.33}$$

式中，$M(t)$是车辆运动部分的质量，在等式中不是定值，随着碰撞过程的进行，已经堆积在壁障附近停止运动的结构的质量不包含在式中。在进行加速度与碰撞力的换算时可近似看作 $M(t)$保持不变，用整车质量代替。

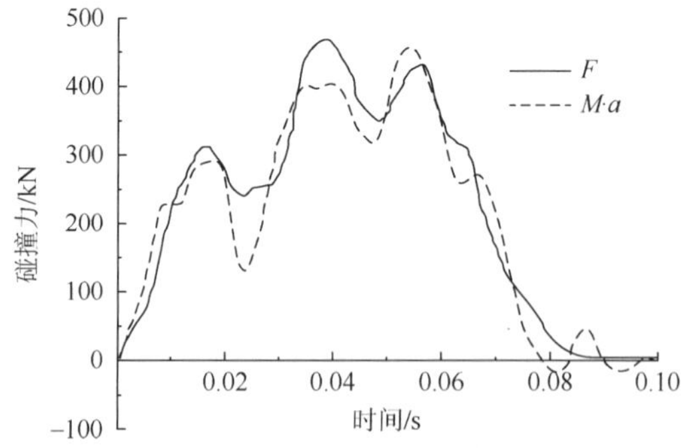

图 1.12　碰撞波形与碰撞力的关系

碰撞波形按照其横坐标的不同可以分为时间域的碰撞波形和位移域的碰撞波形。时间域的碰撞波形，即加速度-时间曲线，是碰撞实验室里直接可以测得的运动学信号，可方便地用于运动学分析，即车-人相对运动关系的分析。在汽车安全性开发阶段将时间域的碰撞波形作为约束系统的输入条件可以计算出乘员伤害水平。

位移域的碰撞波形，即加速度-压溃量曲线，如图 1.13 所示，通常用于动力学分析，即能量分析。加速度-压溃量曲线直观地表示了碰撞力与车体结构纵向（碰撞方向）位置之间的关系，加速度-压溃量曲线所围成面积与车辆质量的乘积就是碰撞能量。因此，利用位移域内的碰撞波形可以开展车体结构的纵向力学分布特性设计，建立碰撞波形与车体结构尺寸、刚度之间的联系。

在实际的车体结构中，接触反力虽然不是简单的恒值，但车体前端结构的平均反力 F_{avg} 和最大反力 F_{max} 之间具有一定的统计相关性。设计中一般采用压溃效率（或压溃率）来表达平均压溃力与最大压溃力的关系。

通常在实际的碰撞力-压溃量曲线（图 1.14）上定义平均压溃力与最大压溃力的比值[1]为压溃率（crush efficiency），用 η 表示：

$$\eta = \frac{F_{avg}}{F_{max}} (0 < \eta < 1)$$

$$\eta = \frac{F_{avg}}{F_{max}} = \frac{A_{avg} \cdot M}{A_{max} \cdot M} = \frac{A_{avg}}{A_{max}} (0 < \eta < 1) \tag{1.34}$$

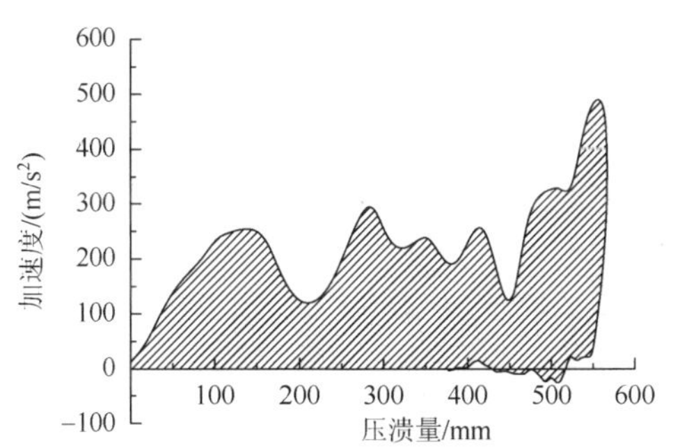

图 1.13　加速度-压溃量曲线

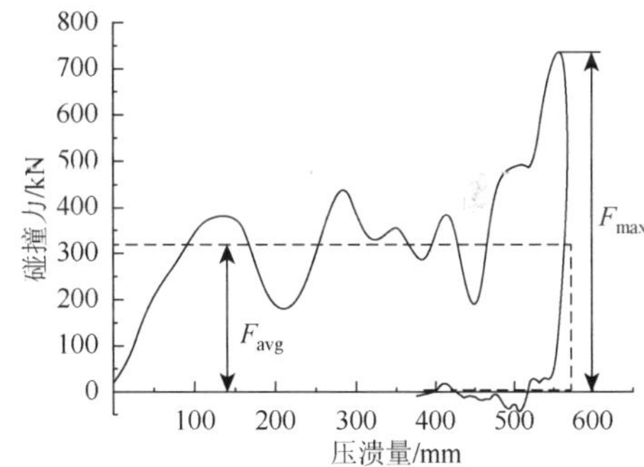

图 1.14　碰撞力-压溃量曲线

已经有

$$\frac{1}{2}Mv_0^2 = F_{avg}D_{max} \tag{1.35}$$

代换 $F_{avg} = \eta F_{max}$，$F_{max} = MA_{max}$ 后得到

$$A_{max} = \frac{v_0^2}{2\eta D_{max}} \tag{1.36}$$

这是一个最大乘员舱加速度 A_{max}（与乘员伤害有关）、最大动态压溃量 D_{max} 即车体最大压溃变形空间（与车辆设计和布置有关）、压溃率 η（与车辆结构性能有关）和碰撞速度 v_0 的关系式。可见，碰撞过程中最大乘员舱加速度和压溃变形空间存在着反比关系。文献[1]认为薄壁梁的压溃率 η 能达到 0.6～0.8。文献[2]统计发现 5 星级车辆的压溃率值大多在 0.4 以上，分布在 0.35～0.55。3 星级、4 星级车辆则有很多在 0.4 以下，分布在 0.25～0.45。

实际应用中一般最大可压溃空间先由总布置确定，结构压溃率取对标值或参考值，如果在这种情况下加速度峰值（或最大反力）过大，就需要调整可压溃空间，否则将给约束系统匹配带来很大困难。

某整车质量 $M = 1365\text{kg}$，发动机前端空间的长度 $D_1 = 0.423\text{m}$，发动机到防火墙的长度 $D_2 = 0.156\text{m}$。当碰撞速度为 65km/h 时可变形区域全部压溃，则有：初始总动能 222.5kJ，压溃区域长为 0.579m，平均反力 $F_{avg} = 384.3\text{kN}$，如果 $\eta = 0.6$～0.8，则 $F_{max} = 480.4$～640.5kN。

该车实测加速度峰值为 -432m/s^2，接触反力峰值为 589.7kN。

为方便研究能量耗散问题，通常采用能量密度（energy density）来表达碰撞过程中单位质量耗散掉的碰撞能量[3]。能量密度可通过对加速度-压溃量曲线进行积分来获得。

$$e = \int_0^x a\mathrm{d}x \tag{1.37}$$

根据运动学关系有

$$a\mathrm{d}x = v\mathrm{d}v \tag{1.38}$$

因此，车体的能量密度可以通过速度来计算：

$$e = -\int_{v_0}^{v} v\mathrm{d}v = \frac{v_0^2 - v^2}{2} \tag{1.39}$$

1.4　正面碰撞中车体前端结构刚度的表达

车体前端结构在碰撞过程中起主要的阻挡和吸能作用，车体前端结构比刚度分布（vehicle front-end structure specific stiffness distribution）对车辆抗撞性十分重要。刚度是表征结构抵抗变形和吸收能量能力的一个重要参数。

车体的前端结构比较复杂，在整个压溃过程中，材料不断向壁障附近流动、堆积。在这个强非线性过程中涉及材料的弹塑性变形甚至断裂失效、部件之间的相互挤压，若仅将前端结构看作“弹簧”，用一个刚度系数“K”来表示，很难准确描述前端结构的抗撞性，往往会导致设计与性能之间的脱节。

单纯地研究前端刚度并没有特别的意义。从乘员舱的完整性和避免车内乘员一次碰撞伤害来说，乘员舱首先应该提供足够大的碰撞反力；但如果前端压溃过程中产生了太大的反力则会带来乘员二次伤害的隐患，同时给约束系统匹配带来困难。

目前计算刚度的方法可以分为四类。

（1）利用最小二乘法对碰撞力-压溃量曲线进行线性拟合，如初始刚度、车体变形量在 25～250mm 的刚度 K_1、车体变形量在 250～400mm 的刚度 K_2[4-6]，如图 1.15 所示。

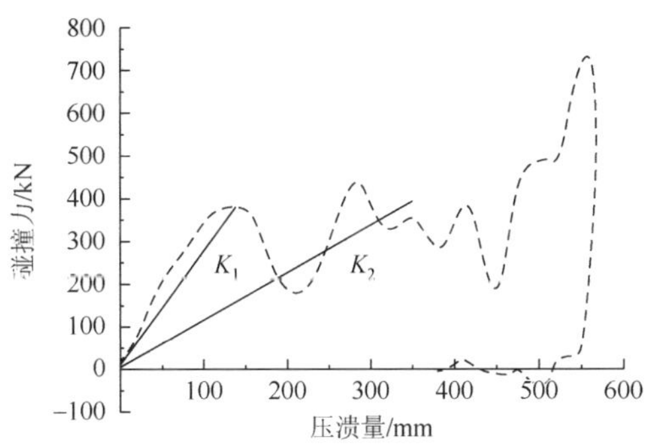

图 1.15　线性刚度 K_1 和 K_2

（2）将前端刚度等效成弹簧刚度，利用能量关系将车体结构吸收的碰撞能量等效成弹簧的变形能：

$$\frac{1}{2}Mv_0^2 = \frac{1}{2}Kd^2 \tag{1.40}$$

式中，K 为等效弹簧刚度；d 为弹簧的等效变形量。利用这种方法计算刚度的有静态刚度、动态刚度、单线性和双线性刚度、能量刚度、K_{W400}[4-7]（图 1.16）。

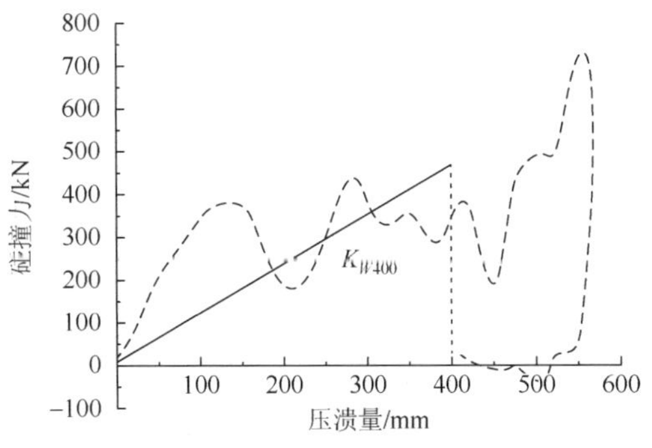

图 1.16　等效弹簧刚度 K_{W400}

（3）用碰撞力来表示刚度，如单恒力、双恒力（图 1.17）、峰值力等[5]。

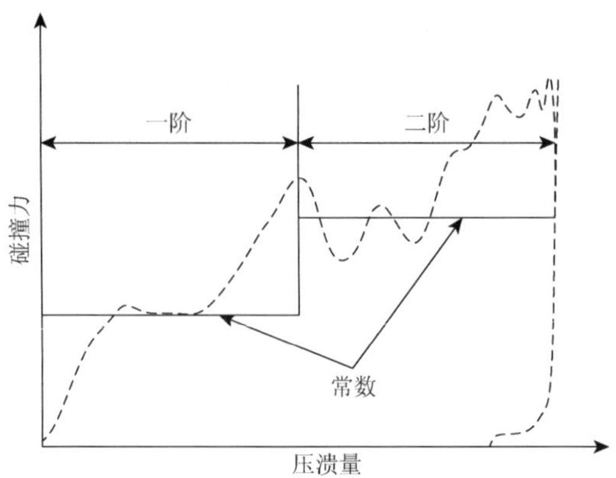

图 1.17　双恒力刚度定义方式

(4) 本书基于等效双梯形波（等效双梯形波定义见 2.1.2 节）提出一种新的车体结构刚度的定义方式（图 1.18），以方便在概念设计阶段研究车体结构的抗撞性能。

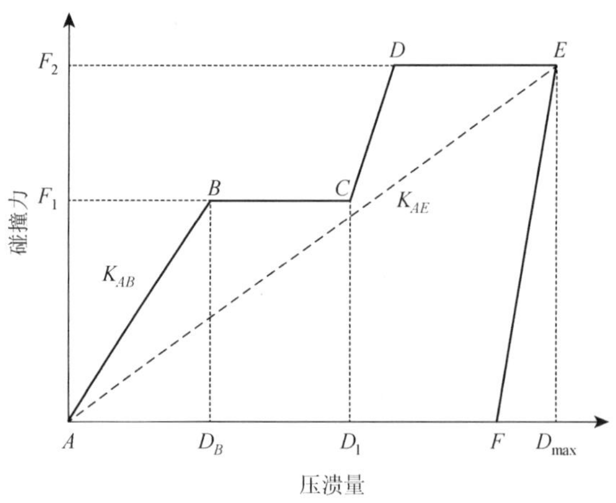

图 1.18　碰撞力-压溃量等效双梯形曲线

等效曲线中 F_1 为防撞梁到发动机这段空间内吸能结构的平均承载力，F_2 为发动机到防火墙这段空间内吸能结构的平均承载力。

碰撞过程中的能量转化可以理解为车辆的碰撞动能转换为结构的变形能：

$$E_v = \frac{1}{2}Mv_0^2 = \int F\mathrm{d}x \tag{1.41}$$

因此，碰撞总能量为碰撞力-压溃量曲线围成的面积，即

$$E_v = S_{F_{A\sim E}} \tag{1.42}$$

基于双梯形形式的加速度-压溃量曲线定义车体前端结构的刚度特征参数 K_{AB}

和 K_{AE}，其中 K_{AB} 表示的是防撞梁及吸能盒的刚度，K_{AE} 表示的是车体前端结构的平均刚度。

$$K_{AB}=\frac{G_1}{D_B} \tag{1.43}$$

$$K_{AE}=\frac{G_2}{D_{\max}} \tag{1.44}$$

等效双梯形曲线 AB 段的斜率为保险杠、缓冲泡沫、防撞梁的刚度以及吸能盒的初始刚度，这部分结构的刚度与约束系统的匹配密切相关，刚度若设计合理会有利于与气囊点火时刻以及安全带预紧时刻进行匹配，为乘员提供更好的保护。

参 考 文 献

[1] Malen D E. Fundamentals of Automobile Body Structure Design[M]. Portland：Society of Automotive Engineers，2011.

[2] 邱少波. 汽车碰撞安全工程[M]. 北京：北京理工大学出版社，2016.

[3] Huang M. Vehicle Crash Mechanics[M]. Boca Raton：CRC Press，2002.

[4] Swanson J，Rockwell T，Beuse N，et al. Evaluation of stiffness measures from the US new car assessment program[C]. 18th International Technical Conference on the Enhanced Safety of Vehicles（ESV），Nagoya，2003.

[5] Jiang T，Grzebieta R H，Rechnitzer G，et al. Review of car frontal stiffness equations for estimating vehicle impact velocities[J]. Journal of Mechanical Science and Technology，2003，29（3）：1231-1242.

[6] Nusholtz G S，Xu L，Shi Y，et al. Vehicle mass，stiffness and their relationship[C]. 19th International Technical Conference on the Enhanced Safety of Vehicles（ESV），Washington，2005.

[7] Patel S，Smith D，Prasad A，et al. NHTSA's recent vehicle crash test program on compatibility in front-to-front impacts[C]. 20th International Technical Conference on the Enhanced Safety of Vehicles，Lyon，France，2007.

第 2 章　碰撞波形的简化表达及其评价

2.1　等效碰撞波形

碰撞波形作为碰撞试验的重要数据信息，记录了汽车碰撞过程中车体加速度与碰撞时间的关系。即使经过滤波，波形形状仍较为复杂，并且无法与车体结构参数建立直接关系。等效波形（也称为“简化波形”）是在保证某些碰撞波形关键参数不变的基础上对碰撞波形适当简化，将复杂的碰撞波形用少数几个波形参数来表示，通过对波形参数研究实现对碰撞波形分析，并建立波形参数与车体结构性能的相关性。

常用的等效波形有平均方波（average square wave，ASW）、等效方波（equivalent square wave，ESW）、单线性波（也称尖顶等效方波（tipped equivalent square wave，TESW））、双线性波（也称双线性近似波（bi-slope approximation wave，BSAW））、单梯形波（也称等效梯形波（equivalent trapezoidal wave，ETW））、双梯形波（也称等效双梯形波（equivalent dual-trapezia wave，EDTW））、基本简谐波（basic harmonic pulses，BHP）、傅里叶等效波（Fourier equivalent wave，FEW）等[1]，如图 2.1 所示。

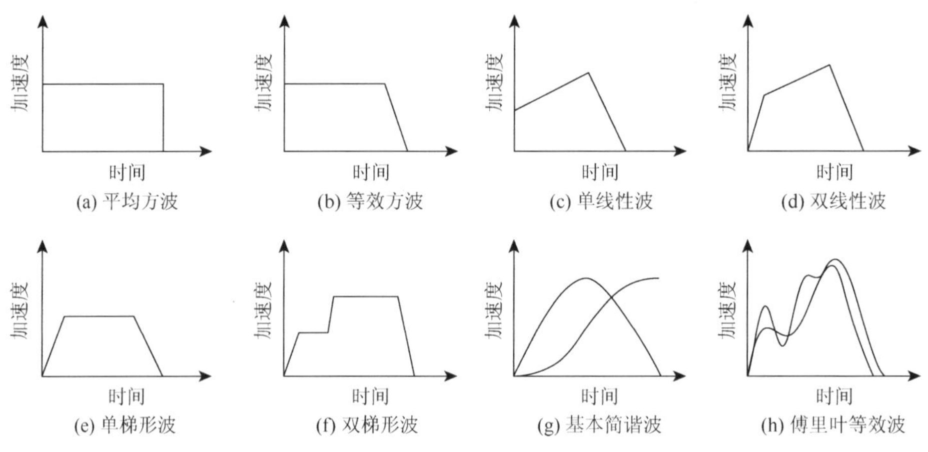

图 2.1　碰撞波形的简化形式

等效波形一般能反映碰撞持续时间、碰撞能量、发动机碰撞刚性壁障的时刻、车辆最大变形时刻等重要信息，在分析不同的问题时根据具体需要选择合适的等效波形。

按照波形特点可以将常见的等效波形分为三种：方波、斜波和曲线波。方波是最简单的等效波形，是碰撞波形研究最基础的波形，主要包括平均方波和等效方波。平均方波和等效方波主要区别在于简化方法，平均方波是在时间域的平均，等效方波是在位移域的平均。等效方波由于保证了碰撞能量与原始碰撞波形相同，所以比平均方波更有研究意义。斜波是由一段到多段斜线组成的波形，最简单的就是单线性波，还包括双线性波、三线性波以及多线性波等。单梯形波是特殊的双线性波，当双线性波的第二段斜线斜率为零时即单梯形波；双梯形波是特殊的四线性波，当四线性波的第二段和第四段斜率为零时即双梯形波。随着波形段数的增加对原始波形的拟合将越来越精准。同时随着段数的增加，计算将越来越烦琐，并且参数增多不易进行碰撞波形规律探究。所以要在保证满足误差要求的前提下采用尽量简单的简化方法。曲线波主要是指正弦波、正矢波以及多项正弦波叠加而成的傅里叶波形等，利用傅里叶波形简化可以对波形进行频域分析。

在进行结构分析时使用等效方波及梯形波均可以表示碰撞能量的平均耗散过程，在进行乘员伤害分析时单线性波及双线性波所得到的乘员伤害值与详细波形相比误差较小。等效方波形式简单，便于计算，通常用于初始设计时车辆和乘员约束系统的主要参数估算。而双梯形波形式上与车体结构相吻合，较方波更接近于实际波形，是目前普遍认可的用于结构抗撞性初始设计的目标波形。

Huang[1]较早地提出了等效方波、单线性波、单梯形波、傅里叶等效波等波形，并建立了各个等效波形运动计算公式，提出增大动态压溃量和残余变形量能够减小乘员伤害等结论，为碰撞波形的研究奠定了基础。邱少波[2]利用碰撞试验统计数据建立等效方波与车辆星级的直接关系。Agaram 等[3]、Warner 等[4]、Varat 和 Husher[5]、Grimes 等[6]陆续开展了关于等效方波、单线性波、双线性波、正弦波、正矢波等波形等效方法以及波形优劣对比分析。文献[7]将碰撞波形简化成多线性波，利用克里金（Kriging）近似模型对碰撞波形进行局部优化。

考虑到后续研究需要，本书给出两种等效波形的等效方法。

2.1.1　等效方波

以初始动能相等和压缩空间相等为边界条件，任何一个形态的波形都可以被等效成一个矩形方波，称为等效方波，如图 2.2 所示。

已知碰撞速度 v_0 和碰撞后的最大动态压溃量 D_{max}，则

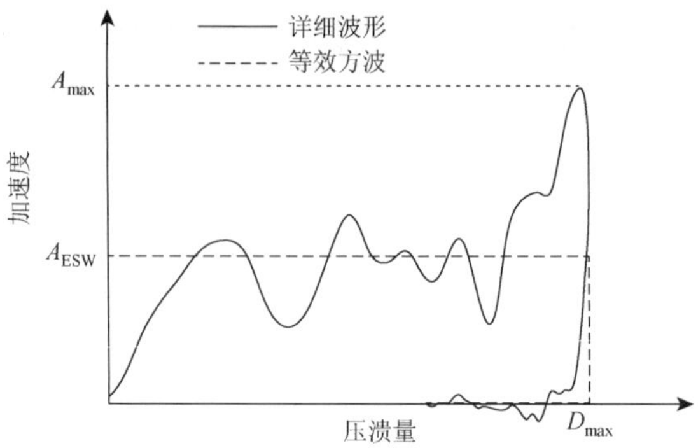

图 2.2　等效方波

$$\frac{1}{2}Mv_0^2 = F \cdot D = A_{ESW} \cdot M \cdot D_{max} \tag{2.1}$$

$$A_{ESW} = \frac{v_0^2}{2D_{max}} \tag{2.2}$$

矩形加速度波形代表均匀的能量释放过程，是目前大多数文献认为的对乘员保护最有利的一种碰撞形式，若将碰撞波形等效为等效方波，则碰撞过程中车体变形吸收的能量密度可以表示为

$$e_{max} = \frac{1}{2}v_0^2 = A_{ESW} \cdot D_{max} \tag{2.3}$$

定义 A_{ESW} 与碰撞波形峰值之比为波形效率 η：

$$\eta = \frac{A_{ESW}}{A_{max}} \tag{2.4}$$

波形效率是由车体前端结构的吸能特性决定的，由于车体的碰撞力与波形之间近似有 $F = M \cdot a$ 的关系，因此波形效率也可以表示为车体的平均压溃力与最大压溃力之比。波形效率与压溃率分别从能量和碰撞力的角度出发，二者表达方式不同，但最终理论值相同。

由此可得到波形峰值 A_{max}、最大动态压溃量 D_{max}、波形效率 η 和碰撞初速度 v_0 之间的理论关系。

在时间域内 v_0 与车辆回弹时刻 t_E 有如下关系：

$$v_0 = A_{ESW} \cdot t_E \tag{2.5}$$

联立式（1.36）、式（2.3）、式（2.5），可以得到：

$$D_{max} = \frac{v_0}{2}t_E \tag{2.6}$$

$$A_{max} = \frac{v_0}{\eta t_E} \tag{2.7}$$

2.1.2　等效双梯形波

对于典型的发动机前置的乘用车，用等效双梯形波形代替实车碰撞加速度波形是一种有效且易实现的工程近似。等效双梯形波与车体前端结构的纵向布置紧密相关。

对实验室中获得的碰撞波形进行 CFC60 滤波处理后发现波形具有明显的双台阶特性，如图 2.3 所示。

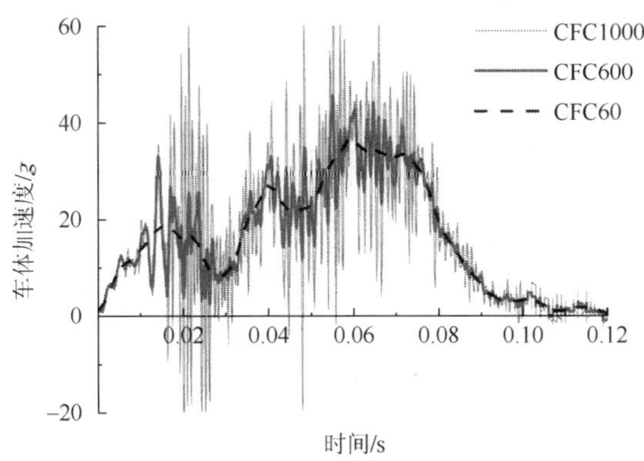

图 2.3　碰撞波形滤波

等效双梯形波是以发动机与壁障碰撞时刻为分界点，将正面全宽碰撞波形等效成两个梯形叠加在一起的一种等效波形。对于典型的发动机前置的乘用车布置形式，双梯形波是与原始波形最相近的一种等效形式，因此十分适用于概念设计中替代整车详细碰撞波形来进行碰撞波形的设计及目标分解。

等效双梯形波示意图如图 2.4 所示，图中 A、B、C、D、E、F 为等效双梯形

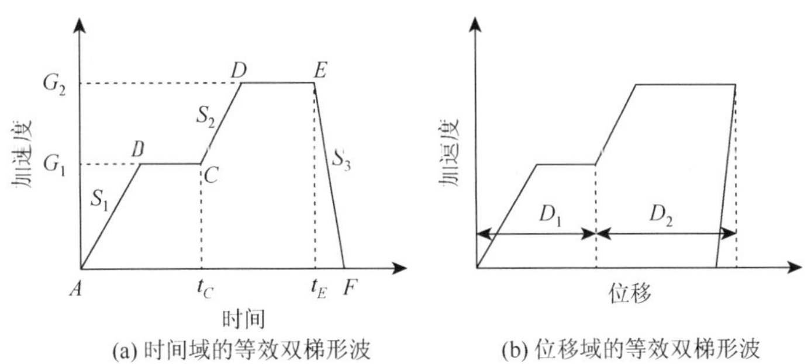

图 2.4　等效双梯形波

波的特征点，其中 A 为碰撞开始点，C 为发动机碰撞到壁障的点，E 为车体速度减为零，即车体达到最大动态压溃量的点，F 为碰撞结束点。等效双梯形波可以由 7 个参数确定，分别是两个台阶的高度 G_1 和 G_2、发动机碰撞时刻 t_C、车辆回弹时刻 t_E 以及直线 AB、CD 和 EF 的斜率 S_1、S_2、S_3。

等效双梯形波能体现出汽车碰撞的重要信息，如碰撞持续时间、发动机与壁障碰撞时刻、车体最大压溃量等，除了这些原始碰撞波形的重要参数外，等效双梯形波还与车体前端结构的纵向布置紧密相关。将前端结构按照发动机布置位置进行划分，如图 2.5 所示，由于发动机的刚度较大，在碰撞过程中可以视其为刚体，因此以发动机为界可以将车体前端的可压溃空间分为两部分：防撞梁到发动机前端的压溃空间 D_{10} 以及发动机后端到防火墙之间的压溃空间 D_{20}。由于等效双梯形波是以发动机碰撞时刻为分界点，因此其能够反映出前端结构的布置尺寸及刚度特性，适合汽车抗撞性概念设计阶段在位移域内进行能量管理及能量分解。

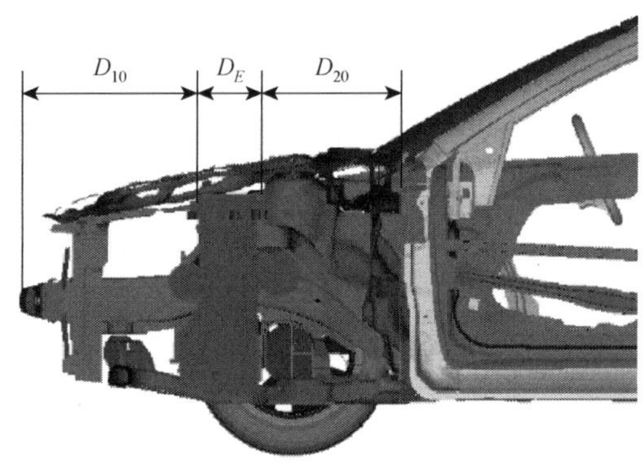

图 2.5　车体前端可压溃空间

将详细碰撞波形等效为双梯形波时需满足能量守恒原则，归结起来需要满足以下三个条件[8]。

（1）发动机前端的压溃量 D_1 相等：

$$D_1=\int_0^{t_C}[v_0-\int_0^{t_C}a_{\mathrm{EDTW}}(t)\mathrm{d}t]\mathrm{d}t=\int_0^{t_C}v_0\mathrm{d}t-\int_0^{t_C}\int_0^{t_C}a_{\mathrm{EDTW}}(t)\mathrm{d}t\mathrm{d}t \tag{2.8}$$

（2）整车最大动态压溃量 $D_{\max}$ 相等：

$$D_{\max}=\int_0^{t_E}[v_0-\int_0^{t_E}a_{\mathrm{EDTW}}(t)\mathrm{d}t]\mathrm{d}t=\int_0^{t_E}v_0\mathrm{d}t-\int_0^{t_E}\int_0^{t_E}a_{\mathrm{EDTW}}(t)\mathrm{d}t\mathrm{d}t \tag{2.9}$$

（3）车辆的回弹速度相等：

$$\Delta v_{E-F}=\int_{t_E}^{t_F}a_{\mathrm{EDTW}}(t)\mathrm{d}t \tag{2.10}$$

式中，$a_{\mathrm{EDTW}}(t)$表示时间域的等效双梯形波。

图 2.6 为某乘用车正面碰撞有限元模型。图 2.7 为其 50km/h 正面全宽刚性壁

障碍碰撞驾驶员侧 B 柱下端碰撞波形曲线（在 LS-DYNA 中求解）。按上述方法等效后，获得等效波形，并与详细波形的对比如图 2.8 所示，各特征点坐标值如表 2.1 所示。

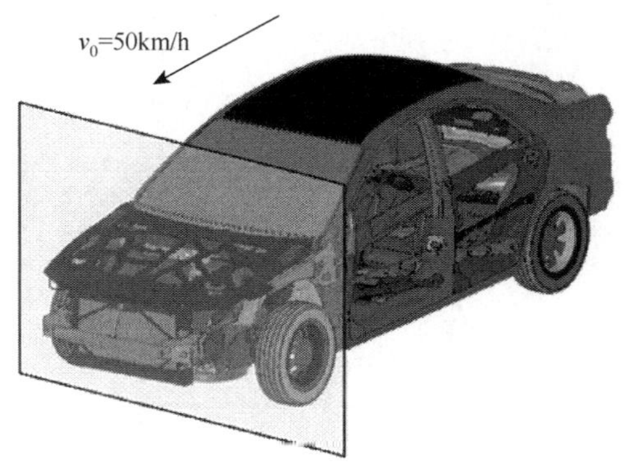

图 2.6　某乘用车正面碰撞有限元模型

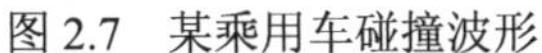

图 2.7　某乘用车碰撞波形

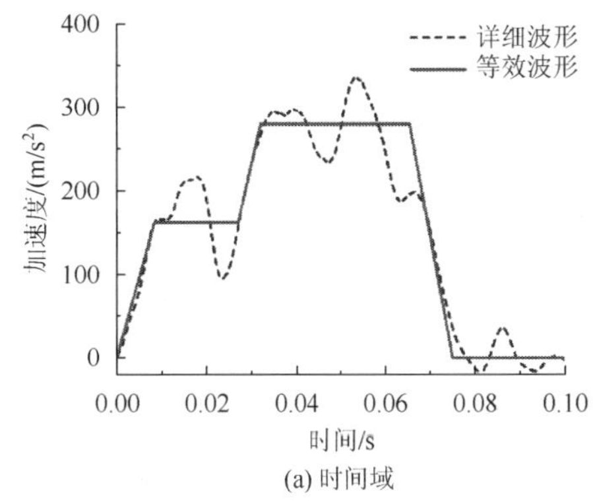

(a) 时间域

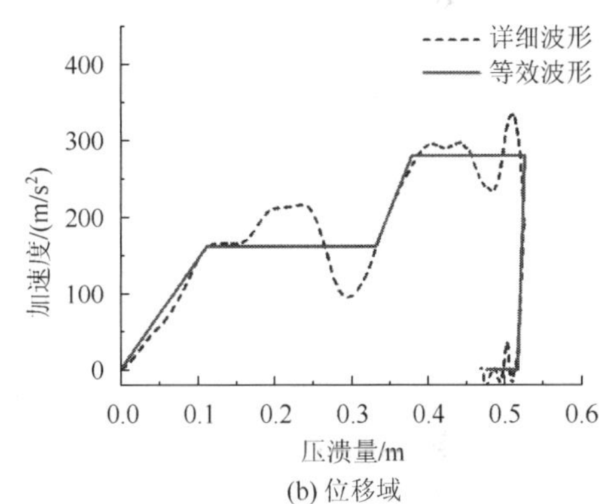

(b) 位移域

图 2.8　等效波形与详细波形对比

表 2.1　某乘用车等效双梯形波特征点

坐标项	*A*	*B*	*C*	*D*	*E*	*F*
时间/s	0	0.008	0.027	0.032	0.066	0.075
加速度/(m/s^2)	0	162	162	268	268	0
速度/(m/s)	13.89	13.21	10.22	9.09	0	−1.63
位移/m	0	0.111	0.331	0.379	0.526	0.517

为验证等效双梯形波的有效性，根据加速度与速度和位移之间的积分关系，得到速度-时间曲线和位移-时间曲线，与详细波形进行对比，如图 2.9 和图 2.10 所

示。可以看出，等效波形与详细波形的变化趋势一致性较高，等效波形得到的整车最大动态压溃量为 526mm，详细波形中的整车最大动态压溃量为 527mm，误差很小。

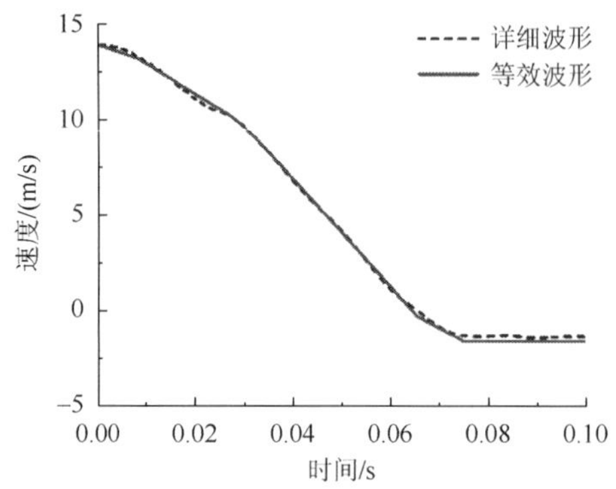

图 2.9　等效波形与详细波形对应的速度曲线

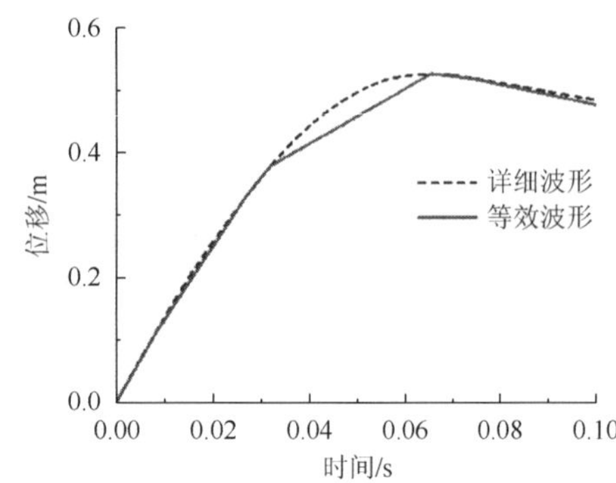

图 2.10　等效波形与详细波形对应的位移曲线

可以将等效双梯形波的两个台阶的高度 G_1 和 G_2、发动机前端空间的压溃量 D_1 以及整车最大压溃量 $D_{\max}$ 这些在波形上可以直接观察到的基本参数进行组合，来表征车体结构尺寸和能量分布特征。

定义等效双梯形波两个台阶的高度 G_1 和 G_2 之比为阶梯比（step ratio）i：

$$i = \frac{G_1}{G_2} \tag{2.11}$$

阶梯比表征了等效双梯形波两个台阶的接近程度，阶梯比越接近 1，表示双梯形波越接近矩形波。

定义发动机之前的压溃量 D_1 与整车最大动态压溃量 $D_{\max}$ 之比为宽度比（width ratio）w，即位移域内的等效双梯形波第一台阶的宽度与两台阶的总宽度之比：

$$w = \frac{D_1}{D_{\max}} \tag{2.12}$$

宽度比表征了车体前端压溃空间的利用率，由于发动机前端的空间是整车碰撞时的主要变形空间，防撞梁、吸能盒、前纵梁等主要吸能部件都布置在这段空间内，因此宽度比大，表示这些主要吸能部件变形充分，压溃空间的利用率高。

定义发动机前端的结构所吸收的能量（即 D_1 段结构的吸能量）与总能量之比为能量密度比（energy density ratio）α，在速度-位移曲线上取发动机碰撞时刻 t_C 时车辆的速度 v_{t_C}，则能量密度比可以表示为

$$\alpha = \frac{e_1}{e_{\max}} = \frac{\frac{1}{2}v_0^2 - \frac{1}{2}v_{t_C}^2}{\frac{1}{2}v_0^2} = 1 - \frac{v_{t_C}^2}{v_0^2} \tag{2.13}$$

能量密度比表征了车体前端主要吸能部件的吸能比例，能量密度比越大，表示防撞梁、吸能盒、前纵梁等主要吸能部件的吸能量占整车总吸能量的比例越大。对于一定速度的正面全宽碰撞，每辆车的最终能量密度 $e_{\max}$ 都一样，与车辆的质量无关，但由于车体结构拓扑形式和刚度的不同，每辆车的碰撞波形不同，发动机碰撞时刻不同，导致能量密度比不同。

2.2　基于统计数据的碰撞波形评价

碰撞波形反映了车体的结构特征，是车辆抗撞性能的体现，此外，作为连接车体结构与乘员伤害之间的重要“桥梁”，碰撞波形的优劣直接影响到约束系统的匹配，进而影响了乘员伤害，最终体现在车辆的安全性星级上。现阶段汽车安全性开发过程中，通常是在已知车体结构后将碰撞波形作为输入条件，再进行约束系统的匹配，此时车体结构已经确定，若碰撞波形不合理将增加约束系统的匹配难度，甚至需要对波形进行修改，因此在汽车安全性开发过程中若能够在车体结构设计阶段对碰撞波形的质量进行评价，将为约束系统的匹配打下良好基础，为车辆获得优异的星级成绩提供保障。

目前常用的碰撞波形评价指标可以分为两类：一类是直接用碰撞波形上可以提取到的参数来评价波形的优劣，如车辆最大加速度、车辆平均加速度、某时间区间内的平均加速度、车辆速度变化量 Δv、车辆速度为 0 的时刻等[9-12]，这类参数直接表征了碰撞波形的特点，与结构设计密切相关，与乘员伤害的相关性不强；另一类碰撞波形评价指标是通过碰撞波形间接获得的，如乘员载荷准则 OLC、OLC++、正碰准则 FCC 等[13-16]，这类参数与乘员伤害的相关性较好，可以较为准确地预测乘员伤害，但却难以转化为车体结构所需要的设计参数。归结起来，现阶段碰撞波形评价的难点主要有：

（1）碰撞波形参数较多，且参数之间关系复杂。

（2）单一的碰撞波形参数与乘员伤害之间的对应关系不明确。

（3）碰撞波形参数之间没有统一的度量标准，各参数的单位及数量级均不相同。

本章以美国国家公路交通安全管理局（National Highway Traffic Safety Administration，NHTSA）2011～2015 年公布的 33 款（40 辆）（所选车型见附录Ⅱ）获得 3 星级以上轿车的正面 56km/h 碰撞试验结果作为基础数据，对乘员主要伤害指标、碰撞波形参数进行分析，找到各特征参数与乘员伤害相关性，提出了两种波形评价方法。

2.2.1　针对乘员伤害的碰撞波形评价

从 NHTSA 公布的碰撞试验报告中提取 40 辆车 56km/h 正面全宽刚性壁障碰撞的碰撞波形，如图 2.11 所示。

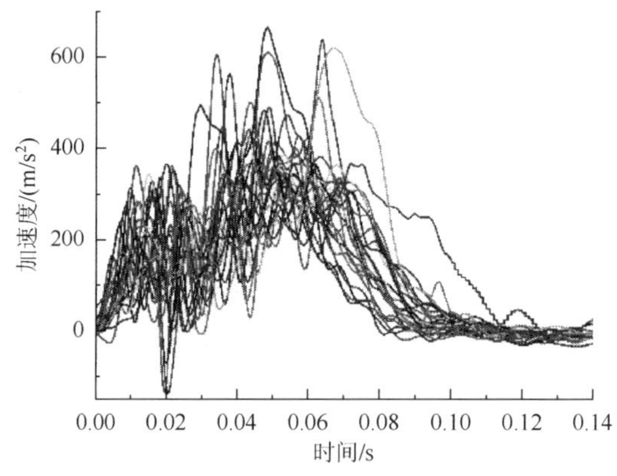

图 2.11　40 辆车的碰撞波形

分别提取每一款车型原始碰撞波形的关键参数，包括碰撞波形峰值 A_{max}、最大动态压溃量 D_{max}、车辆回弹时刻 t_E 及发动机碰撞时刻 t_C，各参数的分布范围如表 2.2 所示。

表 2.2　原始碰撞波形参数的分布范围和均值

项目	A_{max}/g	D_{max}/mm	t_E/s	t_C/s
分布范围	32～68	539～730	0.0593～0.0797	0.0243～0.0382
均值	46	664	0.07	0.03

等效双梯形波（图 2.12）的关键参数，包括第一台阶高度 G_1、第二台阶高度 G_2、发动机前端的压溃量 D_1 以及阶梯比 i、宽度比 w、能量密度比 α。

所选车型的等效双梯形波基本参数（第一台阶高度 G_1、第二台阶高度 G_2、发动机前端的压溃量 D_1）和等效双梯形波组合参数（阶梯比 i、宽度比 w、能量密度比 α）分布如表 2.3 所示。

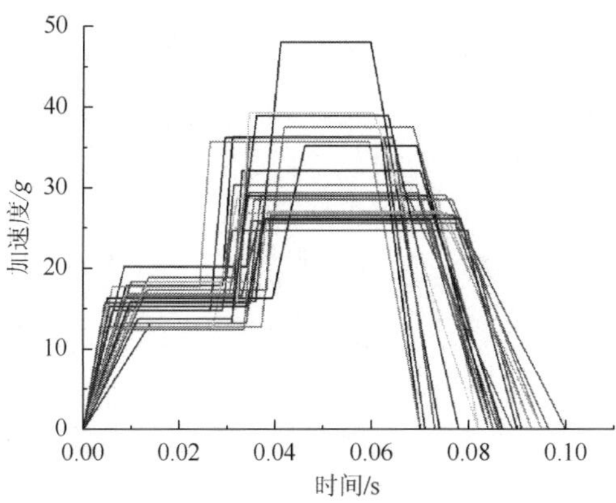

图 2.12　40 辆车的等效双梯形波

表 2.3　等效双梯形波参数的分布范围和均值

项目	G_1/g	G_2/g	D_1/mm	i	w	α
分布范围	9.4～24.7	24.7～48.1	317～514	0.279～0.784	0.459～0.853	0.296～0.776
均值	15.5	31.5	433	0.504	0.655	0.456

等效双梯形波的第一台阶高度均值为 15.5g，第二台阶高度均值为 31.5g，发动机前的压溃量均值为 433mm。所选车型阶梯比均值为 0.504，表明这些车型的第一台阶高度约为第二台阶高度的 1/2；宽度比均值为 0.655，表明发动机前端压溃量占整车总压溃量的比例约为 2/3，该参数可以为动力总成的总布置提供空间尺寸参考；能量密度比均值为 0.456，表明发动机前端的结构大约吸收了总碰撞能量的 50%。

所选车型中乘员头部 HIC_{15}、胸部 3ms 加速度 Ac_{3ms} 和胸部最大压缩量 CD_{max} 的分布范围，如表 2.4 所示。

表 2.4　乘员主要伤害指标的分布范围和均值

项目	HIC_{15}	Ac_{3ms}/g	CD_{max}/mm
分布范围	104～404.5	37～59	12～37
均值	213	44	23

本书的乘员伤害与碰撞波形参数的相关性分析采用综合伤害概率（comprehensive injury probability）$P_{combined}$ 和加权伤害指数（weighted injury criterion）WIC 作为评价乘员头、胸部伤害的指标。利用伤害风险曲线将某身体部位的伤害指标值转化为该部位可能受到伤害的概率，头部和胸部的伤害概率计算方法如下[17]：

$$P_{head}=[1+\exp(5.02-0.00351HIC_{15})]^{-1} \tag{2.14}$$

$$P_{chest_{Ac}}=[1+\exp(5.55-0.0693Ac_{3ms})]^{-1} \tag{2.15}$$

$$P_{\text{chest}_{\text{CD}}} = [1 + \exp 10.5456 - 1.586(\text{CD}_{\max})^{0.4612}]^{-1} \tag{2.16}$$

其中头部受到 AIS3 + 等级伤害的概率 P_{head} 直接由头部的 HIC_{15} 值求出，胸部分别根据胸部加速度和压缩量计算出 AIS3 + 等级伤害的概率，胸部的最终伤害概率 P_{chest} 取式（2.15）和式（2.16）两者的最大值：

$$P_{\text{chest}} = \max(P_{\text{chest}_{\text{Ac}}}, P_{\text{chest}_{\text{CD}}}) \tag{2.17}$$

综合伤害概率 P_{combined} 是指头部和胸部任何一个部分产生 AIS3 + 等级伤害的概率，计算方法为

$$P_{\text{combined}} = P_{\text{head}} + P_{\text{chest}} - (P_{\text{head}} \cdot P_{\text{chest}}) \tag{2.18}$$

加权伤害指数是将乘员各部位的伤害指标归一化，通过设置加权系数来将多个伤害指标统一为一个评价指标，对乘员伤害进行整体评价。在 NCAP 评分中，头部与胸部具有同样的重要性，其分值也相同，因此头部与胸部的加权系数各为 0.5，根据碰撞法规中规定的伤害限值将各个指标归一化，加权伤害指数 WIC 的计算方法为

$$\text{WIC} = 0.5\left(\frac{\text{HIC}_{15}}{700}\right) + 0.5\left(\frac{\text{Ac}_{3\text{ms}}}{60} + \frac{\text{CD}_{\max}}{50}\right)\Big/2 \tag{2.19}$$

式中，胸部加速度单位为 g，胸部压缩量单位为 mm。

选取的 40 辆车的 P_{combined} 和 WIC 的分布范围如表 2.5 所示。

表 2.5　乘员综合伤害指标

项目	P_{combined}	WIC
分布范围	0.06～0.201	0.334～0.572
均值	0.095	0.452

P_{combined} 和 WIC 与原始碰撞波形参数之间的线性回归关系如图 2.13 和图 2.14 所示。

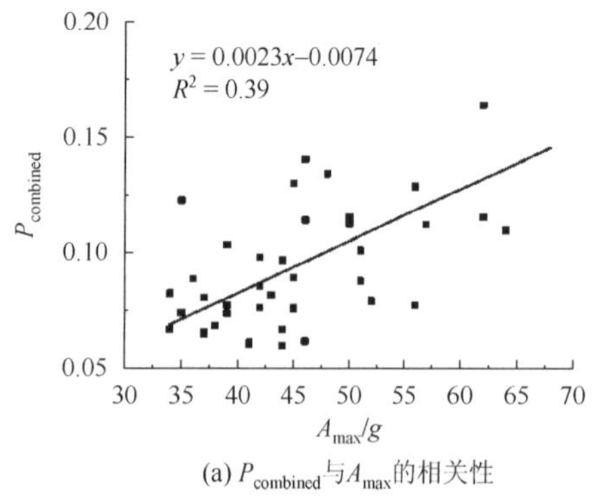

(a) P_{combined} 与 $A_{\max}$ 的相关性

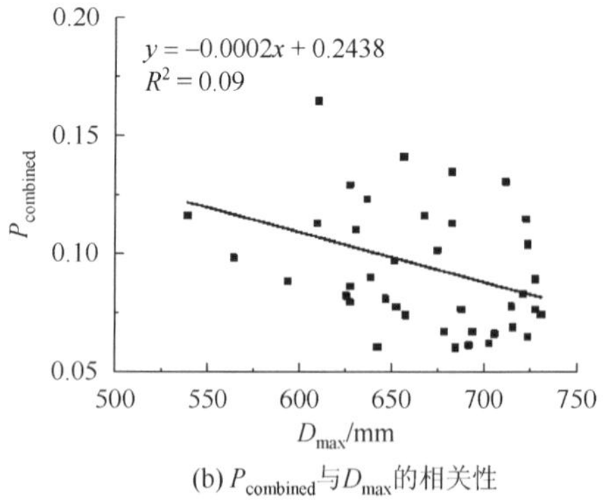

(b) P_{combined} 与 $D_{\max}$ 的相关性

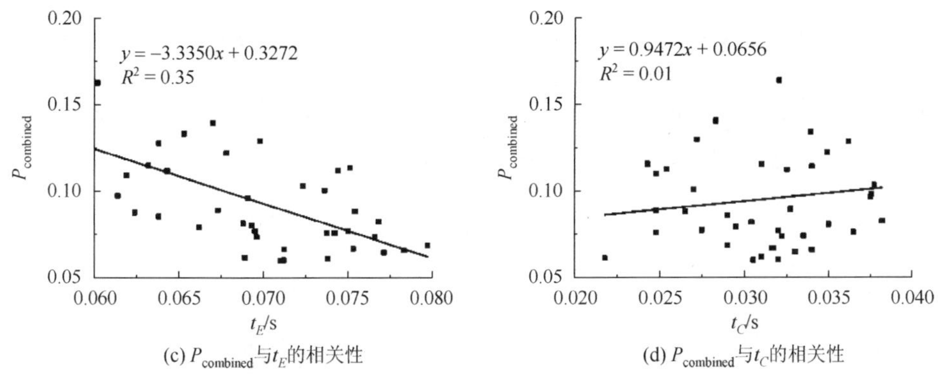

(c) $P_{combined}$与t_E的相关性　　(d) $P_{combined}$与t_C的相关性

图 2.13　$P_{combined}$与原始碰撞波形参数的相关性

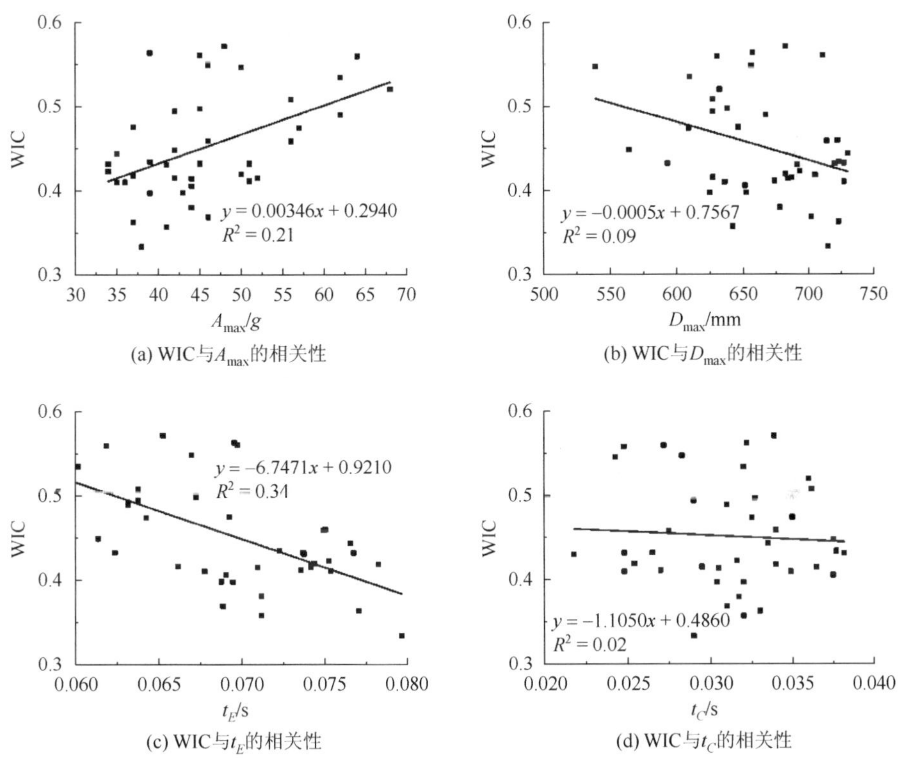

(a) WIC与A_{max}的相关性　　(b) WIC与D_{max}的相关性

(c) WIC与t_E的相关性　　(d) WIC与t_C的相关性

图 2.14　WIC 与原始碰撞波形参数的相关性

从图 2.13 和图 2.14 中可以看出，乘员的综合伤害概率 $P_{combined}$ 和加权伤害指数 WIC 与碰撞波形峰值 A_{max}、最大动态压溃量 D_{max}、车辆回弹时刻 t_E 之间呈现出一定的线性关系，这种关系直接反映出这三个参数对乘员伤害有较大的影响。

乘员综合伤害概率 P_{combined} 和加权伤害指数 WIC 与等效双梯形波基本参数之间的线性回归关系如图 2.15 和图 2.16 所示。通过回归分析可以看出，乘员伤害与双梯形波第二台阶的高度 G_2 的线性拟合程度较高，即乘员伤害随着第二台阶高度 G_2 的增大而增大，而与第一台阶高度 G_1 及发动机前压溃量 D_1 的关系不明确。

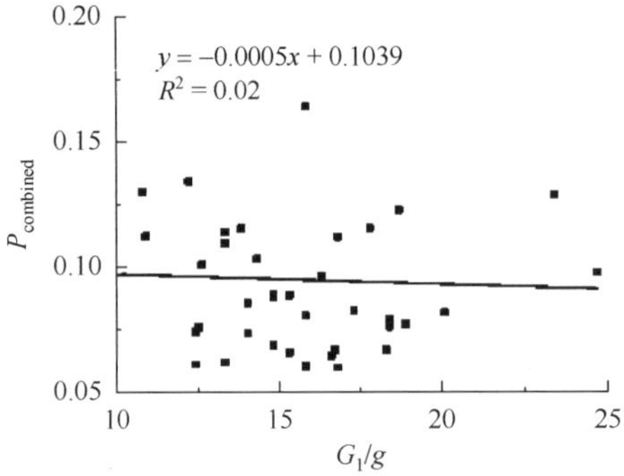

(a) P_{combined}与G_1的相关性

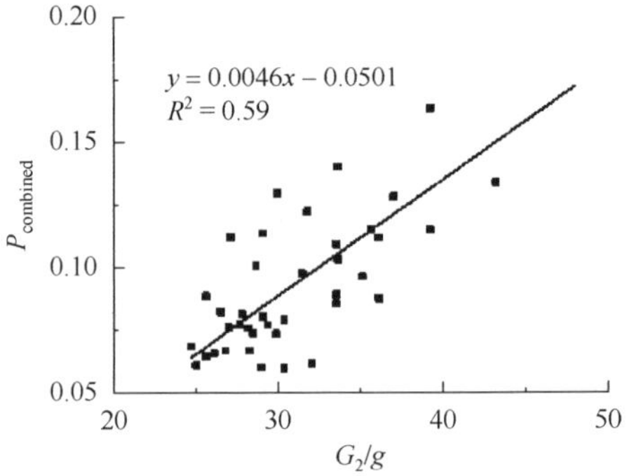

(b) P_{combined}与G_2的相关性

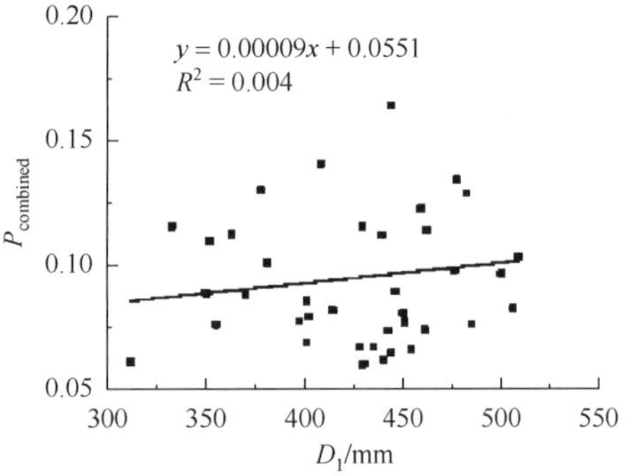

(c) P_{combined}与D_1的相关性

图 2.15　P_{combined} 与等效双梯形波基本参数的相关性

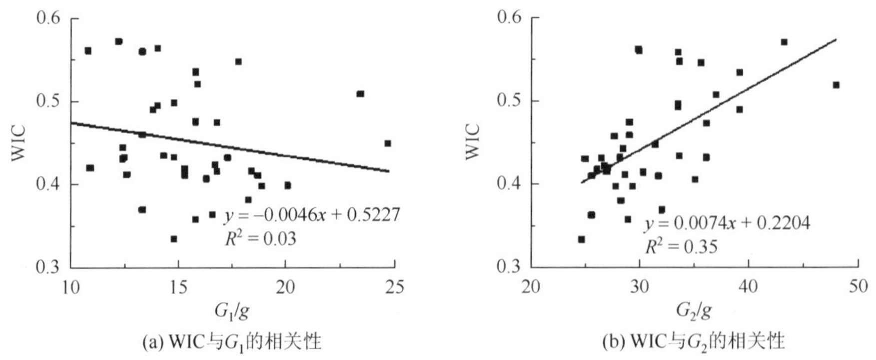

(a) WIC与G_1的相关性　　(b) WIC与G_2的相关性

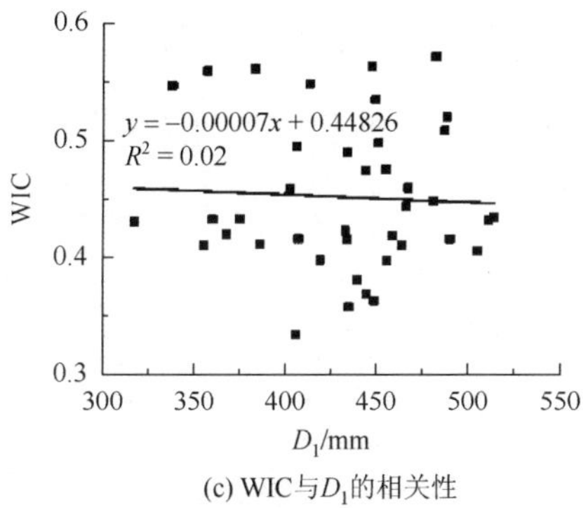

(c) WIC与D_1的相关性

图 2.16　WIC 与等效双梯形波基本参数的相关性

乘员综合伤害概率 $P_{combined}$ 和加权伤害指数 WIC 与等效双梯形波组合参数之间的线性回归关系如图 2.17 和图 2.18 所示。

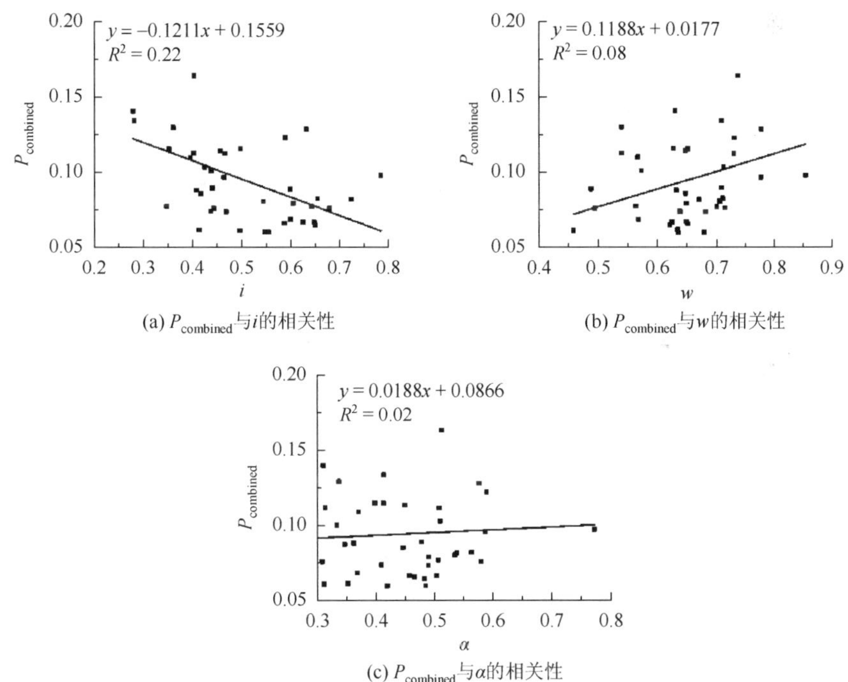

(a) $P_{combined}$与i的相关性

(b) $P_{combined}$与w的相关性

(c) $P_{combined}$与α的相关性

图 2.17　$P_{combined}$ 与等效双梯形波组合参数的相关性

用乘员综合伤害指标（$P_{combined}$、WIC）与原始碰撞波形参数（A_{max}、D_{max}、t_E、t_C）、等效双梯形波基本参数（G_1、G_2、D_1）以及等效双梯形波组合参数（i、

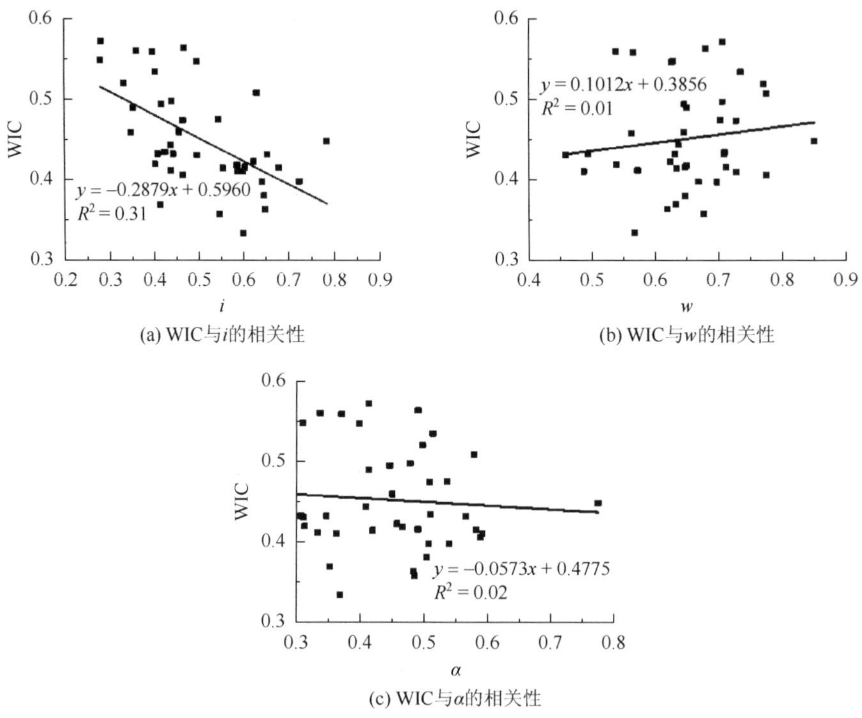

图 2.18　WIC 与等效双梯形波组合参数的相关性

w、α）之间的线性回归决定系数来衡量乘员伤害与波形参数之间的线性相关度，如图 2.19 所示。

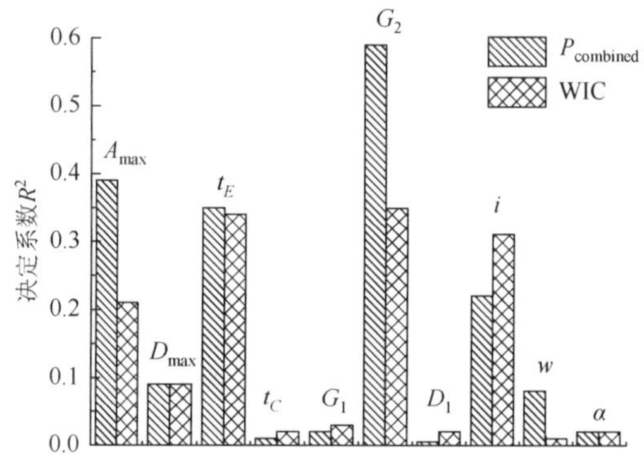

图 2.19　乘员伤害与波形参数线性回归决定系数

从图 2.19 中可以看出，乘员伤害与单一波形参数之间得到的线性回归决定系数最大值仅为 0.5 左右，这主要是由于乘员伤害是约束系统和车体结构的耦合作用的结果，且单一波形参数并不能表征车体波形的全部特性。该值在统计学角度虽然不是很高，但对于汽车碰撞这个涉及车体结构和约束系统多自由度非线性受力变形的复杂过程，图 2.19 中各波形参数的决定系数已经足以表明各参数对乘员伤害的宏观影响规律，为了区分各个波形参数对乘员伤害的影响程度，定义决定系数绝对值大于 0.3 为明显相关，大于 0.1 而小于 0.3 为一般相关，小于 0.1 为不明显相关。

通过乘员主要伤害指标与碰撞波形参数之间的相关性分析发现：乘员综合伤害与碰撞波形峰值 A_{max} 以及第二台阶高度 G_2 明显正相关；与宽度比 w 一般正相关；与车辆回弹时刻 t_E 明显负相关；与最大动态压溃量 D_{max}、阶梯比 i 一般负相关；与发动机碰撞时刻 t_C、第一台阶高度 G_1 和能量密度比 α 的相关性不明显。

本节采用加权函数法定义碰撞波形综合评价指数（crash pulse comprehensive evaluation index）PI 来对碰撞波形的质量进行综合评价。加权评价函数的定义为

$$U = \sum_{i=1}^{n} \lambda_i f_i \quad \left(\lambda_i > 0, \quad \sum_{i=1}^{n} \lambda_i = 1 \right) \tag{2.20}$$

式中，U 为目标函数值；f_i 为第 i 个子目标函数（$i = 1, 2, \cdots, n$）；λ_i 为 f_i 的权重系数。具体到波形评价指数，f_i 为第 i 个波形参数，λ_i 为第 i 个波形参数的权重系数。

为了获得各个波形参数的权重系数，本书定义如下计算方法：

$$\lambda_i = \frac{R_{Pi} + R_{Wi}}{\sum_{i=1}^{n} (R_{Pi} + R_{Wi})} \tag{2.21}$$

式中，R_{Pi} 为乘员综合伤害概率 $P_{combined}$ 与第 i 个波形参数之间的线性回归决定系数；R_{Wi} 为乘员加权伤害指数 WIC 与第 i 个波形参数之间的线性回归决定系数。由于乘员伤害与发动机碰撞时刻 t_C、等效双梯形波第一台阶高度 G_1、发动机前端压溃量 D_1、宽度比 w 以及能量密度比 α 这 5 个参数的线性关系不明显，因此在碰撞波形综合评价指数 PI 中只保留其他 5 个对乘员伤害影响较大的波形参数，由式（2.21）得到各个波形参数的权重系数，如表 2.6 所示。

表 2.6　波形参数的权重系数

波形参数	权重系数
A_{max}	0.20
D_{max}	0.06
t_E	0.23
G_2	0.32
i	0.18

由于各个波形参数的单位不一样，数量级也存在较大差别。为了将各个波形参数统一为无量纲的参量，本节采用归一化的方法，为了保证归一化后的参数小于 1，对于与乘员伤害正相关的波形参数，除以表 2.2 和表 2.3 中该参数上限的 120%，而对于与乘员伤害负相关的波形参数，用表 2.2 和表 2.3 中该参数下限的 80%除以该参数。

通过加权并归一化，结合近似圆整法得到 7 个波形参数的权重系数，碰撞波形综合评价指数 PI 的表达形式为

$$\mathrm{PI}=0.20\times\frac{A_{\max}}{82}+0.06\times\frac{431}{D_{\max}}+0.23\times\frac{0.047}{t_E}+0.32\times\frac{G_2}{58}+0.18\times\frac{0.22}{i} \tag{2.22}$$

碰撞波形综合评价指数 PI 的物理含义为：PI 值越小，碰撞波形质量越好；PI 值越大，碰撞波形越恶劣。本书统计的 40 辆车中，PI 值分布在 0.479～0.777，均值为 0.578。乘员综合伤害概率 P_{combined} 和加权伤害指数 WIC 与碰撞波形综合评价指数 PI 之间的线性回归关系如图 2.20 所示。

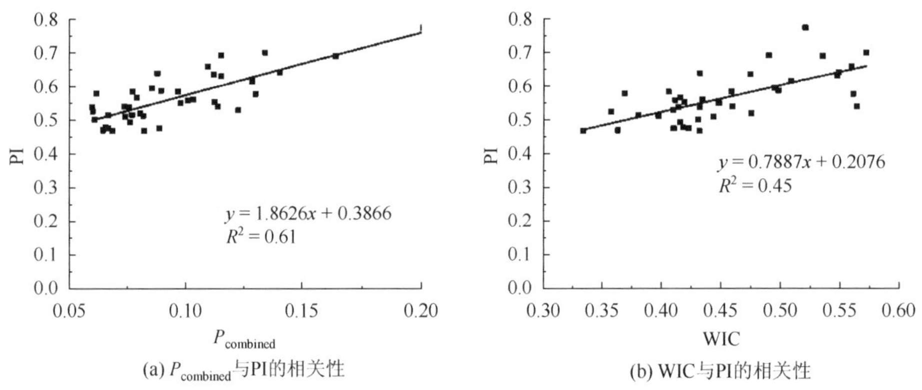

图 2.20 P_{combined}、WIC 与 PI 的相关性

由图 2.20 可以看出，乘员伤害与碰撞波形综合评价指数 PI 之间呈良好的线性关系，即乘员伤害随着 PI 的增大而增大，因此可以用 PI 的大小来衡量乘员的伤害程度，评价碰撞波形的优劣。相对于单一的波形参数，PI 与乘员伤害的相关性更强，更能准确全面地反映碰撞波形质量对乘员伤害的影响。

PI 与星级的对应关系如图 2.21 所示，进一步分析发现，在正面 56km/h 碰撞工况下，PI 小于 0.6 的 30 辆车中，获得 4 星和 5 星成绩的车型占 84%；而获得 5 星成绩的 21 辆车中有 18 辆车的 PI 小于 0.6。因此可以认为 PI = 0.6 是车辆获得该工况 5 星成绩的界限，当波形评价指数 PI 小于 0.6 时碰撞波形质量良好，导致的乘员伤害较小，是保障车辆获得 56km/h 正面碰撞 5 星成绩的基础。

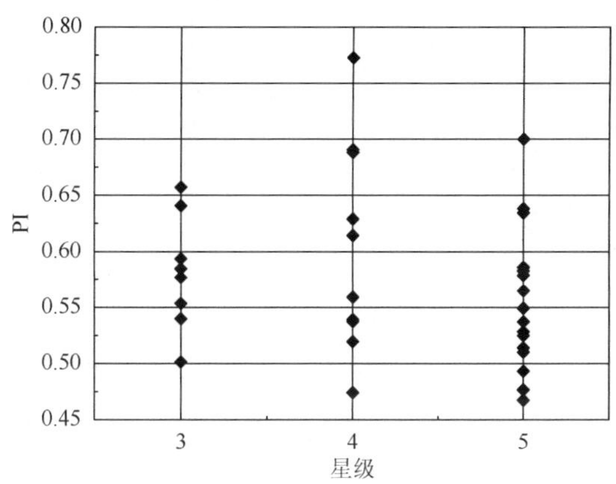

图 2.21　PI 与星级的对应关系

汽车抗撞性概念设计阶段可以通过提取碰撞波形参数，计算出碰撞波形综合评价指数 PI，进而对碰撞波形的质量进行快速评价及方案比较。同时需要指出，即使车辆的碰撞波形综合评价指数以及其他波形指标均很好，也不能保证车辆一定能获得正面碰撞较高的星级成绩，因为乘员伤害还与约束系统和车体的耦合效果相关，只能说良好的碰撞波形是保证车体结构与约束系统相容匹配的一个前提条件，通过对碰撞波形质量的评价能够判断车体结构能否为约束系统的匹配提供一个稳定的平台。

2.2.2　针对安全星级的碰撞波形评价

本节依然选用 NHTSA 2011～2015 年公布的 40 辆 3 星级以上轿车的正面 56km/h 碰撞试验结果作为基础数据，分析原始碰撞波形参数（碰撞波形峰值 A_{max}、最大动态压溃量 D_{max}、车辆回弹时刻 t_E、发动机碰撞时刻 t_C）与星级的相关性，并进行双梯形波参数（第一台阶高度 G_1、第二台阶高度 G_2、发动机前端的压溃量 D_1）和双梯形波组合参数（阶梯比 i、宽度比 w、能量密度比 α）与星级的相关性分析，结果如图 2.22～图 2.24 所示。

从图 2.22 中可以看出，碰撞波形峰值 A_{max} 和发动机碰撞时刻 t_C 与星级评价具有明显的相关性，随着星级的提高，碰撞波形峰值 A_{max} 减小，发动机碰撞时刻 t_C 增大。最大动态压溃量 D_{max} 和车辆回弹时刻 t_E 与星级成绩的相关性不明显。

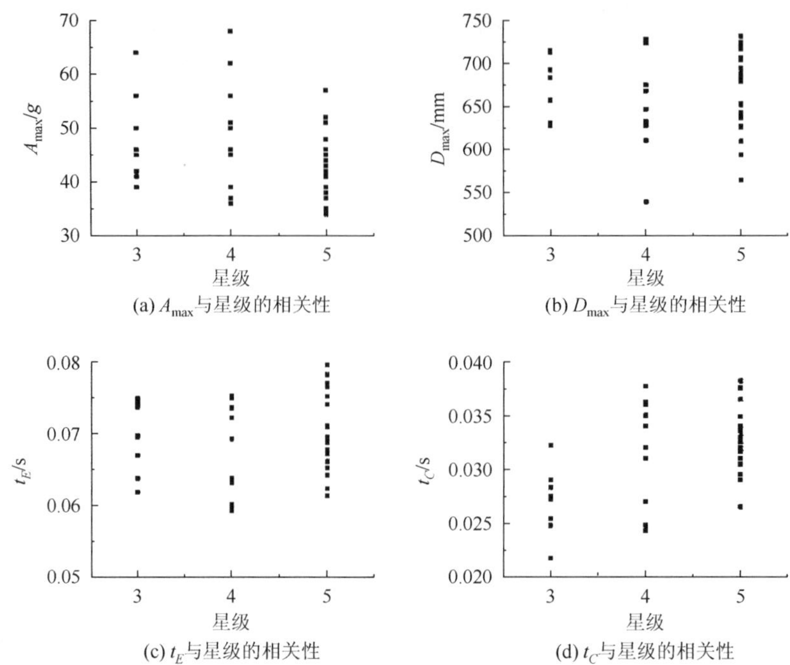

图 2.22　星级评价与原始碰撞波形参数的相关性

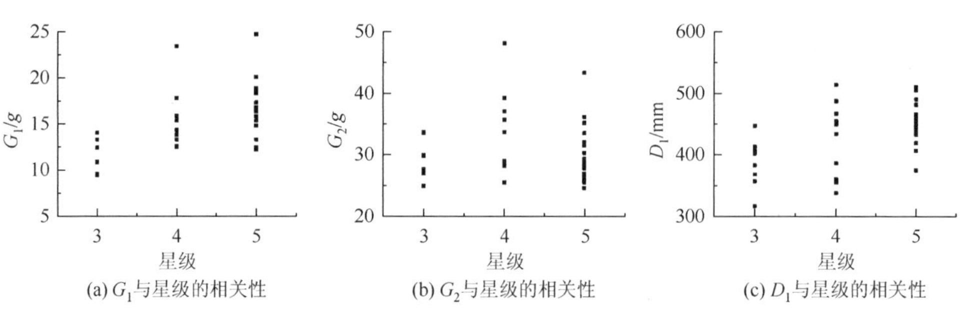

图 2.23　星级评价与双梯形波参数的相关性

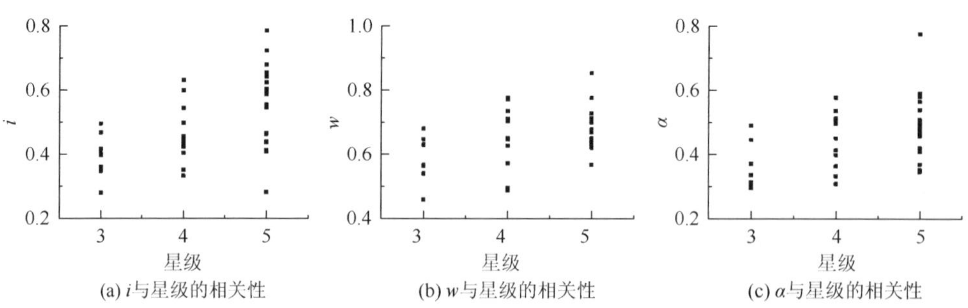

图 2.24　星级评价与双梯形波组合参数的相关性

由图 2.23 可知，第一台阶高度 G_1 和发动机前端的压溃量 D_1 与星级成绩具有明显的相关性，均随星级成绩的提高而增大。第二台阶高度 G_2 与星级成绩的相关性不明显。

由图 2.24 可知，等效双梯形波的三个组合参数（阶梯比 i、宽度比 w、能量密度比 α）均与星级成绩线性相关，即随着星级成绩的提高而增大。等效双梯形波的双台阶高度越接近于矩形波，发动机前端压溃量越大，吸能越多，发动机碰撞时刻的车体速度越低，则车辆的星级评价越高。所有波形参数对应不同星级的分布和均值如表 2.7 所示。

表 2.7　波形参数对应不同星级的分布范围和均值

波形参数	5 星级		4 星级		3 星级	
	范围	均值	范围	均值	范围	均值
A_{max}/g	35～55	42.3	35～70	50.2	40～65	47.86
D_{max}/mm	560～730	664.6	600～730	675.55	620～730	671
t_E/s	0.06～0.08	0.071	0.06～0.075	0.068	0.06～0.075	0.069
t_C/s	0.03～0.04	0.033	0.025～0.04	0.031	0.025～0.03	0.027
G_1/g	12～20	16.7	12～18	15.49	10～15	11.8
G_2/g	25～38	30.5	25～40	33.98	25～35	30.08
D_1/mm	400～500	450.1	350～500	430.3	300～450	386.6
i	0.4～0.8	0.561	0.3～0.6	0.465	0.3～0.5	0.396
w	0.6～0.85	0.68	0.5～0.8	0.653	0.5～0.7	0.578
α	0.35～0.6	0.493	0.3～0.6	0.446	0.3～0.5	0.36

最大动态压溃量 D_{max}、车辆回弹时刻 t_E 的分布范围和均值对应三个不同星级的值均没有明显变化，因此不将这两个特征参数作为评价指标。由式（2.11）可知阶梯比 i 的计算公式为 G_1 与 G_2 的比值，已知任意两个参数可以求得第三个参数的值，由于阶梯比 i 和第一台阶高度 G_1 与星级的相关性比第二台阶高度 G_2 明确，因此 G_2 不作为评价指标。综合剩余 7 个车体碰撞特征参数均值的近似值与星级成绩的相关性，用蜘蛛网图的形式表示出来，如图 2.25 所示。

基于特征参数的波形评价方法，即将已知碰撞波形的峰值 A_{max} 和其简化成双梯形波形式的特征参数（第一台阶高度 G_1、发动机前端的压溃量 D_1 以及阶梯比 i、宽度比 w、能量密度比 α）的值放在图示化评价（图 2.25）中，若各特征参数的值越靠近蜘蛛图外侧或在实线外侧，则证明所设计的碰撞波形可能获得较好的星级成绩，波形的质量越好。

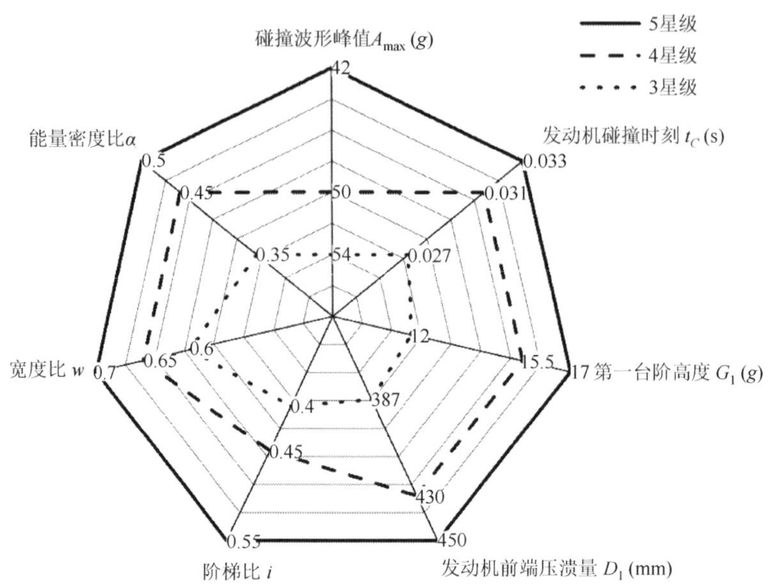

图 2.25　基于特征参数的波形评价准则

通过以上方法可以得到车辆星级与等效碰撞波形特征参数之间的规律，并且实现对车体碰撞波形质量的评价。基于统计数据得到的车体碰撞波形目标，虽然能够实现汽车抗撞性概念设计阶段对整体性能的控制，但却不一定是车体碰撞最优波形。这是由于在汽车碰撞过程中，乘员伤害大小是由车体前端结构和约束系统匹配共同决定的。

2.3　基于乘员伤害回归预测的碰撞波形评价

车辆抗撞性概念设计阶段，由于缺少约束系统相关数据，无法预测具体的乘员伤害水平，因此无法预知碰撞波形能否满足车辆安全性开发时所设定的乘员伤害限值的要求。本节利用有限个碰撞波形参数构建乘员伤害的多元线性回归预测模型，一方面可以在车体结构设计阶段根据车体碰撞波形对乘员伤害进行预测，为设计人员提供参考，另一方面也可以作为评价碰撞波形质量的补充。

多元线性回归模型用来描述多个自变量与因变量之间的线性关系，设 y 为因变量，$x_1, x_2, \cdots, x_i$ 为自变量，当自变量与因变量之间为线性关系时，多元线性回归模型为

$$y = a_0 + a_1x_1 + a_2x_2 + \cdots + a_ix_i \tag{2.23}$$

式中，a_0 为常数项；$a_1, a_2, \cdots, a_i$ 为各自变量的回归系数。对于乘员伤害的回归分析，变量 $x_1, x_2, \cdots, x_5$ 分别为对乘员伤害影响较大的 5 个碰撞波形参数，如表 2.8 所示。

表 2.8　乘员伤害回归分析的变量

变量 x_i	碰撞波形参数
x_1	碰撞波形峰值 $A_{max}(g)$
x_2	最大动态压溃量 D_{max}(m)
x_3	车辆回弹时刻 t_E(s)
x_4	第二台阶高度 $G_2(g)$
x_5	阶梯比 i

选取乘员头部和胸部的主要伤害指标（头部 HIC_{15}、胸部 3ms 加速度 Ac_{3ms}、胸部最大压缩量 CD_{max}）以及乘员头胸部综合伤害概率 $P_{combined}$ 和加权伤害指数 WIC 作为回归预测的响应，通过多元线性回归拟合得到的回归方程中各波形参数的系数如表 2.9 所示。

表 2.9　回归方程系数

系数	HIC_{15}	Ac_{3ms}	CD_{max}	$P_{combined}$	WIC
a_0	951.9693	34.1780	101.9588	0.0053	1.1282
a_1	−2.6050	0.0585	−0.0751	0.0001	−0.0014
a_2	0.2062	0.00005	0.0918	0.0001	0.0006
a_3	−9803.6220	−73.4240	−134130	−0.7761	−11.9330
a_4	−0.7617	0.4700	−0.9473	0.0036	−0.0032
a_5	−97.6738	−8566	−25.3433	−0.0127	−0.1945

乘员主要伤害指标的预测结果与实测结果对比如图 2.26 所示。

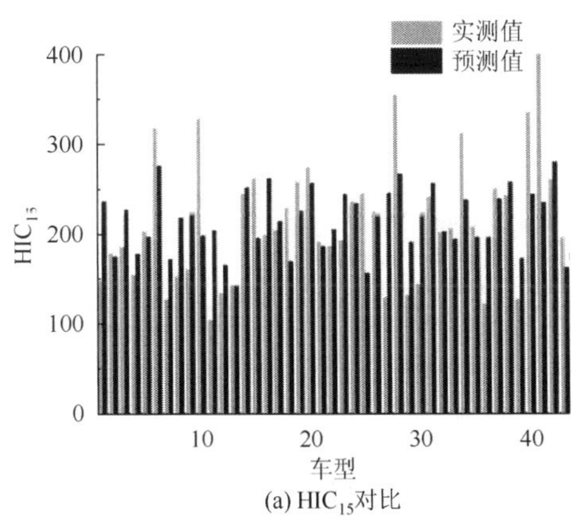

(a) HIC_{15}对比

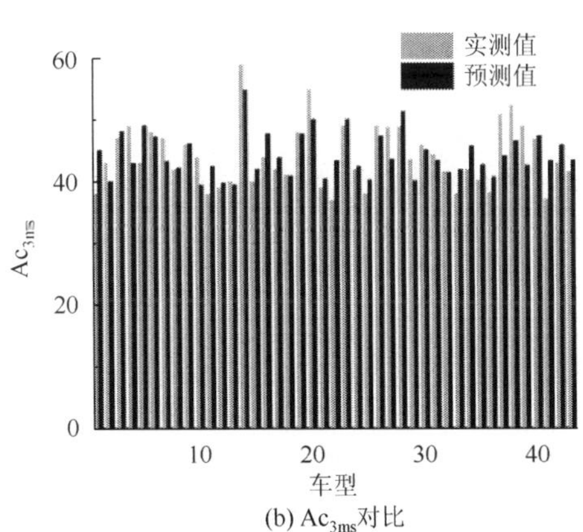

(b) Ac_{3ms}对比

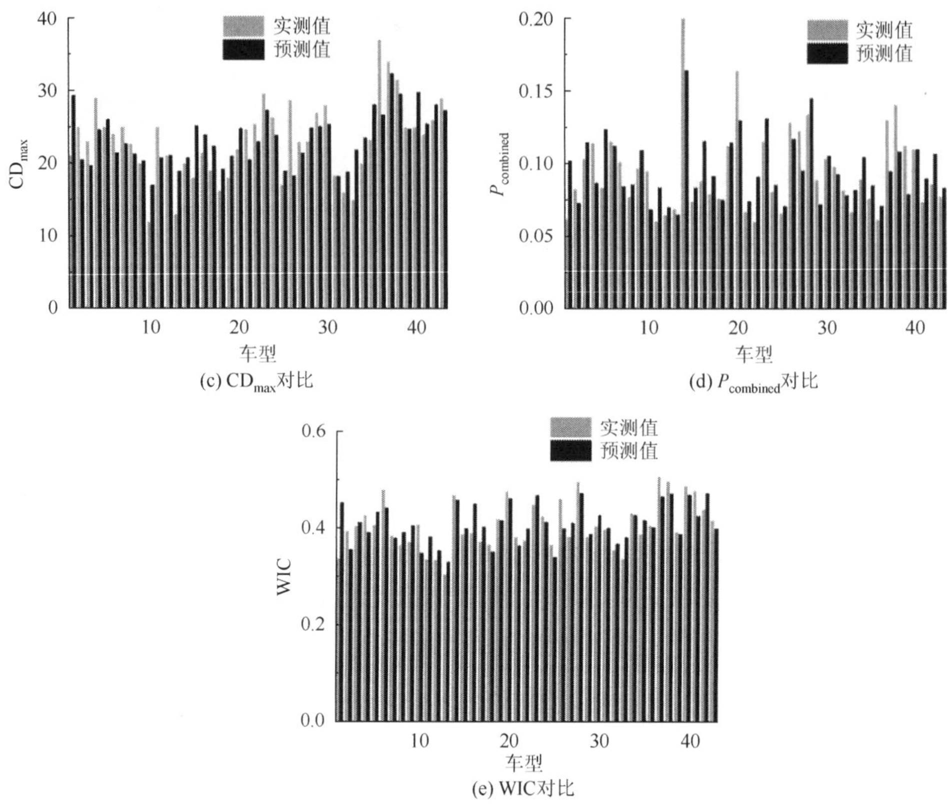

图 2.26　乘员伤害预测值与实测值对比

乘员伤害回归预测结果与实测结果虽然在绝对幅值上有一定的差异，但是在趋势上是比较一致的。乘员伤害回归预测的主要意义是在车体结构设计阶段，在没有约束系统的情况下能够根据波形参数对所关注的乘员响应进行估算。

参 考 文 献

[1] Huang M. Vehicle Crash Mechanics[M]. Boca Raton：CRC Press，2002.

[2] 邱少波. 汽车碰撞安全工程[M]. 北京：北京理工大学出版社，2016.

[3] Agaram V，Xu L，Wu J，et al. Comparison of frontal crashes in terms of average acceleration[R]. SAE Technical Paper，2000.

[4] Warner C Y，Warner M H，Crosby C L，et al. Pulse shape and duration in frontal crashes[R]. SAE Technical Paper，2007.

[5] Varat M S，Husher S E. Crash pulse modelling for vehicle safety research[C]. 18th Enhanced Safety of Vehicle（ESV）Conference，Nagoya，Japan，2003.

[6] Grimes W D，Lee F D，Lee F D. The effect of crash pulse shape on occupant simulations[R]. SAE Technical Paper，2000.

[7] 李铁柱，李光耀，赵敏，等. 基于乘员损伤的汽车正面碰撞减速度波形优化[J]. 中国机械工程，2013，24（5）：690-695.

[8] National Highway Traffic Safety Administration. Consumer information：New car assessment program：Notice[J]. Federal Register，2008，73（134）：40015-40050.

[9] 马志雄，朱西产. 台车试验中采用等效双梯形减速度曲线的模拟研究[J]. 汽车工程，2008，30（5）：411-415.

[10] Gabauer D J，Gabler H C. Can delta-V be adjusted with structural and occupant restraint performance to improve prediction of chest acceleration？[C]. Proceedings of the 52nd AAAM，Annual Conference，San Diego，2008，52：165.

[11] Bahouth G T，Digges K H，Bedewi N E，et al. Development of URGENCY 2.1 for the prediction of crash injury severity[J]. Topics in Emergency Medicine，2004，26（2）：157-165.

[12] Nance M L，Elliott M R，Arbogast K B，et al. Delta V as a predictor of significant injury for children involved in frontal motor vehicle crashes[J]. Annals of Surgery，2006，243（1）：121-125.

[13] Kübler L，Gargallo S，Elsäßer K. Characterization and evaluation of frontal crash pulses with respect to occupant safety[C]. International Symposium and Exhibition on Sophisticated Car Occupant Safety Systems，Karlsruhe，Germany，2008：1-18.

[14] Kübler L，Gargallo S，Elsäßer K. Frontal crash pulse assessment with application to occupant safety[J]. ATZ Worldwide，2009，111（6）：12-17.

[15] Kübler L，Gargallo S，Elsäßer K. Bewertungskriterien zur Auslegung von Insassenschutzsystemen[J]. ATZ-Automobiltechnische Zeitschrift，2009，111（6）：426-433.

[16] Metzger J，Kübler L，Gargallo S. Characterization and evaluation of frontal crash pulses for USNCAP 2011[C]. International Symposium and Exhibition on Sophisticated Car Occupant Safety Systems，Karlsruhe，Germany，2010：6-8.

[17] Hong U P，Park G J. Determination of the crash pulse and optimization of the crash components using the response surface approximate optimization[J]. Proceedings of the Institution of Mechanical Engineers，Part D：Journal of Automobile Engineering，2003，217（3）：203-213.

第 3 章　乘员的力学响应与能量耗散

3.1　车体-乘员单自由度解析模型及乘员响应求解

3.1.1　车体-乘员单自由度解析模型

在 *Vehicle Crash Mechanics*[1]中 Huang 将整车碰撞这个复杂的非线性系统抽象为数学模型，建立了车体-乘员单自由度解析模型（single-degree-of-freedom vehicle-occupant analytical model），简称单自由度模型。不同于有限元模型和实际车辆系统，单自由度模型是以车体波形作为输入、乘员响应作为输出的质量弹簧系统。单自由度模型简单、参数少，方便作为车辆、乘员碰撞的基本理论的研究工具和手段。

图 3.1 所示的车体-乘员单自由度解析模型，用来模拟正面碰撞过程中乘员与约束系统的相互作用。车辆与乘员分别简化为质点 M 和 m，两者正方向分别定义为 x_v、x_o 方向，乘员约束系统刚度为 k，乘员与约束系统间隙为 δ，碰撞初速度为 v_o，碰撞波形曲线为 a_v。

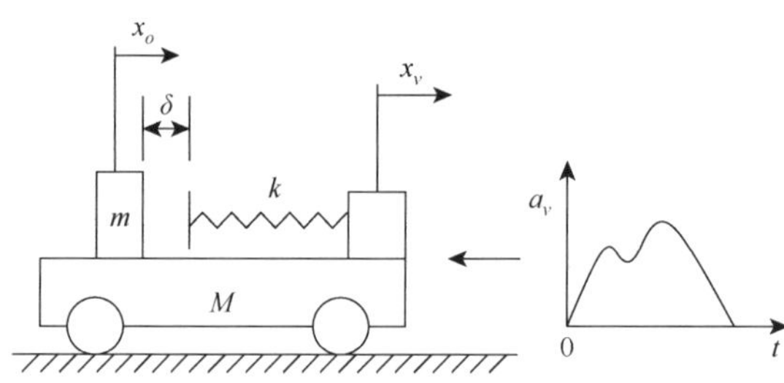

图 3.1　车体-乘员单自由度解析模型

在不考虑约束系统间隙的条件下，单自由度模型中 m 的振动方程为

$$k(x_o - x_v) = -m\ddot{x}_o \tag{3.1}$$

$$x_{o/v} = x_o - x_v \tag{3.2}$$

将式（1.7）代入式（3.1）得到单自由度模型的振动微分方程为

$$\ddot{x}_{o/v} + \frac{k}{m}x_{o/v} = -\ddot{x}_v$$

假定 k 为线性弹簧刚度系数，引入约束系统的固有频率 $\omega_n=\sqrt{\dfrac{k}{m}}$，有

$$\ddot{x}_{o/v}+\omega_n^2 x_{o/v}=-\ddot{x}_v \tag{3.3}$$

对该方程进行求解，得到不同车体波形输入下线性约束系统的乘员响应为

$$\ddot{x}_o=-A\omega_n{}^2\sin(\omega_n t+\varphi)+R''(\ddot{x}_v)+\ddot{x}_v \tag{3.4}$$

由此，在不同车体波形输入下，为了得到乘员响应只要根据初始条件确定 A、φ、$R''(\ddot{x}_v)$ 这三项即可。其中 $R''(\ddot{x}_v)$ 为微分方程的特解，根据输入车体波形的不同形式有对应的特解形式。当输入的车体波形为矩形波或单线性波时，$R''(\ddot{x}_v)$ 项为零，此时求解的乘员加速度响应为车体加速度和一个正弦函数相加的形式。下面分别讨论几种不同波形简化形式下乘员响应的表达及其意义。

3.1.2　矩形波、正矢波和双台阶波输入下的乘员响应

当车体波形为图 3.2 形式的矩形波时，车体运动方程解析表达式：

$$\ddot{x}_v=A_0 \tag{3.5}$$

式（3.4）中有 $R''(\ddot{x}_v)=0$，所以此时乘员响应为

$$\ddot{x}_o=-A\omega_n{}^2\sin(\omega_n t+\varphi)+A_0 \tag{3.6}$$

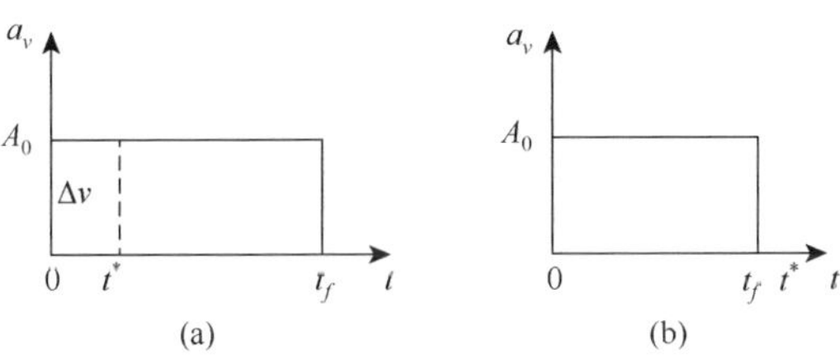

图 3.2　矩形波及其参数

如果考虑约束系统初始间隙 δ 的存在，则设 t^* 为乘员和约束系统接触时刻（图 3.2（a）），将乘员与约束系统接触时刻作为时间零点（图 3.2（b）），则该时刻车体速度 $\Delta v=A_0\times t^*$，而 $t^*=\sqrt{2\delta/A_0}$。

初始条件：当 $t=0$ 时，$\ddot{x}_{o/v}=-A_0$，$\dot{x}_{o/v}=\Delta v$。求得

$$\varphi=-\arctan\frac{1}{\omega_n t^*} \tag{3.7}$$

$$A=-\frac{1}{\omega_n{}^2}\sqrt{A_0^2+(\omega_n\Delta v)^2} \tag{3.8}$$

乘员加速度响应：

$$\ddot{x}_o = \sqrt{A_0^2 + (\omega_n \Delta v)^2}\sin\left(\omega_n t - \arctan\frac{1}{\omega_n t^*}\right) + A_0 \tag{3.9}$$

$$\ddot{x}_o = A_0\left[1 + \sqrt{1 + (\omega_n t^*)^2}\sin\left(\omega_n t - \arctan\frac{1}{\omega_n t^*}\right)\right] \tag{3.10}$$

$$\ddot{x}_o|_{\max} = A_0\left(1 + \sqrt{1 + (\omega_n t^*)^2}\right) \tag{3.11}$$

式（3.10）和式（3.11）说明约束系统将车体的加速度放大了一个倍数，这个放大倍数取决于约束系统的参数特性，即约束系统的固有频率 ω_n 和约束系统的初始间隙 δ。文献[2]将乘员加速度峰值的放大倍数 $1+\sqrt{1+(\omega_n t^*)^2}$ 定义为动力放大系数（dynamic amplification factor）DAF。若约束系统初始间隙为 0，放大作用最小，乘员的加速度响应为一个余弦波和车体波形的叠加，乘员加速度的峰值为矩形波的 2 倍，计算式为

$$\ddot{x}_o = A_0(1 - \cos(\omega_n t))$$

$$\ddot{x}_o|_{\max} = \mathrm{DAF} \times A_0 = 2A_0 \tag{3.12}$$

在矩形波输入下，乘员加速度的响应等于车体加速度再叠加一个线性约束系统（单自由度振动系统）引起的振荡加速度。以某车型为例，其车体加速度和乘员加速度曲线，以及等效矩形波输入下的乘员加速度和相对加速度曲线如图 3.3 所示。图 3.3 直观地给出了乘员加速度曲线与矩形波的关系。

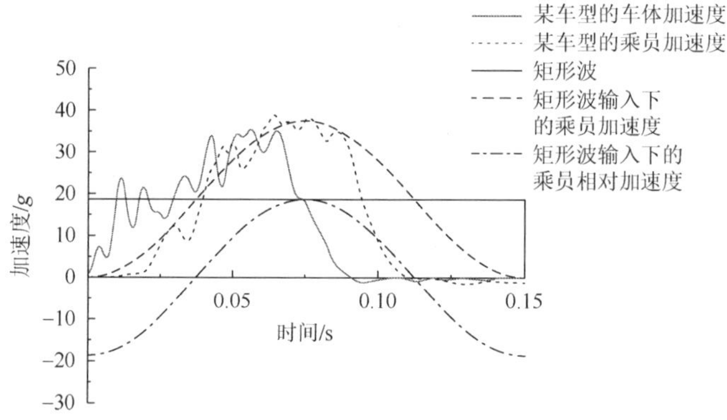

图 3.3　矩形波输入下的乘员响应曲线与原始曲线对比

如果将矩形波改为图 3.4 所示的单线性波，则运动系数 A 和 φ 与矩形波存在不同，但也有相似的规律，乘员加速度依然等于车体加速度加上一个单自由度振动系统引起的振荡加速度。图 3.4 为某车型的车体加速度和乘员加速度曲线，以及简化为单线性波输入下的乘员加速度和相对加速度曲线。

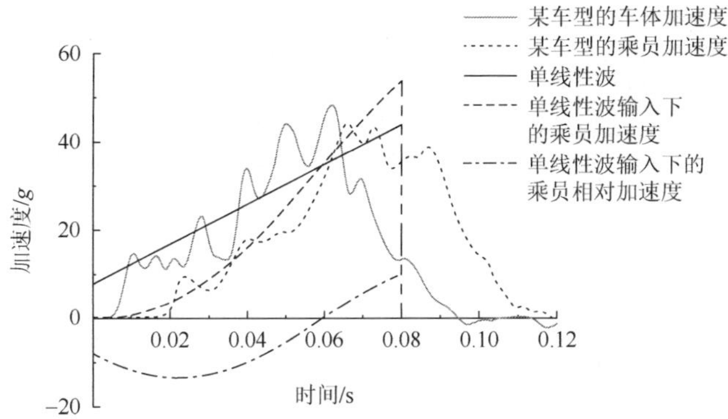

图 3.4　单线性波输入下的乘员相应曲线与原始曲线对比图

对于 2.1 节介绍的其他形式的波形输入，乘员加速度响应都不是车体波形和某个正弦波的简单叠加，而是振动耦合问题，推导出的乘员响应公式也比较复杂，通常需要利用 MATLAB 进行迭代计算。

当车体波形为图 3.5 所示的正矢波时，有

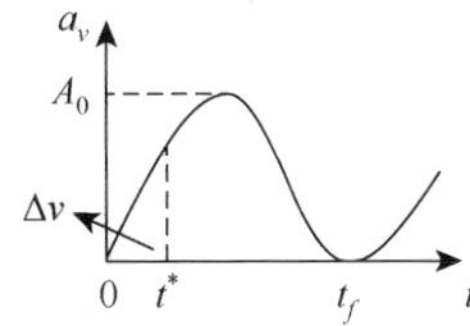

图 3.5　正矢波及其参数

$$\ddot{x}_v = \frac{A_0}{2}(1-\cos(\omega t)) \tag{3.13}$$

$$R''(\ddot{x}_v) = -\frac{A_0\omega^2}{2(\omega^2-\omega_n^2)}\cos(\omega t) \tag{3.14}$$

乘员的运动响应为

$$\ddot{x}_o = -A\omega_n{}^2\sin(\omega_n t+\varphi) - \frac{A_0\omega^2}{2(\omega^2-\omega_n^2)}\cos(\omega t) + \frac{A_0}{2}(1-\cos(\omega t)) \tag{3.15}$$

初始条件：当 $t=0$ 时，

$$\ddot{x}_{o/v} = -\frac{A_0}{2}(\cos(\omega t^*)-1)\text{，}\quad \dot{x}_{o/v} = \Delta v$$

求得

$$\varphi = \arctan\left[\frac{A_0(\cos(\omega t^*)-1)(\omega^2-\omega_n^2) - A_0\omega^2}{2\Delta v\omega_n(\omega^2-\omega_n^2)}\right] \tag{3.16}$$

$$A = \frac{1}{\omega_n^2}\sqrt{\frac{A_0^2}{4}\left[\cos(\omega t^*)-1-\frac{\omega^2}{\omega^2-\omega_n^2}\right]^2 + \Delta v^2\omega_n^2} \tag{3.17}$$

乘员的加速度为

$$\ddot{x}_o = -\sqrt{\frac{A_0^2}{4}\left[\cos(\omega t^*) - 1 - \frac{\omega^2}{\omega^2 - \omega_n^2}\right]^2 + \Delta v^2 \omega_n^2}$$

$$\times \sin\left\{\omega_n t + \arctan\left[\frac{A_0(\cos(\omega t^*) - 1)(\omega^2 - \omega_n^2) - A_0\omega^2}{2\Delta v \omega_n(\omega^2 - \omega_n^2)}\right]\right\}$$

$$-\frac{A_0\omega^2}{2(\omega^2 - \omega_n^2)}\cos(\omega t) + \frac{A_0}{2}(\cos(\omega t) - 1) \tag{3.18}$$

若约束系统初始间隙为 0，则有

$$\ddot{x}_o = \frac{A_0\omega^2}{2(\omega^2 - {\omega_n}^2)}(\cos(\omega t) - \cos(\omega_n t)) + \frac{A_0}{2}(\cos(\omega t) - 1) \tag{3.19}$$

图 3.6 为正矢波输入下的乘员加速度和相对加速度曲线。

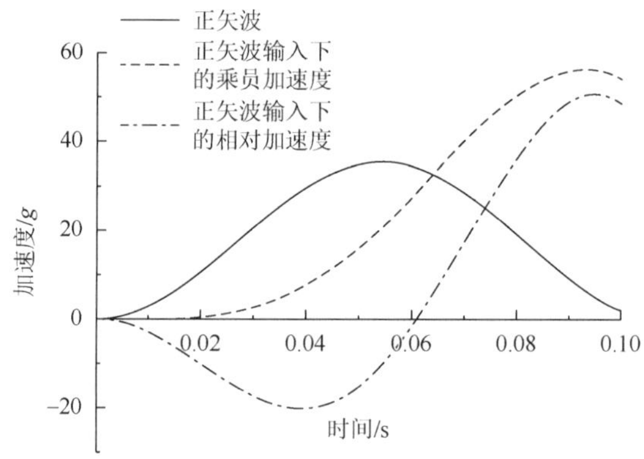

图 3.6　正矢波输入下的乘员加速度和相对加速度曲线

双台阶波作为简化的双梯形波，由于其参数少，经常被用于波形设计的初始阶段。

图 3.7 所示的双台阶波的车体加速度为

$$\begin{cases} \ddot{x}_v = A_1, & t < t_1 \\ \ddot{x}_v = A_2, & t > t_1 \end{cases} \tag{3.20}$$

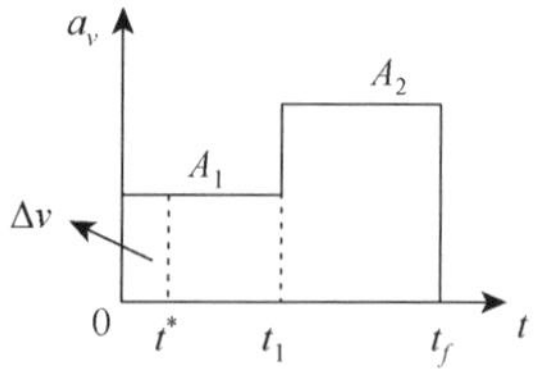

初始条件：当 $t=0$ 时，$\ddot{x}_{o/v} = -A_1$，$\dot{x}_{o/v} = \Delta v$。若约束系统间隙为 0，乘员的加速度响应为

$$\begin{cases} \ddot{x}_o = A_1\cos(\omega t) - A_1, & t < t_1 \\ \ddot{x}_o = A_1\cos(\omega t) + (A_2 - A_1)\cos(\omega(t - t_1)) - A_2, & t > t_1 \end{cases} \tag{3.21}$$

图 3.8 为双台阶波输入下的乘员加速度和相对加速度曲线。

图 3.7　双台阶波及其参数

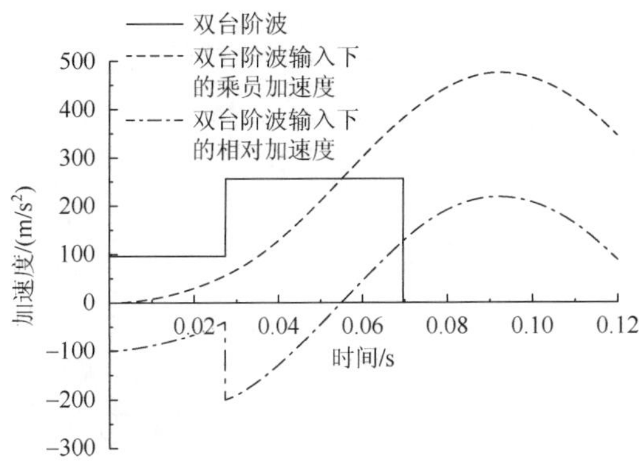

图 3.8　双台阶波输入下的乘员加速度和相对加速度曲线

3.2　乘员的能量耗散与 Ride-down 效率

乘员在位移域的运动响应与乘员能量直接相关。从本质上讲，乘员的减速过程就是能量的耗散过程。假设乘员质量为 m，乘员从初速度 v_0 开始减速到最后车速降为 0，根据功能转换关系得到乘员总能量的计算公式为

$$E=\frac{1}{2}mv_0^2=\int_0^{D_o}m\ddot{x}_o\mathrm{d}x_o \tag{3.22}$$

式中，D_o 为碰撞过程中乘员的最大位移。

由式（3.2），乘员位移为车体位移和乘员相对位移两部分的和，所以乘员总能量可以写成

$$E=\int_0^{D_o}m\ddot{x}_o\mathrm{d}(x_{o/v}+x_v)=\int_0^{D_{o/v}}m\ddot{x}_o\mathrm{d}x_{o/v}+\int_0^{D_v}m\ddot{x}_o\mathrm{d}x_v \tag{3.23}$$

式中，D_v 为碰撞过程中车体的最大位移；$D_{o/v}$ 为碰撞过程中乘员相对于车体运动的最大位移。定义：

$$E_{\mathrm{rs}}=\int_0^{D_{o/v}}m\ddot{x}_o\mathrm{d}x_{o/v} \tag{3.24}$$

$$E_{\mathrm{rd}}=\int_0^{D_v}m\ddot{x}_o\mathrm{d}x_v \tag{3.25}$$

则有

$$E=E_{\mathrm{rs}}+E_{\mathrm{rd}} \tag{3.26}$$

可以理解为乘员的动能由两部分进行耗散：第一部分 E_{rs} 是乘员通过约束系统变形以及车身内饰的变形而耗散的能量，通常称为乘员约束能量（restraint energy）；第二部分 E_{rd} 是乘员通过约束系统传递到车体并在车体前部变形过程中消耗的能量，此部分能量通常称为压溃能量，也称为 Ride-down 能量。

根据乘员能量耗散的计算公式可以看出，乘员质量对能量耗散过程并无影响，

所以通常采用 Ride-down 能量密度 e_{rd} 和约束能量密度 e_{rs} 来研究乘员能量耗散过程，计算式为

$$e_{rd}=\int\ddot{x}_o\mathrm{d}x_v \tag{3.27}$$

$$e_{rs}=\int\ddot{x}_o\mathrm{d}x_{o/v} \tag{3.28}$$

Ride-down 能量和约束能量的分配方式对乘员的伤害有重要影响。Katoh 和 Nakahama[3]提出一种数学公式来定义 Ride-down 效率（被车体吸收的能量（Ride-down 能量）与乘员初始动能的比值），用符号 ε 表示，计算式为

$$\varepsilon=\frac{E_{rd}}{E}=\frac{e_{rd}}{\frac{1}{2}v_0^2}=\frac{\int\ddot{x}_o\mathrm{d}x_v}{\frac{1}{2}v_0^2} \tag{3.29}$$

图 3.9 为某车型试验过程中车体与乘员加速度曲线，图 3.10 为位移曲线。该实例中 16ms 左右约束系统开始作用于乘员，乘员加速度值增大，而此时车体已被压溃 0.24m 左右，从图中可知车体最大压溃量为 0.78m，乘员相对于车体最大位移为 0.21m。

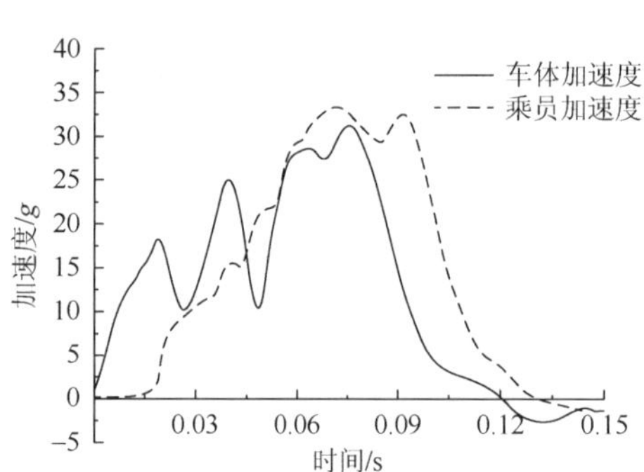

图 3.9　某车型车体与乘员加速度曲线

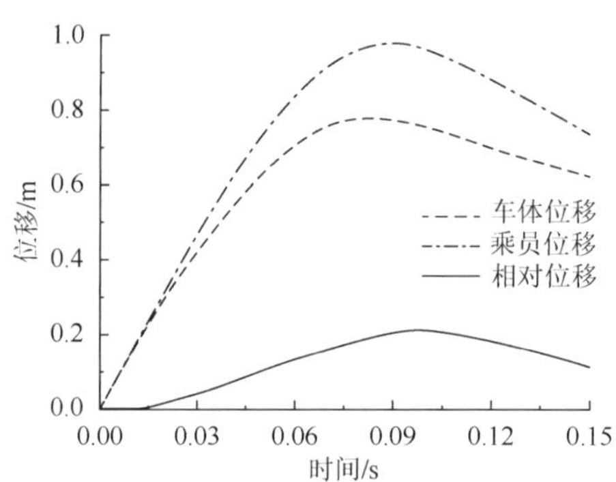

图 3.10　某车型车体与乘员位移曲线

根据乘员加速度和乘员相对位移可以获得乘员约束能量密度曲线，根据乘员加速度相对于车体位移获得 Ride-down 能量密度曲线，如图 3.11 所示，乘员部分动能从 16ms 开始传递到车体结构上并在车体压溃过程中消耗，直到车体动态压溃结束。该实例中乘员约束能量密度曲线和 Ride-down 能量密度曲线如图 3.12 所示。

$$e_{rd}=\int_0^{D_v}\ddot{x}_o\mathrm{d}x_v=\int_0^{0.78}\ddot{x}_o\mathrm{d}x_v=82.90\mathrm{J/kg}$$

$$e_{rs}=\int_0^{D_{o/v}}\ddot{x}_o\mathrm{d}x_{o/v}=\int_0^{0.21}\ddot{x}_o\mathrm{d}x_{o/v}=43.12\mathrm{J/kg}$$

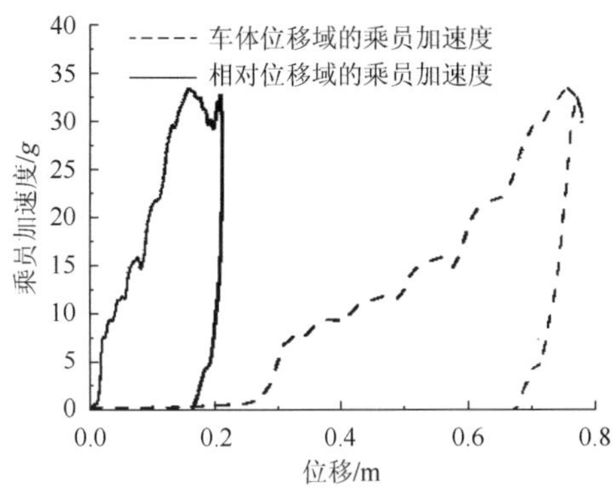

图 3.11　车体位移域和相对位移域的乘员加速度曲线

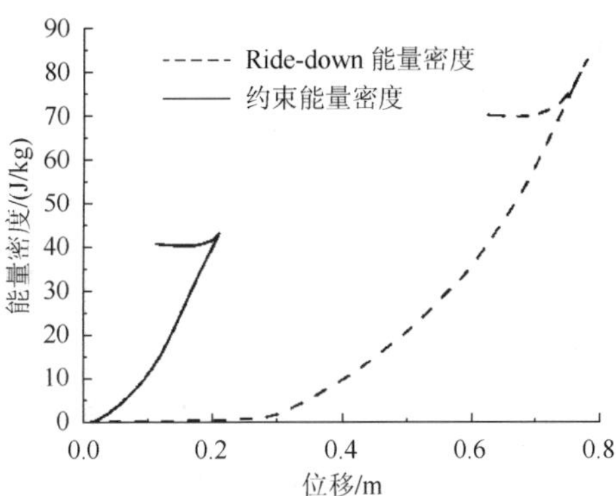

图 3.12　约束能量密度与压溃能量密度曲线

乘员在碰撞过程中的初始速度与车体碰撞速度相同，为 56.3km/h（15.6m/s）。

$$\varepsilon = \frac{E_{\rm rd}}{E} = \frac{e_{\rm rd}}{\frac{1}{2}v_0^2} = \frac{82.90}{\frac{1}{2}\times 15.6^2}\times 100\% = 67.79\%$$

最大约束能量密度约为 43.12J/kg，最大 Ride-down 能量密度约为 82.90J/kg，由此计算出 Ride-down 效率约为 67.79%。

最大 Ride-down 能量密度出现在车体动态压缩时，而最大约束能量密度出现在乘员加速度的峰值。由于动态压缩的时间不同于乘员最大响应时间，所以一般最大约束能量密度和 Ride-down 能量密度相加的总和不等于乘员最大能量密度。

进一步解析乘员运动方程可以得到以下公式：

$$\begin{aligned}\frac{1}{2}\dot{x}_{o/v}^2 - \frac{1}{2}\dot{x}_{o/v0}^2 &= \int_0^{\dot{x}_{o/v}} \dot{x}_{o/v}{\rm d}\dot{x}_{o/v} = \int_0^t \dot{x}_{o/v}(\ddot{x}_o - \ddot{x}_v){\rm d}t \\ &= \int_0^{x_{o/v}} (\ddot{x}_o - \ddot{x}_v){\rm d}x_{o/v} = \int_0^{x_{o/v}} \ddot{x}_o{\rm d}x_{o/v} - \int_0^{x_{o/v}} \ddot{x}_v{\rm d}x_{o/v}\end{aligned} \tag{3.30}$$

式中，$\dot{x}_{o/v0}$ 为碰撞初始时刻乘员相对于车体的速度，$\dot{x}_{o/v0}=0$。在最大相对位移处，$x_{o/v}=D_{o/v}$，乘员相对于车体的加速度 $\dot{x}_{o/v}=0$，上述公式可以重新写成如下形式：

$$0 = \int_0^{D_{o/v}} \ddot{x}_o{\rm d}x_{o/v} - \int_0^{D_{o/v}} \ddot{x}_v{\rm d}x_{o/v} \tag{3.31}$$

即在最大相对位移处，有

$$e_{\rm rs} = \int_0^{D_{o/v}} \ddot{x}_o{\rm d}x_{o/v} = \int_0^{D_{o/v}} \ddot{x}_v{\rm d}x_{o/v} \tag{3.32}$$

式（3.32）表明，乘员的约束能量与车体加速度在相对位移域内的能量相等。基于以上公式，绘制某车型相对位移域内的车体加速度曲线和乘员加速度曲线，如图 3.13 所示。最大相对位移处两曲线所围面积应相等，除去重合的区域，两曲线所围区域剩下的面积相等。从图中可以直接看出，为了降低乘员加速度峰值，可以增大碰撞前期乘员加速度以增大重合区域面积，或者增大相对位移。

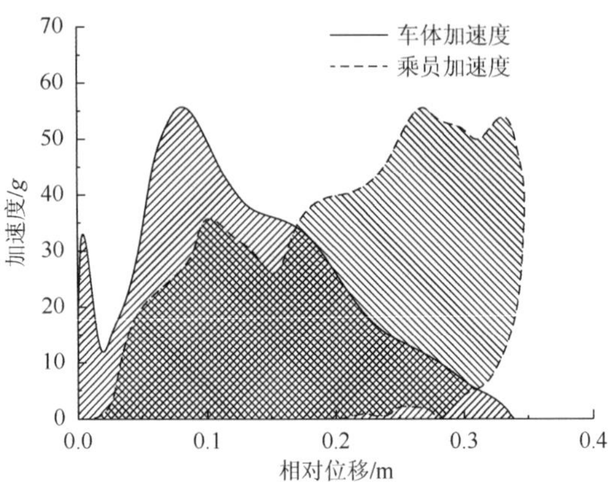

图 3.13　最大相对位移处约束能量

考虑两种乘员能量的极端分配情况。第一种情况是乘员能量全部由约束系统变形吸收，Ride-down 效率为零。这种情况对应车体前端结构刚度无限大，车体在接触到壁障之后瞬间减速停止，车体位移为零，是“刚性车体和柔性约束”的极端匹配形式，如图 3.14 所示。这种情况约束系统需要承受巨大的吸能负担，如果无法胜任这个吸能任务，乘员就会与刚性车体之间产生猛烈的“二次碰撞”。

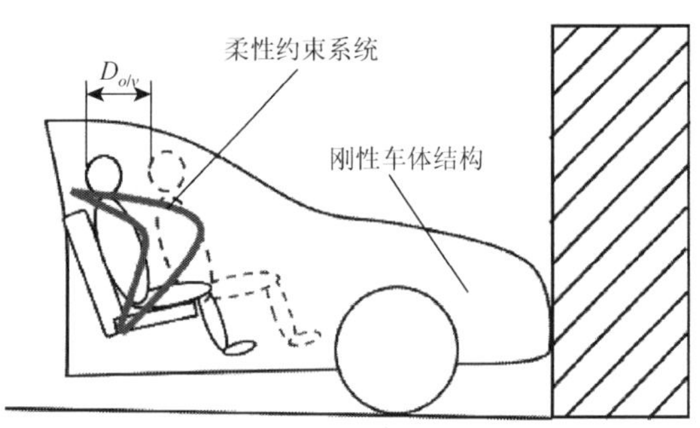

图 3.14　刚性车体和柔性约束

第二种情况是乘员能量全部由前端结构变形吸收，Ride-down 效率为 100%。这种情况对应约束系统刚度无限大，可以想象成乘员被刚性地“绑”在座椅上，乘员相对位移为零，是“柔性车体和刚性约束”的极端匹配形式，如图 3.15 所示。这种情况虽然约束系统需要承担较小的吸能，但是由于约束系统为刚性，容易直接造成乘员与约束之间发生较硬的接触。

乘员能量分配与车体结构以及约束系统的刚柔相关。车体结构刚度主要体现在汽车碰撞波形，而约束系统刚度由约束系统众多参数综合决定。所以通过合理

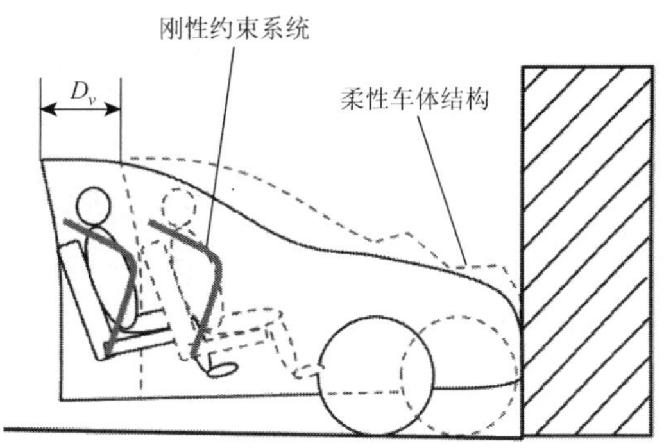

图 3.15　柔性车体和刚性约束

设置汽车碰撞波形以及约束系统参数，把乘员能量按照一种理想的分配比例分配到车体和约束系统中去，将实现最佳的乘员保护效果。

在实际碰撞过程中，碰撞吸能分配比例是介于两种极限情况之间的。乘员 Ride-down 效率由国外学者 Katoh 和 Nakahama 提出[3]，并通过 NHTSA 正面碰撞试验数据统计得到乘员胸部加速度随着乘员 Ride-down 效率的增大，乘员响应将会逐渐减小的结论。Huang 指出只有车体位移增大而导致的 Ride-down 效率增大才能降低乘员响应，而约束系统刚度增大造成的 Ride-down 效率增大反而会增大乘员响应[1, 4]。文献[2]通过统计和分析提出了一个比较理想的能量分配比例（平均分配），并将其作为约束系统匹配的初始条件和设计目标。

Ride-down 效率取决于碰撞波形和约束系统特性之间复杂耦合关系。单纯追求 Ride-down 效率高（约束系统匹配压力小），就需要提高约束系统刚度，容易造成乘员胸部压缩量过大；各种关于 Ride-down 效率和乘员伤害关系的分析均在某种假设和条件下进行。即使是统计分析，相关性也不十分明显。将其作为设计目标是一种折中和近似。合理的解释应该是，在保证乘员不发生“硬接触”的前提下，尽量提高 Ride-down 效率。

3.3　约束系统刚度与乘员响应的关系

3.3.1　约束系统刚度的表达及简化

汽车乘员约束系统是指汽车发生碰撞时车内限制乘员运动的全部部件的总称，包括安全带、安全气囊、座椅、仪表板、转向柱、车门、安全玻璃以及内饰件等。碰撞发生时，约束系统主要是通过安全带、安全气囊、座椅等多个部件对乘员产生作用力达到保护乘员的目的，如图 3.16 所示。如果将乘员简化为一个质点，便可以将这些作用力等效为一个集中的作用力，那么约束系统的综合表现可以用一个约束系统特性表示。由于“乘员加速度-乘员相对位移”曲线可以近似代表约束系统作用的“力-位移”曲线，在进行碰撞力学理论研究时通常将“乘员加速度-乘员相对位移”曲线定义为“约束系统刚度曲线”，认为整个约束系统特性可具体用“约束系统刚度”描述[1]。由于乘员加速度相当于单位质量受力，所以这里所说的约束系统刚度代表约束比刚度（restraint specific stiffness），为方便描述，一般简称为约束系统刚度。约束系统刚度作为约束系统特性的表达，体现了约束系统的综合作用效果。

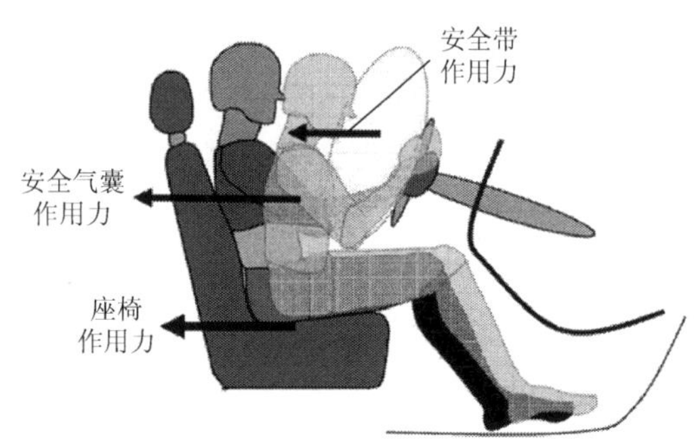

图 3.16　约束系统各部分作用力示意图

目前文献中提出的约束系统刚度曲线简化方式主要包括单线性约束系统刚度、双线性约束系统刚度、三线性约束系统刚度、梯形约束系统刚度、双梯形约束系统刚度，如图 3.17 所示。不同的约束系统刚度简化曲线可以对应不同的约束系统参数表达。例如，单线性约束系统刚度 k 是将约束系统的作用作为一个整体来考虑；双线性约束系统刚度曲线的两段 k 分别代表安全带和安全气囊刚度；三线性约束系统刚度曲线中间的平台段代表安全带的限力作用和安全带与安全气囊之间的耦合部分；梯形约束系统刚度曲线的平台主要是考虑了吸能转向管柱作用；双梯形约束系统刚度曲线同时考虑了安全带、安全带限力、安全气囊和转向管柱的作用。

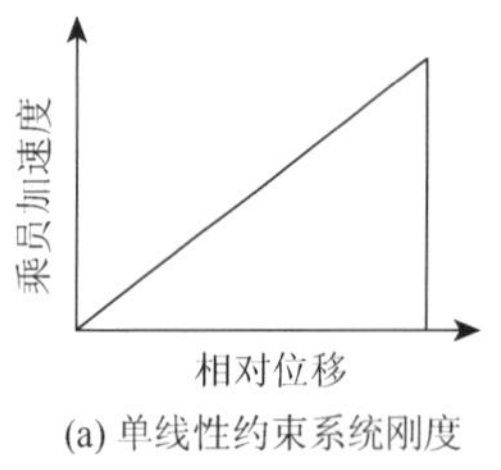

(a) 单线性约束系统刚度

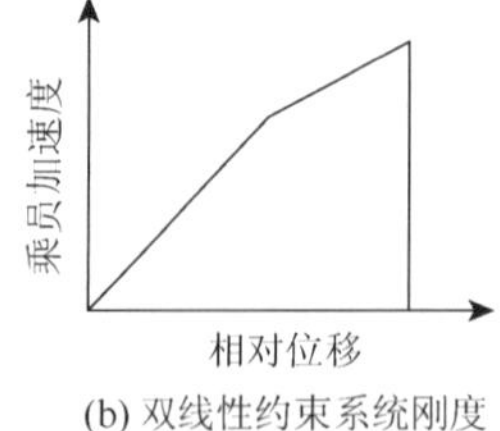

(b) 双线性约束系统刚度

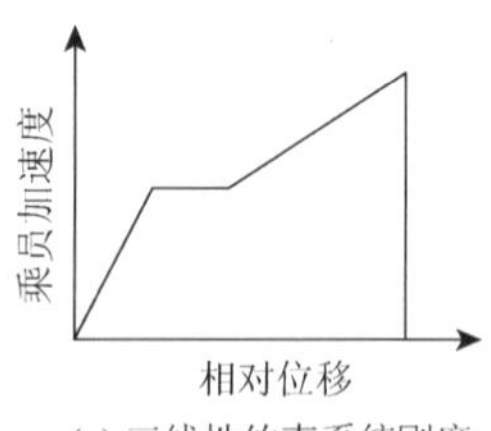

(c) 三线性约束系统刚度

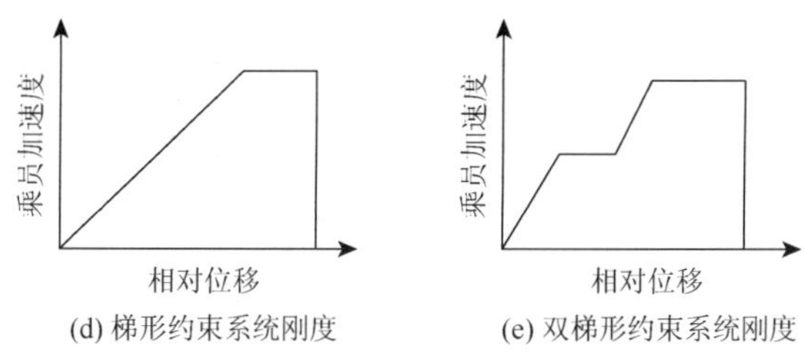

(d) 梯形约束系统刚度　　(e) 双梯形约束系统刚度

图 3.17　约束系统刚度简化形式

单线性约束系统刚度简化是最为基础的简化方式，通常作为约束系统的特征刚度进行碰撞动力学以及约束系统相关理论研究[1, 5, 6]。但是单线性约束系统刚度过于简化，致使较多约束系统刚度特征都被忽略。同时随着约束子系统的增加，各约束子系统的作用方式和能量分配更加复杂，使得约束系统简化方式趋于多线性和梯形的形式。吉林大学安月[7]和张燕[8]建立了双线性约束系统刚度，并提出增大前期线性刚度值和减小后期约束系统刚度有益于对乘员的保护。福特公司康宏斌提出三线性约束系统刚度，并认为配有限力装置的约束系统，在简化时中间段斜率近似为零。Wu 等[9]提出梯形约束系统刚度，并认为最佳的约束系统刚度是一种近似于矩形刚度的极限情况。邱少波[2]在此基础上提出双梯形约束系统刚度简化方式，并通过图解分析方法建立约束系统刚度和约束系统参数间的直接对应关系。

简单的约束系统刚度简化方式通常用于理论上的定性分析，经过简单的数学和力学推算后，发现乘员响应的力学规律。而复杂的简化方式能够包含更多的约束系统特性参数，如安全带刚度、安全带限力水平、安全气囊点火时刻等，因此可以用来指导约束系统概念设计。但由于复杂的简化方式包含参数较多，求解也比较复杂，往往需要设定前提条件。

3.3.2　线性约束系统刚度与乘员响应的关系

由于乘员加速度在乘员相对位移域的面积是乘员约束能量密度，所以乘员约束能量与约束系统刚度密切相关。理论上当乘员约束能量一定时，随着约束系统刚度的减小，乘员加速度峰值变小，然而乘员相对位移会变大，如图 3.18 所示。所以在设计时在满足生存空间的前提下尽量降低约束系统刚度。

为了更直观地了解约束系统刚度对乘员响应的影响，本节利用单自由度模型，采用与碰撞波形“最像”的正矢波作为输入，研究约束系统刚度在较大范围内（极限）变化时对乘员响应的影响。

为了使输入的波形具有一定的代表性，从 NHTSA 数据库中选取 80 辆车，将这 80 辆车的碰撞波形简化为正矢波，获得 80 个正矢波参数的均值，如表 3.1 所示。将表 3.1 中的正矢波代入单自由度模型进行迭代计算，改变约束系统刚度 k，

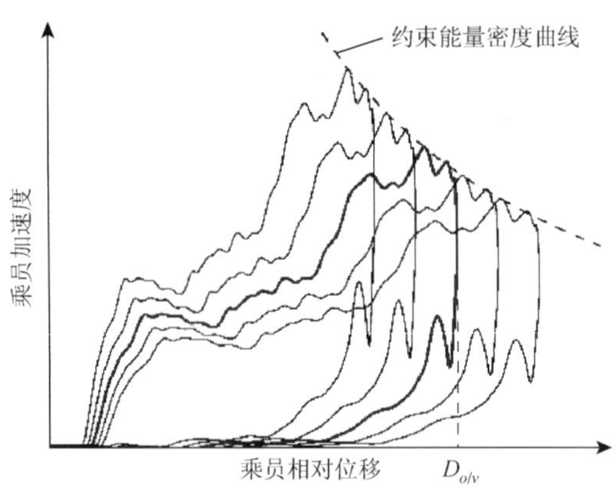

图 3.18　约束系统刚度与乘员加速度关系

得到一系列乘员加速度响应曲线。图 3.19～图 3.21 为选取约束系统刚度 k 的变化范围在 0～20000 的乘员加速度、速度和位移响应。随着约束系统刚度的增大，乘员的加速度峰值呈现明显的先增大后减小的趋势，且乘员加速度、乘员速度和乘员位移均与车体趋于一致。

表 3.1　80 个正矢波参数的均值

正矢波参数	均值
正矢波频率 ω	57.48
正矢波幅值 A_0	35.44

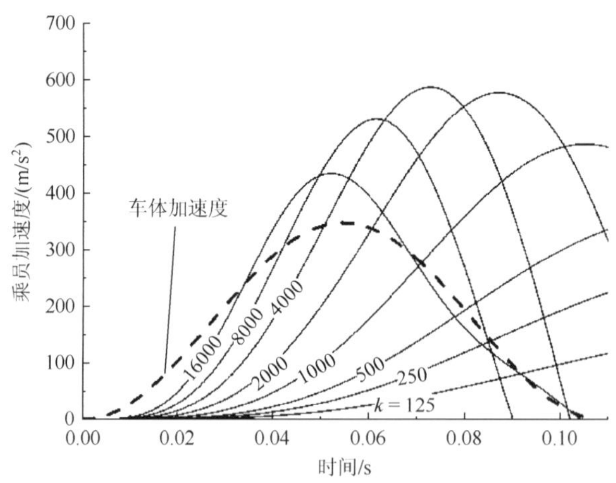

图 3.19　不同约束系统刚度时的乘员加速度响应

进一步计算约束系统刚度从零到无穷大时乘员加速度峰值变化曲线，如图 3.22 所示。

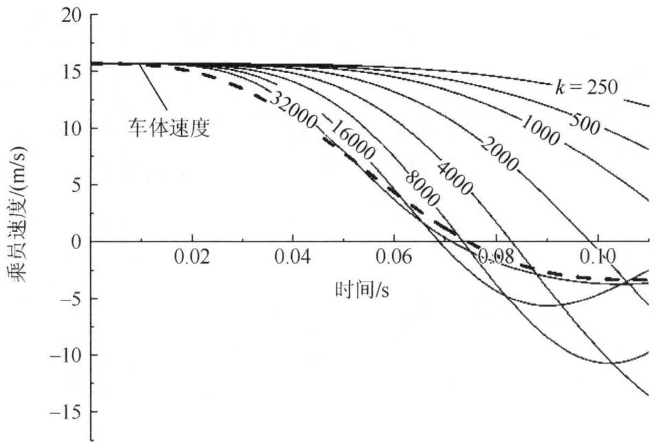

图 3.20　不同约束系统刚度时的乘员速度响应

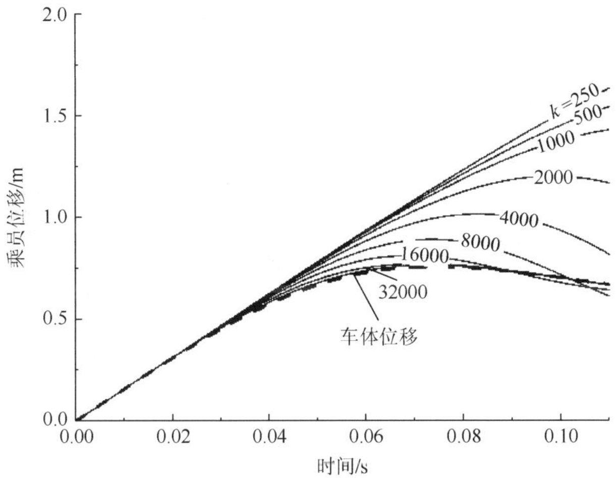

图 3.21　不同约束系统刚度时的乘员位移响应

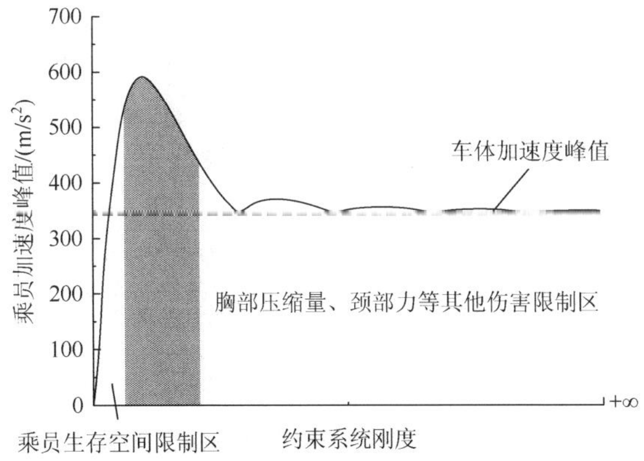

图 3.22　正矢波输入下约束系统刚度与乘员加速度峰值关系曲线

随着约束系统刚度的增大，乘员加速度峰值呈现先增大后减小，最后与车体加速度峰值无限接近的趋势。理论上，为了降低乘员加速度峰值，可以进一步减小或者增大约束系统刚度。当约束系统刚度趋于 0 时，乘员加速度也趋于 0，根据乘员在碰撞过程中的运动关系可知，此时乘员的相对位移会无限大，超过车内最大生存空间。所以受车内生存空间限制，约束系统刚度的设计应有一个下限值。当约束系统刚度趋于无穷大时，乘员加速度峰值与车体一致，此时乘员近似被“绑”在座椅上，导致胸部向前运动的位移量很小，造成胸部压缩量剧增，同时也会增大颈部和胸部的相对运动，造成颈部伤害剧增。所以受乘员伤害的限制，约束系统刚度的设计应有一个上限值。

图 3.22 中阴影部分对应的约束系统刚度为目前约束系统设计的常用范围，在设计时有两个参考点：①在生存空间满足要求的前提下尽可能减小约束系统刚度；②在乘员伤害合理的情况下尽可能增大约束系统刚度。

取 k 为 1500～3000 段乘员加速度峰值和乘员相对位移以及对应的约束系统刚度曲线（本书统计 80 辆车的约束系统刚度曲线，发现等效单位质量约束系统刚度 k 主要分布在 1500～3000，图 3.23）。假设车内乘员的生存空间为 0.3m，乘员加速度峰值要求小于 500m/s^2，则可以从图中得到约束系统刚度满足要求的范围（图 3.24 中阴影部分）。针对该正矢波车型，约束系统刚度在 1700 左右乘员加速度峰值和车内生存空间同时达到可实现的最高要求。如果提出更高的车体空间和加速度峰值要求，需要在两个约束条件之间进行取舍，否则找不到合理的约束系统刚度范围，只能重新设计车体前端结构或者采用梯形约束特性的约束系统。

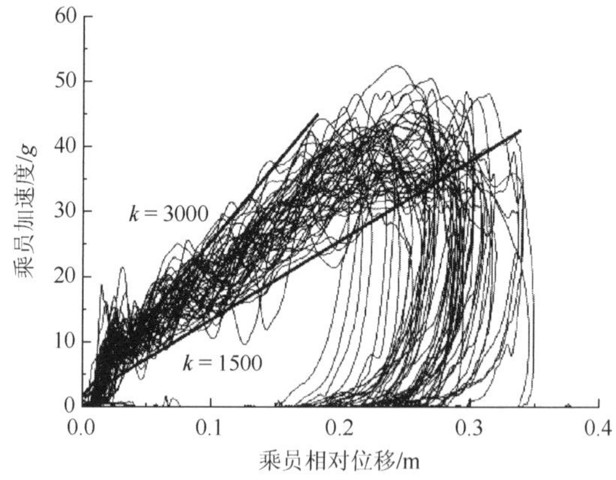

图 3.23　相对位移域的乘员加速度曲线

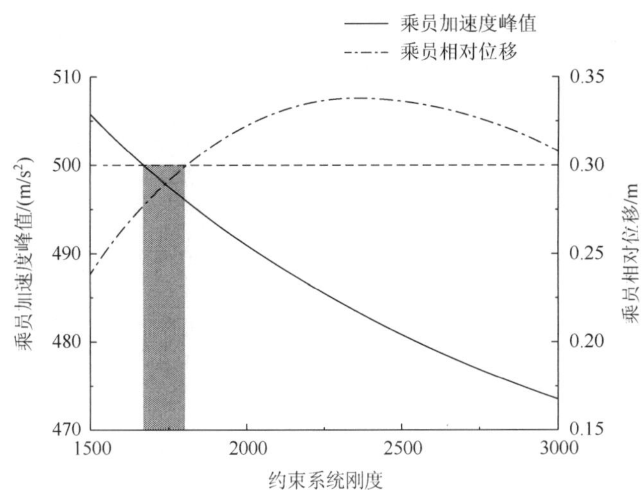

图 3.24　乘员加速度峰值和乘员相对位移随约束系统刚度的变化曲线

3.3.3　约束系统刚度与 Ride-down 效率的关系

在碰撞过程中，虽然乘员的耗散能是一定的，但乘员能量耗散方式对乘员伤害有重要影响。约束系统刚度和 Ride-down 效率都对乘员的能量耗散过程产生影响。

图 3.25 给出了约束系统刚度在常用范围（1500～3000）内，乘员 Ride-down 效率与约束系统刚度之间的关系。随着约束系统刚度的增加，乘员 Ride-down 效率呈现近似线性关系。

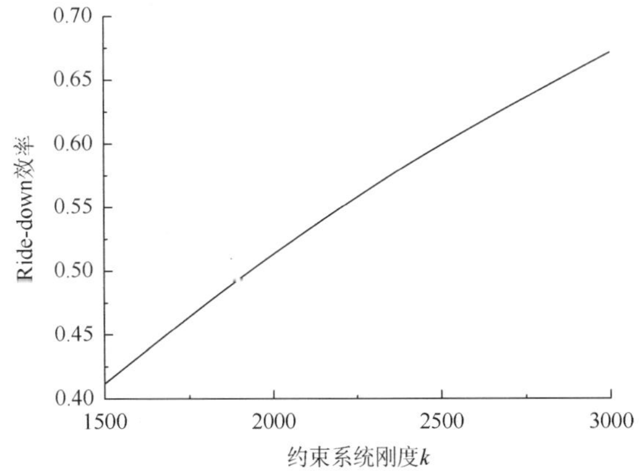

图 3.25　约束系统刚度与 Ride-down 效率关系

就单线性约束系统刚度来说，刚度越大，Ride-down 效率越高，说明约束系统承担的吸能量越少，匹配难度越小。

为了进一步探讨什么样的约束系统刚度有益于乘员保护，分别采用单线性约束系统刚度（线 1）、凸形双线性约束系统刚度（线 2）和凹形双线性约束系统刚度（线 3）三种情况讨论比较其约束效果，如图 3.26 所示。

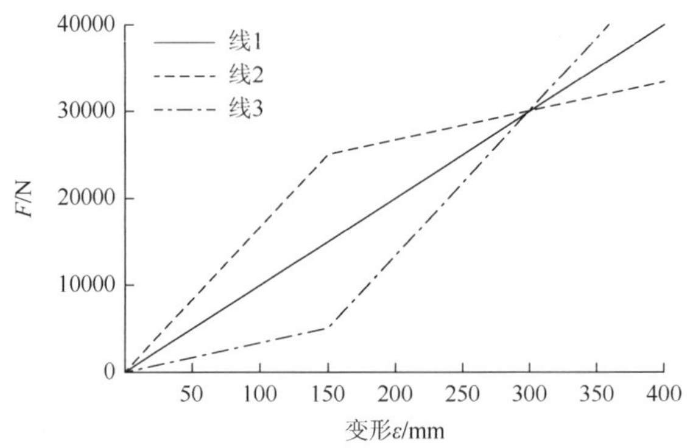

图 3.26　三种约束系统刚度曲线

通过 Ride-down 能量密度曲线得到凸形约束系统刚度下 Ride-down 效率为 54.7%，单线性约束系统刚度下 Ride-down 效率为 44.9%，凹形约束系统刚度下 Ride-down 效率为 33.9%。三种模型胸部碰撞时的能量分配具有较大的差别，凸形约束系统刚度的 Ride-down 效率最大，由约束系统吸收的能量最少。而凹形约束系统吸收能量最大。并且凸形约束系统刚度下对应的加速度峰值和相对位移最小，而凹形约束系统刚度下对应的加速度峰值和相对位移最大。

改变凸形前期刚度（图 3.27），得到三组的 Ride-down 效率分别为 54.7%（线 1）、58.6%（线 2）、61.8%（线 3）。改变凸形后期刚度（图 3.28）以后，得到三组的 Ride-down 效率分别为 54.71%（线 1）、54.73%（线 2）、54.75%（线 3）。

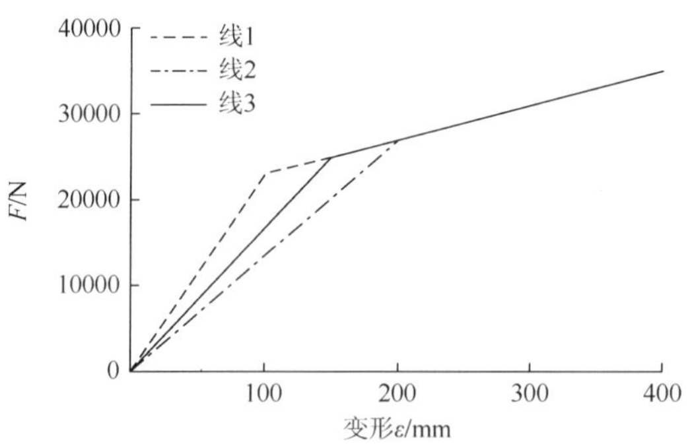

图 3.27　改变凸形前期刚度值的三条曲线

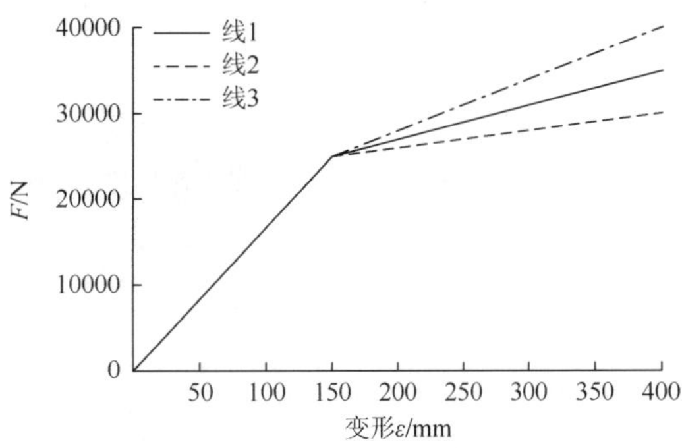

图 3.28　改变凸形后期刚度值的三条曲线

不管增加前期刚度还是后期刚度，Ride-down 效率都会增加，增大前期刚度能够更有效地提高 Ride-down 效率，而改变后期刚度对 Ride-down 效率的影响不明显，这说明后期刚度对模型的能量分配影响较小。

可见，Ride-down 能量越大，乘员总动能中由车体耗散的部分就越多，由约束系统耗散的能量就越少。凸形约束系统刚度可以导致更大的 Ride-down 能量，而凸形曲线拐点前期刚度越大其导致的 Ride-down 能量越大。其原因在于，在碰撞前期车辆碰撞波形加载阶段，大的约束系统刚度增加了乘员人体与车体的随动，使得乘员总动能中更多的部分被车体变形耗散。尽管如此，也并不说明 Ride-down 效率越大越好。由于本节讨论的仅仅是对于胸部加速度的研究，未涉及胸部其他评价指标以及身体其他部位，所以对于复杂的碰撞来说，应该综合考虑各个因素，保证其他部位以及其他指标的前提下，尽可能提高 Ride-down 效率。

参 考 文 献

[1] Huang M. Vehicle Crash Mechanics[M]. Boca Raton：CRC Press，2002.

[2] 邱少波. 汽车碰撞安全工程[M]. 北京：北京理工大学出版社，2016.

[3] Katoh H，Nakahama R. A study on the ride-down evaluation[C]. 9th International Technical Conference on Experiment Safety Vehicles，Kyoto，1982：190-195.

[4] Huang M，Laya J，Loo M. A study on ride-down efficiency and occupant responses in high speed crash tests[R]. SAE Technical Paper，1995.

[5] 王大志. 基于乘员保护的汽车正面碰撞结构设计与变形控制研究[D]. 北京. 清华大学，2006.

[6] 刘维海. 轿车正面碰撞被动安全性研究[D]. 长春：吉林大学，2012.

[7] 安月. 基于改进的单自由度模型的汽车正面碰撞乘员约束系统参数设计[D]. 长春：吉林大学，2013.

[8] 张燕. 基于能量管理技术的某轿车正面碰撞约束系统参数设计[D]. 长春：吉林大学，2009.

[9] Wu J，Nusholtz G S，Bilkhu S. Optimization of vehicle crash pulses in relative displacement domain[J]. International Journal of Crashworthiness，2002，7（4）：397-414.

第 4 章　汽车碰撞波形与约束系统特性耦合关系评价

在单自由度模型（图 3.1）中，车体结构在碰撞中的压溃过程简化为弹簧刚度 K 的压缩过程，约束系统在碰撞中的变形过程简化为弹簧刚度 k 的压缩过程，乘员在两个弹簧振动系统的共同作用下运动，因此乘员响应的大小由两个弹簧振动系统的耦合关系决定。

Motozawa 和 Kamei[1]、Wu 等[2]分别在约束系统简化为一个线性刚度作用的情况下提出最优车辆加速度波形（optimum vehicle acceleration curve），如图 4.1 所示。碰撞加速度波形前期较高，乘员加速度后期较高，可以看出较好的匹配是将两者峰值错开，防止车体与约束系统振动叠加。同样在约束系统简化为一个线性刚度情况下，Cheng 等[3]提出车体和约束系统最佳匹配设计是使得乘员响应为一个恒定值，即通过耦合作用使得碰撞加速度与乘员相对加速度可以互相抵消，如图 4.2 所示。

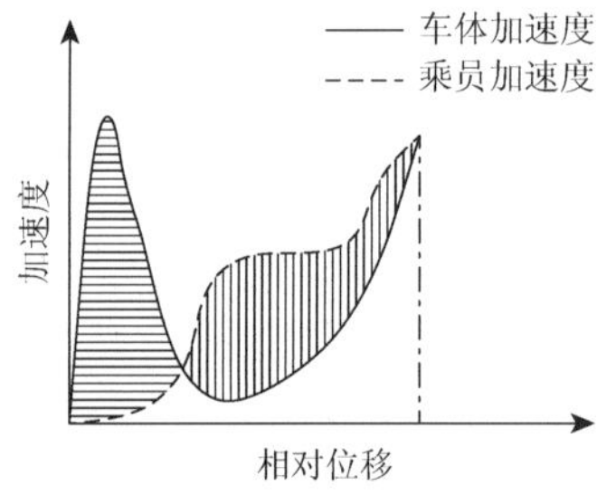

图 4.1　前高后低最优加速度波形

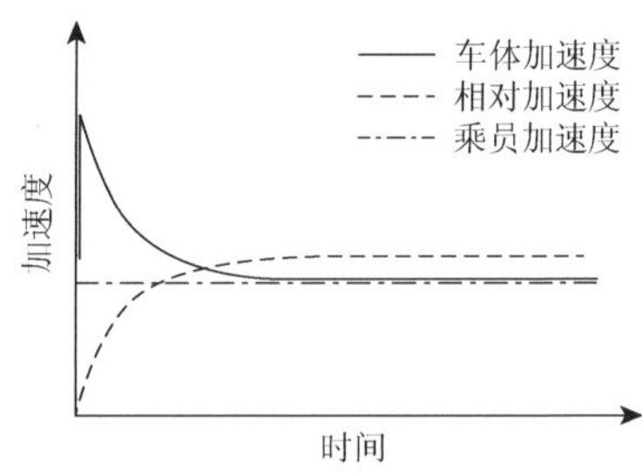

图 4.2　车体与约束系统的极限最佳匹配情况

虽然从理论上讨论车体和约束系统两个振动系统的耦合关系可以得到最佳的匹配情况，但是在目前的工程实践中，碰撞波形受到现有车型前端结构纵向布置的限制，在产品设计时很难实现理想最优波形。同时将约束系统简化成单线性刚度与各个约束系统参数关联性不足，无法满足参数设计的需要。本节选择应用比较广泛的等效双梯形波作为碰撞波形简化方式，即单自由度模型当中 K 近似为等效双梯形波；选择三线性约束刚度作为约束系统刚度简化方式，即单自由度模型当中 k 近似为三线性约束刚度曲线。利用单自由度模型迭代算法实现乘员加速度响应的求解，并在此基础上，提出两个刚度值及其耦合关系的评价方法。

4.1　基于单自由度模型的乘员响应面建立

为了在一个较大的范围内研究波形参数和约束系统参数对乘员响应的影响，依据统计数据分别确定波形参数和约束系统参数的可能取值范围。

对于等效双梯形波（图 2.4）的参数范围，从 NHTSA 统计了包括不同星级的 60 辆车 US-NCAP 正面全宽刚性壁障碰撞试验数据，全部 60 辆车对应的原始碰撞加速度波形如图 4.3 所示。

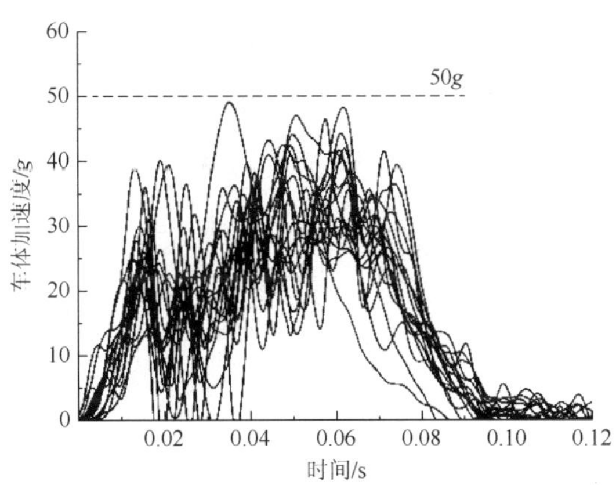

图 4.3　60 辆车碰撞加速度波形

统计发现，60 辆车加速度峰值都在 50g 以内，故将等效双梯形波形的两台阶 G_1、G_2 设定为不超过 50g。而等效双梯形波的 t_{AB} 和 t_{CD} 一般在 7～15ms，因其值对乘员响应不敏感[4, 5]，故对 t_{AB} 和 t_{CD} 均取 10ms。此外，在碰撞过程中，车体一般在 80ms 之前发生回弹，所以认为回弹时刻 t_E 不应超过 80ms。综上所述确定各个参数取值范围，如表 4.1 所示。

表 4.1　等效双梯形波参数范围

等效双梯形波参数	参数范围
G_1	0～50g
G_2	0～50g
t_{AB}	10ms
t_{CD}	10ms
t_C	0～60ms
t_E	0～80ms

等效双梯形波满足波形吸能量以及最大动态压溃量两方面的约束条件。对 G_1、G_2 分别以 $2g$ 为步长，对 t_E 以 3ms 为步长，排除不满足约束条件的碰撞波形，最终得到 3204 个不同参数组合的双梯形波形。为表达更清晰，作者从中随机抽取 30 个双梯形波，如图 4.4 所示。

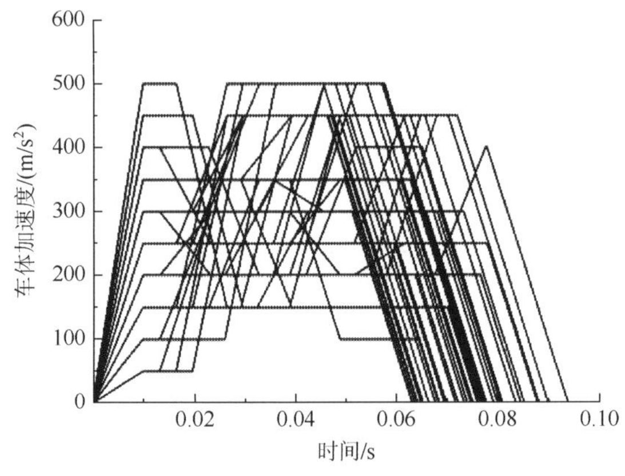

图 4.4　双梯形波形

为了确定三线性刚度（图 4.13）的参数范围，同样利用从 NHTSA 统计的 60 辆车 US-NCAP 正面全宽刚性壁障碰撞试验数据，提取出每辆车的原始约束系统刚度曲线，如图 4.5 所示。

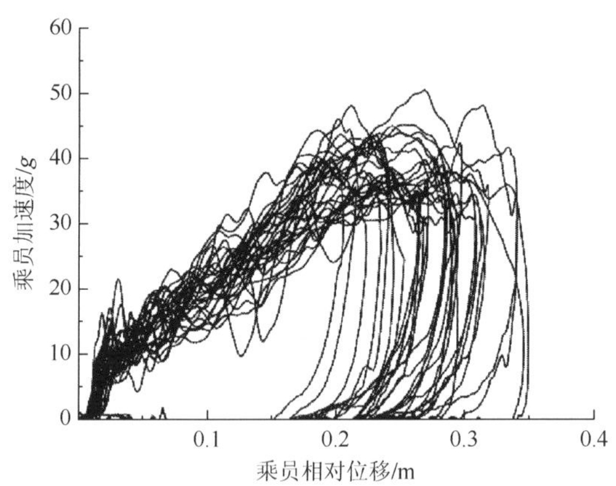

图 4.5　60 辆车约束系统刚度曲线

工程上安全带织带伸长率主要分布在 6%～14%，转换成安全带比刚度 k_1 在 200～460g/m。安全带限力值主要分布在 3000～5000N，对应限力加速度 G_L 范围是 18～30g。另外，工程上常常采用 5in[①]-30ms 法则估计气囊的点火时间，即用乘员向前位移 5in（127mm）所需要的时间减去 30ms 作为气囊点火时间。所以认为安全气囊作用开始时对应的乘员相对位移 D_A 不应超过 127mm，结合提取的 60 辆车的约束系统刚度曲线，取 D_A 在 100～127mm。安全气囊比刚度 k_2 的范围同样通过 60 辆车的约束系统刚度曲线获取。由于安全气囊开始起作用时刻普遍是在乘员相对位移大于 127mm 之后，所以截取约束系统刚度曲线 127mm 之后的加载段，利用线性拟合近似获取每辆车的安全带比刚度值，如图 4.6 所示。该值大部分处于 160～300g/m。

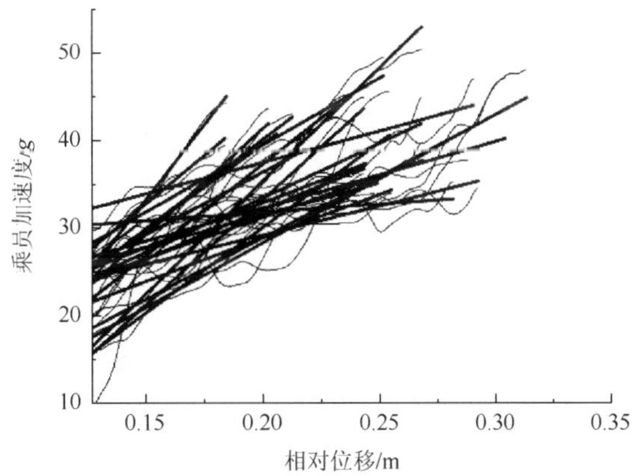

图 4.6　60 辆车安全气囊比刚度

综合以上确定各个约束系统刚度参数取值范围，如表 4.2 所示。

表 4.2　三线性约束刚度参数范围

三线性约束刚度参数	参数范围
k_1	200～460g/m
k_2	160～300g/m
G_L	18～30g
D_A	100～127mm

同时考虑计算数据量的限制，k_1 以 20g/m 为步长，k_2 以 20g/m 为步长，G_L 以 2g 为步长，D_A 以 9mm 为步长，最终得到 3136 个不同参数组合的三线性约束刚度曲线。图 4.7 给出了其中的 30 条。

① 1in = 2.54cm。

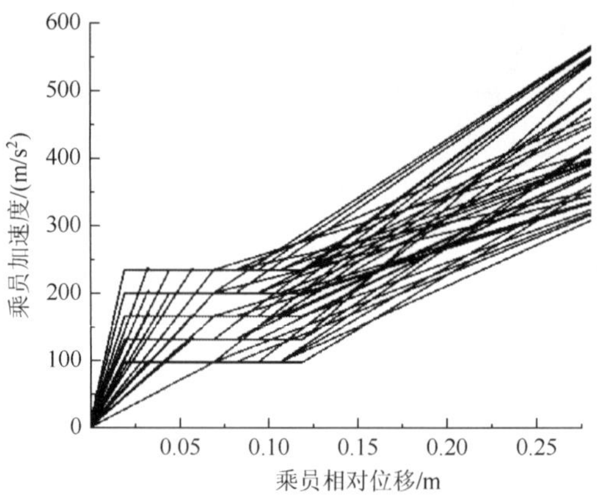

图 4.7　三线性约束刚度

将得到的 3204 个双梯形波形与 3136 个三线性约束刚度进行两两排列组合，利用单自由度模型迭代算法快速对每个组合进行乘员响应求解，匹配结果如表 4.3 所示。

表 4.3　不同碰撞波形参数与约束系统刚度参数的匹配结果

编号	t_{BC}/s	t_{DE}/s	G_1/g	G_2/g	k_1/(g/m)	k_2/(g/m)	G_L/g	D_A/m	a_o/g
1	0.003	0.048	0	294	200	160	18	0.1	53.48
2	0.003	0.048	0	294	200	180	18	0.1	55.77
3	0.003	0.048	0	294	200	200	18	0.1	57.85
4	0.003	0.048	0	294	200	220	18	0.1	59.74
5	0.003	0.048	0	294	200	240	18	0.1	61.48
6	0.003	0.048	0	294	200	260	18	0.1	63.08
7	0.003	0.048	0	294	200	280	18	0.1	64.57
8	0.003	0.048	0	294	200	300	18	0.1	65.95
9	0.003	0.048	0	294	200	160	20	0.1	53.37
10	0.003	0.048	0	294	200	180	20	0.1	55.57
⋮	⋮	⋮	⋮	⋮	⋮	⋮	⋮	⋮	⋮
10047743	0.057	0.003	215.6	235.2	460	280	30	0.127	30.00
10047744	0.057	0.003	215.6	235.2	460	300	30	0.127	30.00

以双梯形波形 1～3204 编号作为 x 坐标，以约束系统刚度 1～3136 编号作为 y 坐标，以乘员加速度峰值作为 z 坐标，获得不同碰撞波形和不同约束系统刚度组合情况下的乘员加速度峰值响应面，如图 4.8 所示，此处简称为乘员响应面，该响应面数据量基本涵盖了目前工程情况下约束系统敏感参数的可取值范围。

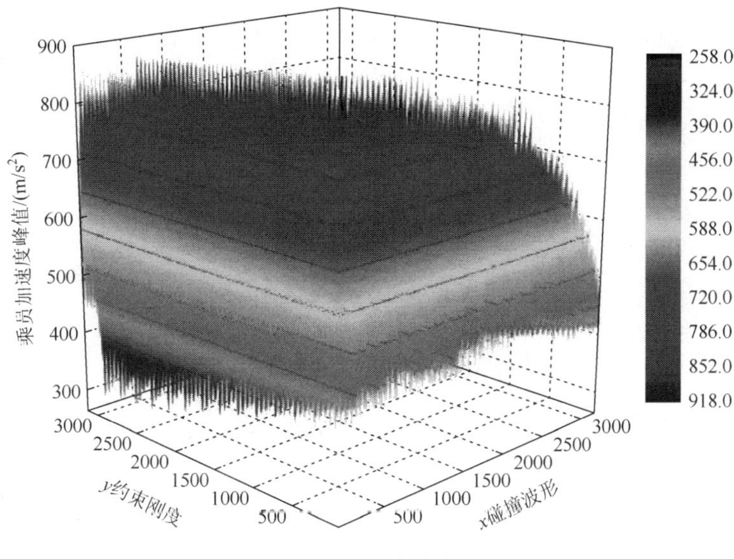

图 4.8　乘员加速度峰值响应面

为了使复杂的响应面呈现出一定的规律性，将乘员响应面进行如下处理。

沿 x 轴将每一条波形曲线对应的 3136 个乘员响应值求平均，并用符号 A_v 表示，如图 4.9 中黑色点所示。将其简称为波形平均响应。同理对该响应面对 y 坐标方向求平均，得到每个约束系统刚度对应的所有乘员响应的平均值，如图 4.9 中灰色点所示。将其简称为约束平均响应，用符号 A_r 表示。

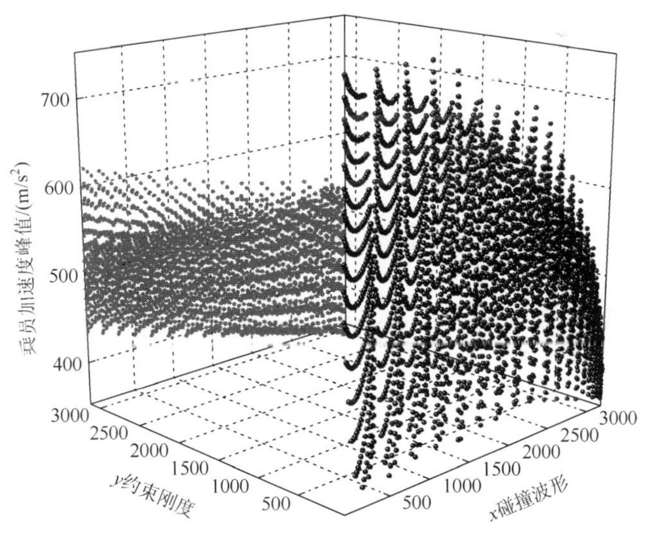

图 4.9　响应面两个方向求平均

将 3204 个碰撞波形按照对应波形平均响应 A_v 从小到大的顺序对响应面沿着 x 方向重新排序。同理将 3136 个约束系统刚度按照对应约束平均响应 A_r 从小到大的顺序对响应面沿着 y 方向重新排序。得到排序后的乘员响应面如图 4.10 所示。

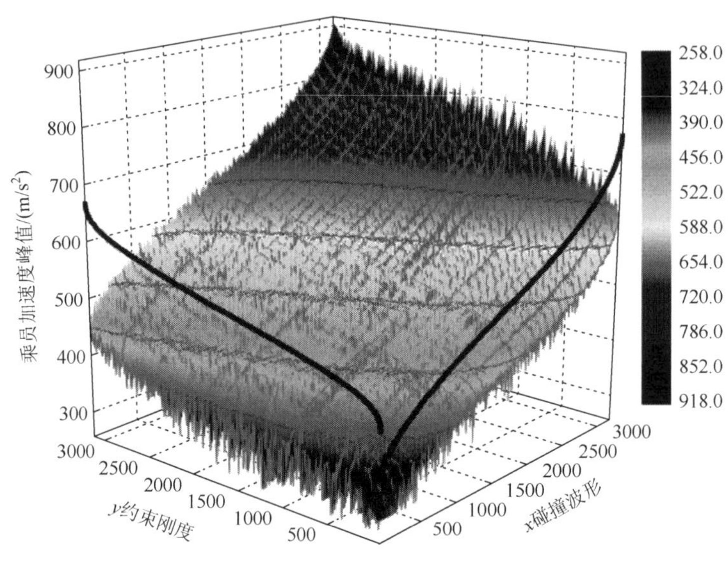

图 4.10　排序后的响应面

排序后的乘员响应面呈现出一定的趋势性。沿着 x 坐标方向，随着 A_v 的增大整个响应面都呈现出递增趋势，所以 A_v 可以近似作为碰撞波形的评价依据，代表某个碰撞波形输入时乘员加速度响应峰值的平均水平。同样沿着 y 坐标方向，随着 A_r 的增大整个响应面呈现出递增趋势，所以 A_r 也可以作为评价约束系统刚度的依据，代表某个约束系统刚度作用下乘员加速度响应峰值的平均水平。

为了证明每一条波形曲线对应的 3136 个乘员响应值和每个约束系统刚度对应的 3204 个乘员响应可以用其平均值代表，这里利用 Kappa 系数验证其一致性问题。

Kappa 系数最早由 Cohen[6]提出，是用来验证两幅分类影像一致性的方法。计算式见式（4.1），式中，P_0 为观察一致率；P_e 为期望一致率。Kappa 系数可以利用 MATLAB 或者 SPSS（一款统计分析软件）获得。Kappa 系数的计算结果通常落在 0～1 内，0～0.40 表示一致性弱、0.41～0.60 表示一致性中度、0.61～0.80 表示一致性显著、0.81～1 表示一致性极佳[7]。

$$\text{Kappa} = \frac{P_0 - P_e}{1 - P_e} \tag{4.1}$$

将 x 轴每一条波形曲线对应的 3136 个乘员响应的平均值（A_v）作为一组基础数据点，分别检验每个约束系统对应的乘员响应与 A_v 的一致性，求解的 Kappa 系数的结果如图 4.11 所示。图中 Kappa 系数全部大于 0.95，说明一致性极佳，A_v 可以代表在任意约束系统下，碰撞波形对应的乘员加速度峰值。同理将 y 轴每一个约束系统对应的 3024 个乘员响应的平均值（A_r）作为一组基础数据点，分别检验每个碰撞波形对应的乘员响应与 A_r 的一致性，求解的 Kappa 系数的结果如图 4.12 所示。图中 Kappa 系数基本在 0.8 以上，说明一致性较好，少数点分布在 0.5～0.8，说明一致性在中度以上，因此 A_r 可以代表在任意碰撞波形下，约束系统刚度对应的乘员加速度峰值。对比图 4.11 和图 4.12 中的 Kappa 系数的分布范围，也可以发现约束系统对乘员响应的影响较小，而碰撞波形的形状对乘员响应的影响较大。

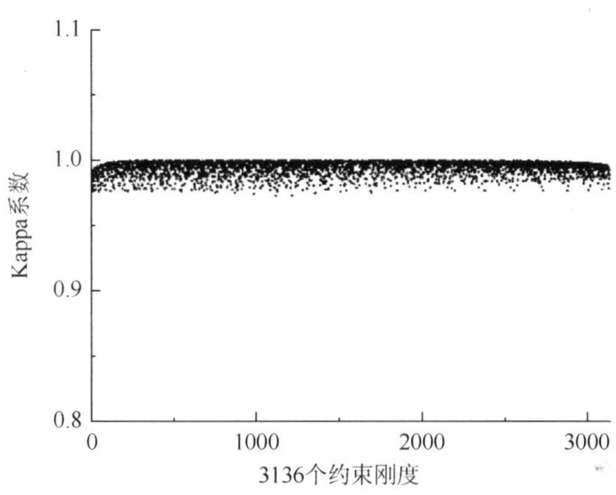

图 4.11　3136 个约束刚度对应的乘员响应与 A_v 之间的 Kappa 系数

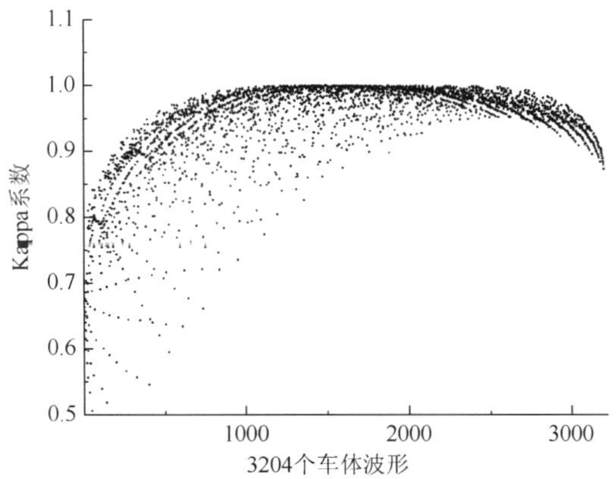

图 4.12　3204 个碰撞波形对应的乘员响应与 A_r 之间的 Kappa 系数

4.2 碰撞波形、约束系统特性及其耦合关系评价

4.2.1 耦合关系评价方法

根据 2.2 节和 3.3 节中对波形参数和约束刚度参数的分析，本节选择下列参数作为耦合关系评价参数。

G_o 为双梯形波形心加速度；G_1 为双梯形波第一台阶高度；G_2 为双梯形波第二台阶高度；t_E 为车辆回弹时刻，即双梯形波第二台阶的结束时刻；t_C 为发动机碰撞时刻，即双梯形波第一台阶的结束时刻；K_{AE} 为车体前端结构的平均刚度，即双梯形波第二台阶高度与最大压溃量之比。如图 4.13 所示，k_1 为三线性刚度曲线第一段的斜率；k_2 为三线性刚度曲线第三段的斜率；G_L 为三线性刚度曲线中间段平台的高度；D_A 为三线性刚度曲线中间段平台结束点对应的相对位移。

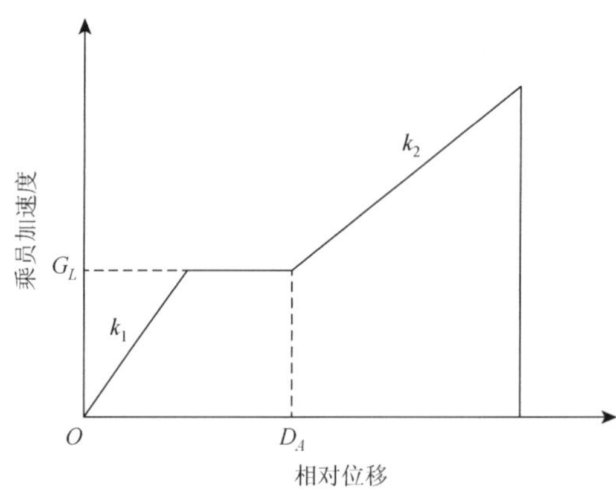

图 4.13　三线性约束刚度的基本参数

根据 4.1 节的分析，分别将 A_v 和 A_r 写成下列函数形式：

$$A_v = P(G_1, G_2, t_E, t_C, \cdots) \tag{4.2}$$

$$A_r = Q(k_1, k_2, G_L, \cdots) \tag{4.3}$$

任意一组 P 和 Q 的参数组合在乘员响应面上都对应唯一的乘员加速度响应 a_o。假设乘员响应 a_o 与 A_v 和 A_r 之间存在一种函数关系：

$$a_o = R(A_v, A_r) \tag{4.4}$$

如果能够确定以上函数关系，便可建立波形参数和约束系统特性耦合关系的评价方法。

该评价方法的建立过程（图 4.14）主要包括：

（1）确定函数 P，从而根据碰撞波形参数实现碰撞波形初步的单独评价；

（2）确定函数 Q，从而根据约束系统刚度参数实现约束系统特性初步的单独评价；

（3）确定函数 R，从而根据碰撞波形以及约束系统特性初步的单独评价结果实现整体耦合关系评价。

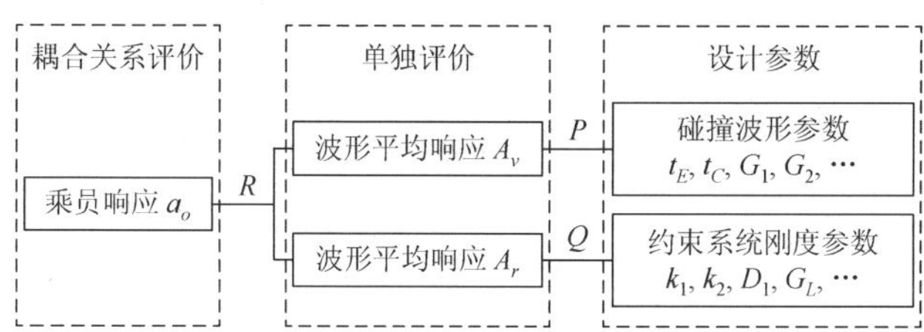

图 4.14　耦合关系评价方法

4.2.2　碰撞波形综合评价指标

考虑到波形参数的复杂性以及相互之间的关系，本书构建了多元二次回归模型。为方便描述，将这六个参数分别用 $x_1, x_2, \cdots, x_6$ 六个变量表示，对应因变量为 A_v。多元二次回归模型表达式如下：

$$A_v = P(x_1, x_2, x_3, \cdots, x_6) \approx a_0 + \sum_{i=1}^{6} a_i x_i + \sum_{m=1}^{6} \sum_{n=m}^{6} (a_{(m,n)} x_m x_n) \tag{4.5}$$

式中，a_0 为常数项；$a_1, a_2, \cdots, a_6$ 为一次项系数；$a_{(1,1)}, a_{(1,2)}, \cdots, a_{(6,6)}$ 为二次项系数。通过回归分析剔除影响较小的项目，其中 t_C 项被完全剔除，剩下对回归结果影响较大的 8 个项目以及对应的系数如表 4.4 所示。

表 4.4　碰撞波形参数二次回归对应项目和系数

变量 x_i	项目	对应系数 a
1	常数项	−39.74
x_1	G_1（g）	−0.65
x_2	G_2（g）	−0.88
x_1x_2	G_1G_2（g^2）	0.01
x_4	t_E（s）	1874.93
x_4^2	t_E^2（s）	−14447.42
x_5	G_o（g）	3.79
x_6	K_{AE}（s^{-2}）	0.03

该多元二次回归模型的分析结果如表 4.5 所示。其中判定系数接近 1，F 统计量较大，检验的 P 值为 0，说明回归结果较好，回归模型与单自由度模型有较高的一致性。

表 4.5　碰撞波形参数二次回归模型的分析结果

判定系数 R^2	F 统计量	检验的 P 值
0.9943	67852.25	0

通过对比不同碰撞波形的 A_v 大小可以实现碰撞波形的优劣评价。

为了使 A_v 无量纲化并且与 A_r 之间同趋化，采用 min-max 标准化方法，对 A_v 作标准化处理，得到无量纲的碰撞波形评价指标，定义为碰撞波形综合评价指标，用符号 γ 表示。碰撞波形综合评价指标 γ 的计算方法为

$$\gamma = \frac{A_v - \min(A_v)}{\max(A_v) - \min(A_v)} \tag{4.6}$$

根据乘员响应面确定 A_v 最大值为 79.28g，最小值为 36.70g。根据式（4.5）和式（4.6），得到 γ 计算公式为

$$\begin{aligned}\gamma = \frac{1}{42.58}(&-76.2 - 0.7G_1 - 0.9G_2 + 0.01G_1G_2 \\ &+1875t_E - 14447{t_E}^2 + 3.8G_o + 0.03K_{AE})\end{aligned} \tag{4.7}$$

γ 分布在 0 到 1，仅从乘员加速度角度考虑，该值越小对应的碰撞波形越好。然而当碰撞波形参数超出 4.1 节确定的常用范围时可能会出现 γ 大于 1 或者小于 0 的情况。

4.2.3　约束系统综合评价指标

选取所有约束系统刚度参数 k_1、k_2、G_L、D_A 构建多元二次回归模型。为方便描述，将这四个参数分别用 y_1、y_2、y_3、y_4 四个变量表示，对应因变量为 A_r。多元二次回归模型表达式如下：

$$A_r = b_0 + \sum_{i=1}^{4} b_i y_i + \sum_{m=1}^{4}\sum_{n=m}^{4}(b_{(m,n)} y_m y_n) \tag{4.8}$$

式中，b_0 为常数项；b_1、b_2、b_3、b_4 为一次项系数；$b_{(1,1)}, b_{(1,2)}, \cdots, b_{(4,4)}$为二次项系数。通过回归分析剔除影响较小的项目，其中参数 D_A 被完全剔除，剩下对回归模型影响较大的 8 个项目以及对应的系数如表 4.6 所示。

表 4.6　约束系统刚度参数二次回归对应项目和系数

变量 y_i	项目	对应系数 b
y_1	常数项	31.65
y_2	k_2	0.21
y_1^2	k_1^2	0.00006
y_2^2	k_2^2	−0.0001
y_3^2	G_L^2	−0.00005
$y_1 \cdot y_2$	k_1k_2	−0.0025
$y_1 \cdot y_3$	k_1G_L	−0.0021
$y_2 \cdot y_3$	k_2G_L	0.021

该多元二次回归模型的分析结果如表 4.7 所示。其中判定系数接近 1，F 统计量较大，检验的 P 值为 0，说明回归结果较好，回归模型与单自由度模型有较高的一致性。

表 4.7　约束系统刚度参数二次回归模型的分析结果

判定系数 R^2	F 统计量	检验的 P 值
0.9936	69190.35	0

A_r 代表了约束系统刚度的平均水平，通过对比不同约束系统刚度的 A_r 大小可以进行约束系统刚度的评价。为了使 A_r 无量纲化并且与 A_v 之间同趋化，采用 min-max 标准化方法，对 A_r 作标准化处理，得到无量纲约束系统特性的评价指标，定义为约束系统综合评价指标，用符号 β 表示，其计算方法为

$$\beta = \frac{A_r - \min(A_r)}{\max(A_r) - \min(A_r)} \tag{4.9}$$

根据乘员响应面确定 A_r 最大值为 69.12g，最小值为 44.60g。根据式（4.8）和式（4.9），得到 β 计算公式为

$$\begin{aligned}\beta = \frac{1}{2452}(&-1295 + 21k_2 + 0.006k_1^2 - 0.01k_2^2 \\ &- 0.005k_1k_2 - 0.3k_1G_L - 0.2k_2G_L + 2G_L^2)\end{aligned} \tag{4.10}$$

β 分布在 0 到 1，仅从乘员加速度角度考虑，该值越小对应的约束系统刚度越好。然而当约束系统刚度参数超出 4.1 节确定的常用范围时可能会出现 β 大于 1 或者小于 0 的情况。

4.2.4　碰撞波形与约束系统特性耦合关系评价

通过碰撞波形综合评价指标 γ 以及约束系统综合评价指标 β 可以分别对碰撞波形以及约束系统特性做出初步的单独评价。然而乘员最终的保护效果由碰撞波形以及约束系统特性两者共同决定。即使碰撞波形设计很好，如果对应较差的约束系统特性，很可能总体也达不到较好的乘员保护效果，只能说良好的碰撞波形是保证约束系统相容匹配的一个前提条件。同样，良好的约束系统特性也只是碰撞波形相容匹配的一个前提条件。

本节主要建立乘员加速度响应 a_o 与碰撞波形综合评价指标 γ 和约束系统综合评价指标 β 的直接量化关系，从而根据碰撞波形以及约束系统特性初步的单独评价结果实现整体耦合关系评价。由于 γ 和 β 分别由 A_v 和 A_r 标准化处理得到，所以 a_o 与 A_v 和 A_r 之间的递增函数关系 R 可等价于 a_o 与 γ 和 β 之间的递增函数关系 R。可将乘员响应面按照 γ 与 β 的对应关系，绘制出 γ-β-a_o 响应面，如图 4.15 所示，整个曲面呈现出较好的递增趋势。

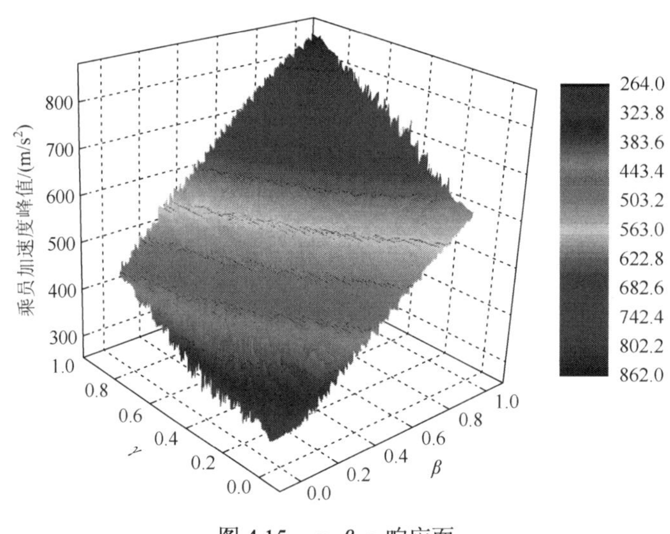

图 4.15　γ-β-a_o 响应面

采用曲面拟合的方法近似构造 a_o 与 γ 和 β 之间的递增函数关系 R。以 γ 和 β 为自变量，对 γ-β-a_o 响应面进行二次曲面拟合，曲面拟合公式如式（4.11）所示。其中 c_0、c_1、c_2、c_3、c_4、c_5 为各项系数。通过最小二乘法得到各项系数值，如表 4.8 所示。

$$a_o = c_0 + c_1\gamma + c_2\beta + c_3\gamma^2 + c_4\gamma\beta + c_5\beta^2 \tag{4.11}$$

表 4.8　γ-β-a_o 响应面二次曲面拟合结果

项目	对应系数 c
c_0	280.5
c_1	335.1
c_2	161.8
c_3	0.00002
c_4	168
c_5	0.00001

由于 γ 以及 β 的平方项系数接近 0，所以曲面拟合公式可简化为

$$a_o = 280.5 + 335.1\gamma + 161.8\beta + 168\gamma\beta \tag{4.12}$$

该拟合结果的决定系数 R^2 达到 0.986，拟合精度较高。拟合曲面如图 4.16 所示，与 γ-β-a_o 响应面基本一致。

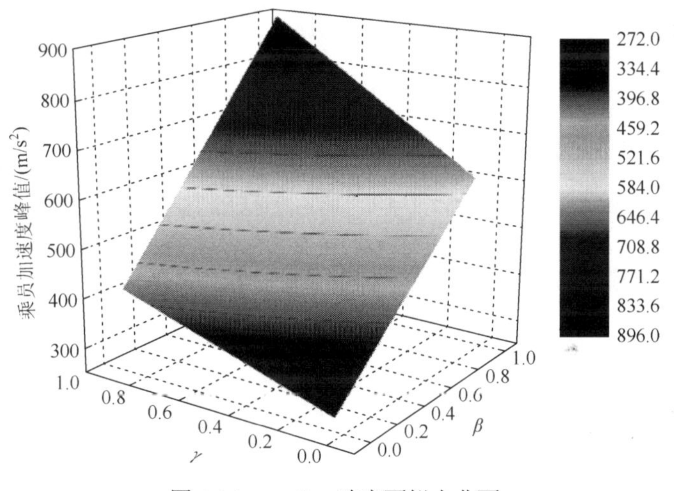

图 4.16　γ-β-a_o 响应面拟合曲面

在碰撞波形和约束系统特性初步单独评价的基础上，通过对 γ-β-a_o 乘员响应面的拟合，建立了 γ 和 β 与乘员加速度响应之间的量化关系，实现碰撞波形与约束系统特性的耦合关系评价。

进一步将本书的耦合关系评价与 NHTSA 的星级结果作关联性对比，以考察耦合关系的有效性。

4.1 节中的 60 辆车中，包括驾驶员侧获得 3 星级及以下、4 星级、5 星级的车型各 20 辆。这 60 辆车的胸部加速度与乘员相对风险得分（relative risk score，RRS）分布关系如图 4.17 所示。在 NHTSA-NCAP 星级评价体系中，车辆碰撞试验的 RRS＜0.667 为 5 星级，RRS 在 0.667～1.0 为 4 星级，RRS≥1.0 为 3 星级及以下成

绩[8-11]。图 4.17 中 5 星级对应的胸部加速度主要分布在 40g 以下，4 星级对应的胸部加速度主要分布在 40g 到 50g，3 星级及以下对应的胸部加速度主要分布在 50g 以上。可以大致认为 40g 为 4 星级评价和 5 星级评价的分界线，50g 为 3 星级评价和 4 星级评价的分界线，可见乘员胸部加速度与星级之间有很强的相关性。

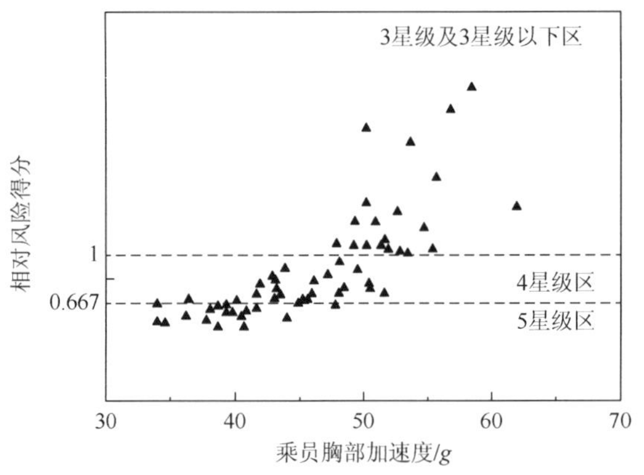

图 4.17　乘员加速度与星级关系

将γ-β-a_o响应面以 40g 和 50g 为边界转换成等高线图，如图 4.18 所示，并将该图称为“星级预估图”。40g 和 50g 两条等高线可以近似将各种耦合情况划分成 3 星级及以下区域、4 星级区域、5 星级区域。根据碰撞波形综合评价指标γ与约束系统综合评价指标 β 的取值可以实现对星级进行预估。将（γ，β）平面坐标位置定义为耦合点，当耦合点处于某个区域时，说明取得对应星级的可能性较大。

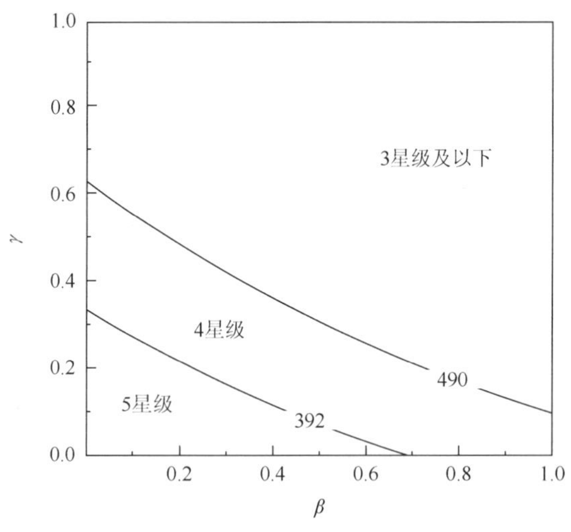

图 4.18　星级预估图

为方便描述，将γ、β的区间 0～0.2、0.2～0.4、0.4～0.6、0.6～0.8、0.8～1 定义为优、良、中、差、极差的情况。当某车型碰撞波形对应γ处于优区间时，约束系统对应β处于中区间之前都有可能得到 5 星级评价，甚至β处于极差区间也很有可能获得 4 星级评价。当γ处于差区间或极差区间时，无论β如何取值，获得 3 星级及以下评价的可能性都较大。

4.3　某车型碰撞波形及约束系统特性耦合关系评价及其优化

本节建立了 M6 车型的 US-NCAP 正面全宽碰撞试验驾驶员侧乘员约束系统的 MADYMO（一款将多体系统和有限元结合在一起的商业软件，主要应用于车辆碰撞和乘员损伤分析）模型，如图 4.19 所示。该模型包括安全带、安全气囊、座椅、转向管柱等约束系统装置，放置了 Hybrid Ⅲ第 50 百分位多刚体假人，以汽车碰撞波形作为该模型加速度场，模拟整车的减速环境。该模型的主要约束系统特性参数如表 4.9 所示。

(a) 正视图

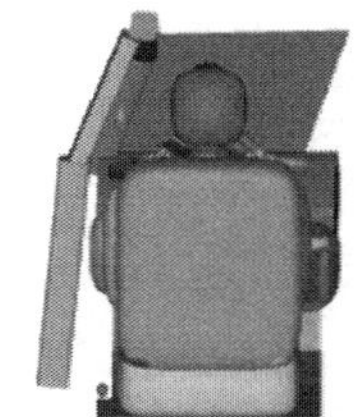
(b) 右视图

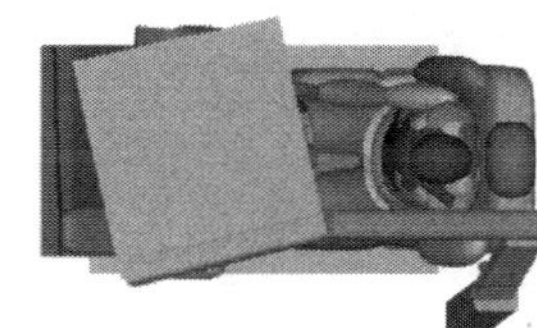
(c) 俯视图

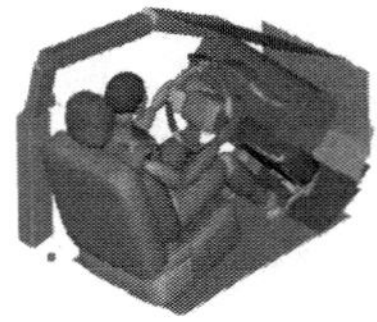
(d) 轴测图

图 4.19　S6 乘员约束系统仿真模型

表 4.9　S6 模型的约束系统主要特性参数

约束系统特性参数	参数值
织带伸长率/%	10.0
限力水平/N	2500
泄气孔直径/mm	45
转向柱压溃力/N	2300

图 4.20 为 S6 车型的碰撞波形，图 4.21 为 S6 车型的约束系统特性曲线。根据 US-NCAP 星级计算方法[11]，将仿真得到的假人各个部位伤害指标转换成相应的伤害风险概率，得到乘员伤害相对风险得分（RRS），具体结果如表 4.10 所示，S6 车型获得了 3 星级评价。

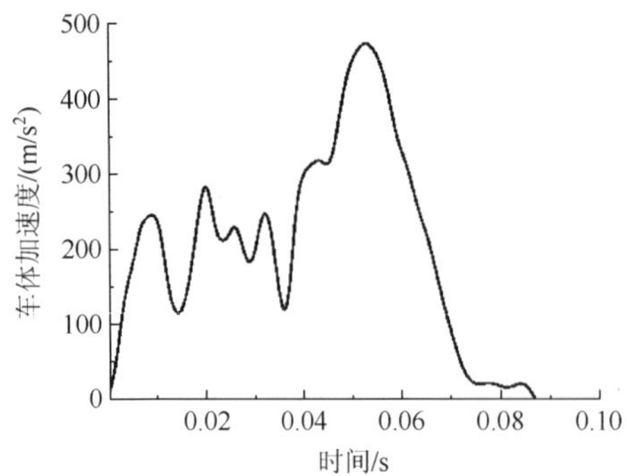

图 4.20　S6 车型的碰撞波形

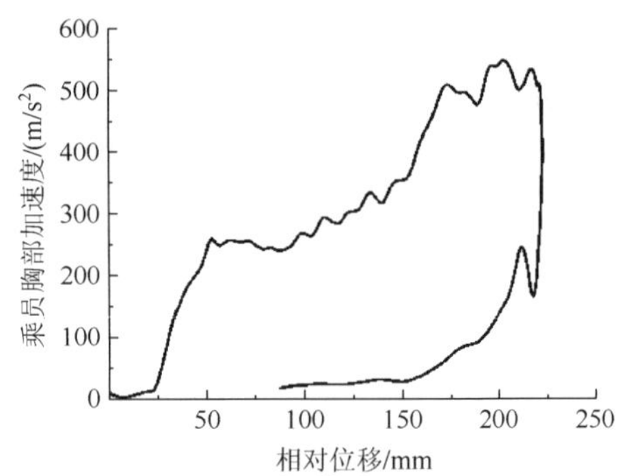

图 4.21　S6 车型的约束系统特性曲线

表 4.10　正面碰撞驾驶员假人评定结果

假人	部位	伤害指标及数值	RRS	星级
驾驶员侧	头部	HIC = 443.79	1.17	3
	胸部	压缩量 = 26mm		
	颈部	N_{ij} = 0.229 张紧力 = 1.267kN 压缩力 = 0.282kN		
	大腿	左腿力 = 1.945kN 右腿力 = 6.033kN		

S6 车型的碰撞波形参数及约束系统刚度参数见表 4.11。

表 4.11　S6 车型的碰撞波形参数及约束系统刚度参数

参数分类	参数	对应系数
碰撞波形参数	G_1（g）	21
	G_2（g）	46
	t_E（s）	0.059
	G_o（g）	16.25
	K_{AE}（s^{-2}）	781.57
约束系统刚度参数	k_1（g/m）	460
	k_2（g/m）	250
	G_L（g）	23

根据表中参数可以实现 S6 车型耦合关系评价：

$$\gamma=\frac{1}{42.58}(-76.2-0.7G_1-0.9G_2+0.01G_1G_2+1875t_E-14447t_E^2+3.8G_o+0.03K_{AE})=0.54$$

$$\beta=\frac{1}{2452}(-1295+21k_2+0.006k_1^2-0.01k_2^2-0.005k_1k_2-0.3k_1G_L-0.2k_2G_L+2G_L^2)=0.31$$

$$a_o=280.5+335.1\gamma+161.8\beta+168\gamma\beta\text{=538.55m/s}^2$$

计算得到 S6 车型的碰撞波形综合评价指标 γ 为 0.54，约束系统综合评价指标 β 为 0.31，相对而言碰撞波形更差一些。与实际输出乘员胸部加速度 510m/s^2 响应峰值相比，误差为 5.6%。将 S6 车型的耦合点绘制在星级预估图上，如图 4.22 所示，耦合点处于 3 星级区域。由于 γ 和 β 都处于中区间，因此 S6 车型的碰撞波形和约束系统都存在一定的提升空间。

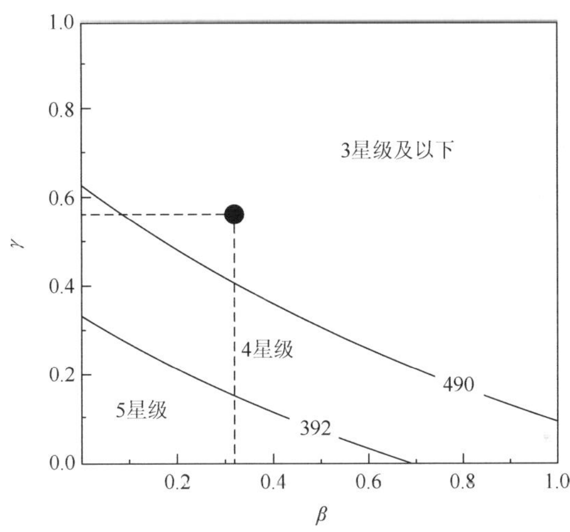

图 4.22　S6 模型耦合点在星级预估图上的位置

首先讨论在不修改 S6 车型车体结构的基础上进行约束系统参数匹配优化设计。

根据式（4.12）确定 β 范围如下：

$$\gamma=0.54$$

$$a_o=280.5+335.1\gamma+161.8\beta+168\gamma\beta<490\text{m/s}^2$$

$$\beta<0.11$$

可认为只有当 β 处于优区间时才有可能达到 4 星级。仅从乘员加速度层面考虑，理论上取 β 为 0 对应的约束系统参数应该是约束系统最佳匹配情况，a_0 的值为

$$a_0 = 280.5 + 335.1\gamma = 461.5\text{m/s}^2$$

在不改变 S6 车型碰撞波形的情况下，对约束系统匹配优化的方案为采用 β 为 0 时对应的约束系统参数（k_1、k_2、G_L 分别取 460g/m、160g/m、30g）。最终乘员加速度峰值可达到 461.5m/s^2，星级评价预估为 4 星。也就是说，仅仅通过调整约束系统参数基本只能提高到 4 星级，在保持现有车体结构对应 γ 不变的情况下，无论 β 如何取值，S6 车型达到 5 星级的可能性都很小，只有通过进一步改进碰撞波形才有较大可能达到 5 星级。

如果保持现有约束系统不变，根据式（4.12）确定 γ 范围如下：

$$\beta = 0.31$$

$$a_o = 280.5 + 335.1\gamma + 161.8\beta + 168\gamma\beta < 392\text{m/s}^2$$

$$\gamma < 0.16$$

得到对应的 γ 区间为 0～0.16。当 γ 为 0 时，a_0 的值为

$$a_0 = 280.5 + 161.8\beta = 330.7\text{m/s}^2$$

γ 为 0 对应碰撞波形如图 4.23 所示。

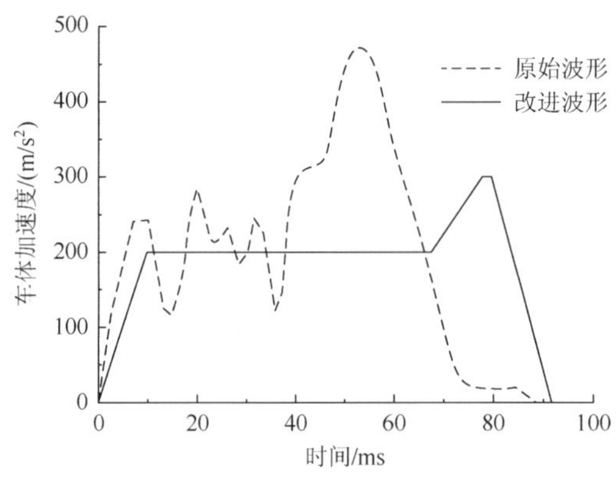

图 4.23　原始碰撞波形与 $\gamma = 0$ 波形

乘员胸部加速度峰值与 $\gamma = 0.54$ 相比降低了 34%。如果 γ 和 β 同时为 0，根据式（4.12）得到 a_0 的值为 280.5m/s^2，是理论上可以实现的最佳优化结果。

经过多组试算，S6 车型最优波形和约束刚度匹配时 RRS 能够达到 0.59，对应乘员各部分伤害情况见表 4.12，乘员胸部加速度曲线如图 4.24 所示。与优化前的 S6 车型相比，除颈部 N_{ij} 略有增加外，头部、胸部等其他部分伤害指标都有较大的改善，达到 5 星级目标。

表 4.12　优化前后的伤害指标对比

伤害指标	优化前	优化后	伤害变化率
HIC	443.79	131.15	–70.4%
胸部压缩量/mm	26	22	–15.4%
N_{ij}	0.229	0.252	10.0%
颈部张紧力/kN	1.267	0.85	–32.9%
颈部压缩力/kN	0.282	0.16	–43.3%
左腿力/kN	1.945	0.06	–96.9%
右腿力/kN	6.033	2.46	–59.2%
RRS	1.17	0.59	–49.6%

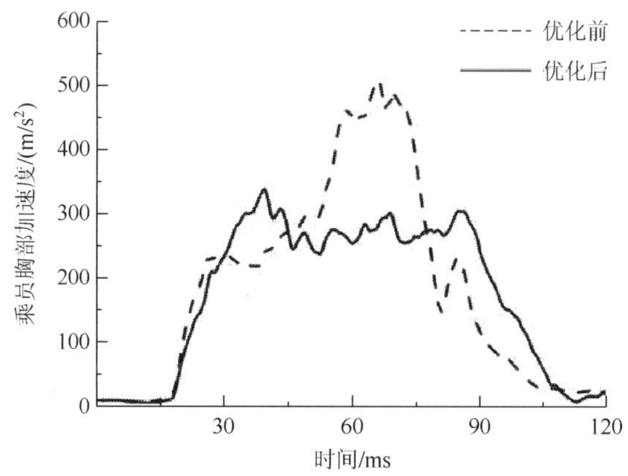

图 4.24　优化前后乘员胸部加速度

当然工程上还要考虑成本、工艺等因素进行实际配置的优化。但本节提出的评价方法一方面可以帮助对现有车型进行星级预估，另一方面也可以作为新车的目标设计依据。

参 考 文 献

[1] Motozawa Y，Kamei T. A new concept for occupant deceleration control in a crash[R]. SAE Technical Paper，2000.

[2] Wu J，Bilkhu S，Nusholtz G S. An impact pulse-restraint energy relationship and its applications[R]. SAE Technical Paper，2003.

[3] Cheng Z，Pellettiere J A，Crandall J R，et al. Optimal occupant kinematics and crash pulse for automobile frontal impact[J]. Shock and Vibration，2009，16（1）：61-73.

[4] 曹立波，龙腾蛟，肖慧青. 等效双台阶波形特征与乘员综合损伤值的关系研究[J]. 汽车工程学报，2012，2（3）：190-194.

[5] 马志雄，朱西产. 假人主要伤害值对等效双梯形减速度曲线的灵敏度分析[J]. 汽车工程，2009，31（2）：166-169.

[6] Cohen J. A coefficient of agreement for nominal scales[J]. Educational and Psychological Measurement，1960，20（1）：37-46.

[7] Landis J R，Koch G G. The measurement of observer agreement for categorical data[J]. Biometrics，1977，33：159-174.

[8] National Highway Traffic Safety Administration. Consumer information：New car assessment program：Notice[J]. Federal Register，2008，73（134）：40015-40050.

[9] 刘启明，徐大伟，许斌. 解读美国车辆防侧翻法规[J]. 上海汽车，2008，（10）：43-46.

[10] National Highway Traffic Safety Administration（NHTSA）. New car assessment program（NCAP）：Safety labeling [S]. Docket No. NHTSA-2006-25772. Washington：US Department of Transportation，2006.

[11] 岳国辉，陈现岭，张凯. 美国 NHTSA 2010 年版新车评价规程的实例解析[J]. 汽车安全与节能学报，2012，3（2）：129-135.

第 5 章　车体结构抗撞性与约束系统目标设计

5.1　双台阶波形设计

碰撞波形是整车碰撞安全系统开发的重要目标，是抗撞性概念设计的主要任务之一。整车质量、碰撞速度、可变形吸能空间、车体结构的拓扑形式以及结构断面等均会影响碰撞波形。基于车辆和乘员的碰撞力学特性以及能量控制技术，本书提出一种概念设计阶段双台阶波的设计方法，并给出设计实例。同时，为了进一步体现目标波形与结构参数的关联，将双台阶波再细化为双梯形波。后续章节在此基础上，进行能量分解，以获得主要吸能子结构的抗撞性目标。

整车前端总布置空间及参数如图 5.1 所示。图中发动机前端的布置空间为 D_{10}，发动机后端到防火墙的布置空间为 D_{20}。车内生存空间为 S_0（乘员胸部到转向盘的水平距离，如图 5.2 所示）。因此对于一个车型的正面碰撞等效双台阶波参数设计的问题可以描述为已知碰撞速度 v_0 及总布置空间（D_{10}、D_{20} 和 S_0），如果将乘员加速度限值取为 G，等效双台阶波的设计参数该如何确定？

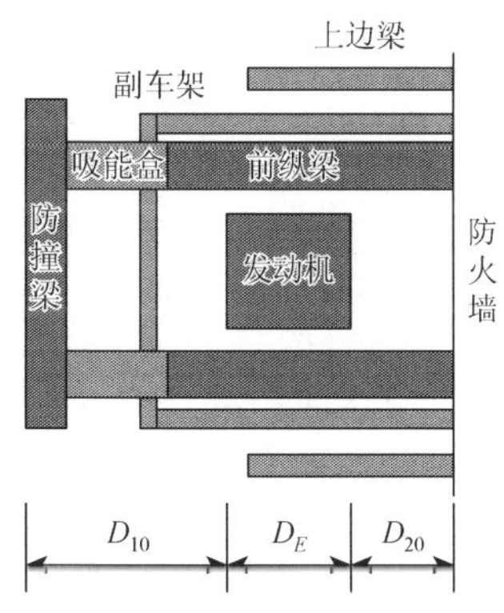

图 5.1　车体前端结构的布置空间示意图

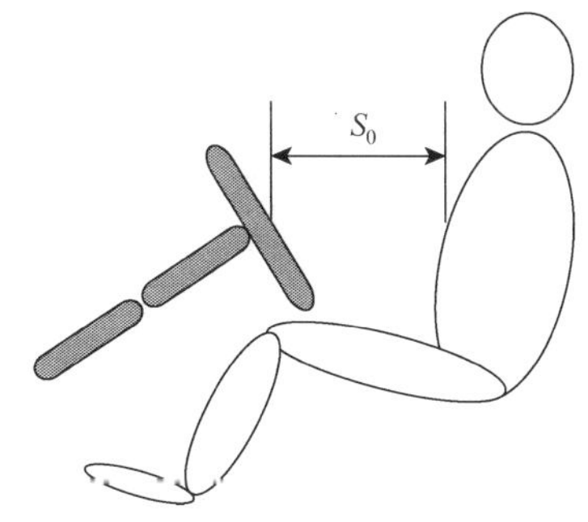

图 5.2　乘员生存空间示意图

双台阶波的设计参数表述如图 5.3（a）所示。以发动机的碰撞时刻 t_1 为分界点，两台阶高度分别为 G_1、G_2，碰撞结束时刻为 t_2，此时车体开始回弹。从碰撞开始到 t_1 时间段内，发动机前端结构的压溃量为 D_1，从 t_1 到碰撞结束，发动机后端到防火墙的压溃量为 D_2，如图 5.3（b）所示。

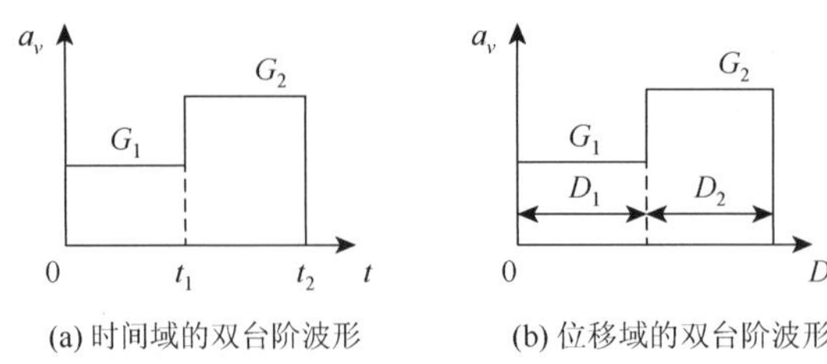

(a) 时间域的双台阶波形　　(b) 位移域的双台阶波形

图 5.3　等效双台阶波的参数表述

为了获得最优的双台阶波，假设总布置空间 D_{10}、D_{20} 和车内乘员的生存空间 S_0 全部用尽，利用能量守恒原理，双台阶波设计参数需要满足的条件如下。

（1）双台阶波的总吸能量与整车动能相等，则有

$$G_1D_1 + G_2D_2 = \frac{1}{2}v_0^2 \tag{5.1}$$

$$G_2 = \frac{\frac{1}{2}v_0^2 - G_1D_1}{D_2} \tag{5.2}$$

（2）发动机前端结构的压溃量：

$$D_1 = v_0t_1 - \frac{1}{2}G_1t_1^2 \tag{5.3}$$

$$t_1 = \frac{v_0 - \sqrt{v_0^2 - 2G_1D_1}}{G_1} \tag{5.4}$$

（3）发动机后端到防火墙的压溃量：

$$D_2 = \frac{1}{2}G_2(t_2 - t_1)^2 \tag{5.5}$$

$$t_2 = \sqrt{\frac{2D_2}{G_2}} + t_1 = \sqrt{\frac{2D_2^2}{\frac{1}{2}v_0^2 - G_1D_1}} + \frac{v_0 - \sqrt{v_0^2 - 2G_1D_1}}{G_1} \tag{5.6}$$

根据上述三个条件将双台阶波转化为只有 G_1 一个参数的函数形式：

$$a_v(t) = f(G_1, G_2, t_1, t_2) = g(G_1) \tag{5.7}$$

根据 3.1.2 节，在不考虑约束系统间隙的前提下，求解双台阶波输入与线性约束系统耦合的情况下乘员的运动响应。双台阶波形的表达式：

$$\begin{cases} \ddot{x}_v = G_1, & t \leqslant t_1 \\ \ddot{x}_v = G_2, & t > t_1 \end{cases} \tag{5.8}$$

通过解振动微分方程求得乘员的相对运动响应：

$$\begin{cases} \ddot{x}_{o/v} = G_1\cos\omega_n t, & t \leqslant t_1 \\ \ddot{x}_{o/v} = G_1\cos\omega_n t + (G_2 - G_1)\cos\omega_n(t - t_1), & t > t_1 \end{cases} \tag{5.9}$$

对于简化为线性的约束系统，其线性刚度 k 为乘员加速度峰值 G 和最大相对位移 $D_{o/v}$ 的比值，如式（5.10）。为了避免碰撞过程中乘员与方向盘、仪表板等发生硬接触，乘员的最大相对位移设为车体内部的生存空间 S_0。因此如果先对乘员的加速度峰值提出要求，可以唯一确定线性约束系统刚度 k，如果没有对乘员的加速度峰值提出要求，则需要先假定（或通过对标）一个 k。

$$k = G / D_{o/v} \tag{5.10}$$

$$\omega_n = \sqrt{k} \tag{5.11}$$

式中，ω_n 为约束系统的固有频率；k 为单位质量的约束系统刚度。乘员的最大相对位移发生在相对速度为 0 的时刻，联立等式

$$\begin{cases} x_{o/v} = -\dfrac{G_1}{\omega_n^2}\cos\omega_n t - \dfrac{(G_2 - G_1)}{\omega_n^2}\cos\omega_n(t - t_1) + \dfrac{G_2}{\omega_n^2} = S_0 \\ \dot{x}_{o/v} = \dfrac{G_1}{\omega_n}\sin\omega_n t + \dfrac{(G_2 - G_1)}{\omega_n}\sin\omega_n(t - t_1) = 0 \end{cases} \tag{5.12}$$

利用 MATLAB 求解上述方程，得到最大相对位移为 S_0 时的第一台阶高度 G_1，进而求解出双台阶波的所有设计参数。

如果概念设计时没有对乘员加速度峰值提出要求，可以用公式求加速度峰值的理论解：

$$G = kD_{o/v} = kS_0 \tag{5.13}$$

本书利用上述方法对汽车抗撞性概念设计阶段等效双台阶波（也称目标波形）的参数进行设计，初始已知条件为 S6 车型的总布置参数和乘员胸部加速度限值。

碰撞工况为正面全宽碰撞，初速度 $v_0 = 13.89\text{m/s}$，车体总布置空间 $D_{10} = 0.45\text{m}$，$D_{20} = 0.32\text{m}$，车内乘员生存空间 $S_0 = 0.225\text{m}$，乘员胸部加速度限值 $G = 400\text{m/s}^2$，求该条件下的最优双台阶波。考虑到实际的碰撞过程中，即使车辆的前端结构完全压溃，还有材料堆积占用的空间，因此定义“压缩系数”为实际压溃空间与理论可压溃空间的比，用 ξ 表示。车体结构的压缩系数 ξ 一般为 0.6～0.8，该实例中 ξ 取 0.75，该车的双台阶波参数设计过程如下。

（1）根据式（5.3）、式（5.5）和式（5.7），将双台阶波转化为只有 G_1 的函数 $g(G_1)$：

$$D_1 = \xi D_{10} = 0.75 \times 0.45 = 0.338(\text{m})$$

$$D_2 = \xi D_{20} = 0.75 \times 0.32 = 0.24(\text{m})$$

$$G_2 = \frac{\dfrac{1}{2}v_0^2 - G_1 D_1}{D_2} = \frac{96.47 - 0.338G_1}{0.24}$$

$$t_1 = \frac{v_0 - \sqrt{v_0^2 - 2G_1D_1}}{G_1} = \frac{13.89 - \sqrt{192.93 - 0.676G_1}}{G_1}$$

$$t_2 = \sqrt{\frac{2D_2}{G_2}} + t_1 == \sqrt{\frac{0.12}{96.47 - 0.338G_1}} + \frac{13.89 - \sqrt{192.93 - 0.676G_1}}{G_1}$$

(2)根据车内乘员生存空间 $S_0 = 0.225\text{m}$，设乘员胸部加速度限值 $G = 400\text{m/s}^2$，求得约束系统固有频率：

$$k = \frac{G}{D_{o/v}} = \frac{400}{0.225} = 1777.78(\text{s}^{-2})$$

$$\omega_n = \sqrt{k} \approx 42(\text{s}^{-1})$$

（3）将双台阶波 $g(G_1)$和约束系统固有频率 ω_n 代入单自由度模型中求解。当乘员的最大相对位移取 0.225m 时，可以得到唯一确定的 G_1 为 131m/s^2，从而确定双台阶波的所有参数。设计结果如表 5.1 所示。

表 5.1　S6 目标双台阶波参数

G_1/(m/s^2)	G_2/(m/s^2)	t_1	t_2	G/(m/s^2)
131	217.450	0.028	0.075	396.841

图 5.4 是重新设计的目标双台阶波和该车型原始碰撞波形简化的双台阶波对比。

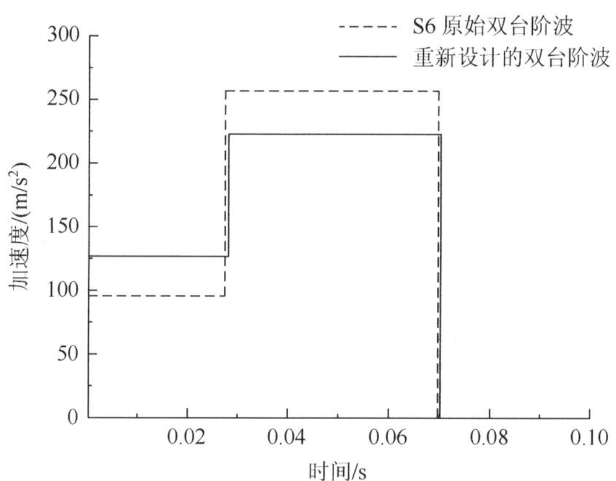

图 5.4　S6 车型目标双台阶波和原始双台阶波

为了进一步体现目标波形与结构参数的关联，将双台阶波细化为双梯形波。

在位移域里，最优双台阶波的两台阶宽度 D_1、D_2 与发动机前端布置空间 D_{10} 和发动机到防火墙之间的布置空间 D_{20} 对应。在总布置设计阶段，位于吸能盒与前纵梁之间的、用于放置散热器的前端框架的位置基本确定，可以认为前纵梁前端到发动机之间的距离确定，用 D_{30} 表示，如图 5.5 所示，将最优双台阶波第一阶

的宽度 D_1 在位移域进一步划分为两部分，如图 5.6 所示，其中 D_3 为前纵梁到发动机之间的压溃量，与图 5.5 中 D_{30} 对应。

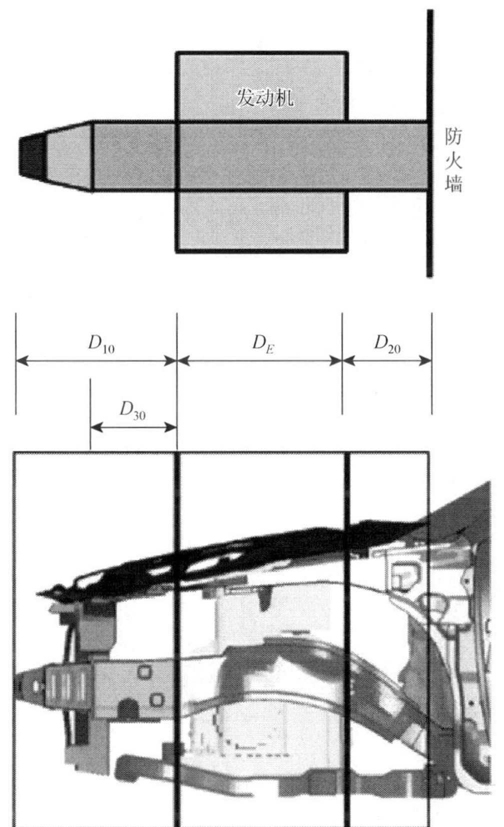

图 5.5　发动机前端结构参数示意图

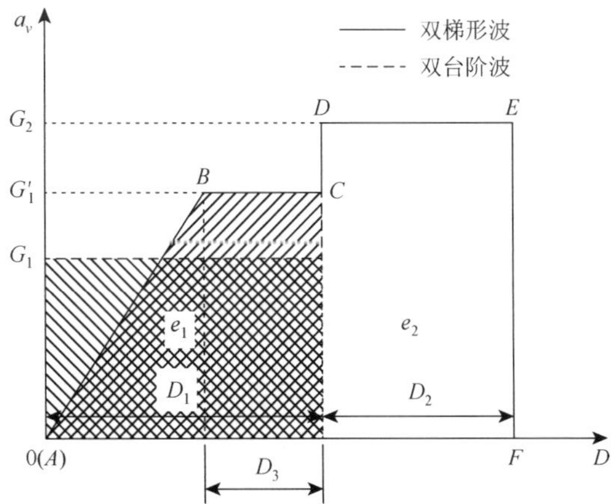

图 5.6　位移域的双梯形波和双台阶波

根据形状，将转化后的波形定义为双梯形波。利用能量守恒原理，发动机前端结构的吸能量不变，折线 ABC 和坐标轴之间的面积与双台阶波第一台阶的面积相等，即图 5.6 中两阴影部分的面积相等，双梯形波的梯形平台高度 G_1' 的计算式为

$$e_1 = G_1 D_1 = \frac{1}{2} G_1'(D_1 + D_3) \tag{5.14}$$

$$G_1' = \frac{2G_1 D_1}{D_1 + D_3} \tag{5.15}$$

将位移域的双梯形波转化到时间域，与双台阶波对比，如图 5.7 所示。图中 A、B、C、D、E、F 为梯形台阶波的特征点，其中：A 为碰撞发生点，其对应的时刻为 0；B 为前纵梁开始与壁障接触的点，其对应时刻为 t_B；$C(D)$为发动机与壁障接触点，其对应的时刻为 t_C，与双台阶波中 t_1 时刻重合；E 为车体位移达到最大动态压溃量点，其对应的时刻为 t_E，此刻车体速度为 0，开始回弹，与双台阶波中 t_2 时刻重合；F 为碰撞结束点。

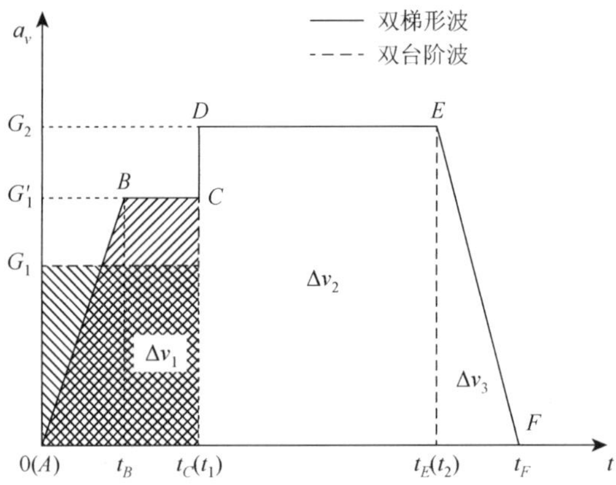

图 5.7 时间域的双梯形波和双台阶波

$$e_1 = \frac{1}{2}(v_0^2 - v_{t_1}^2) \tag{5.16}$$

$$\Delta v_1 = G_1 t_1 = \frac{1}{2} G_1'(2t_1 - t_B) \tag{5.17}$$

$$t_B = 2t_1 - \frac{2G_1 t_1}{G_1'} \tag{5.18}$$

由式（5.16）可知，发动机前端结构吸能量不变，则发动机碰撞时刻的速度不变，从 0 到 t_1 时间段内车体加速度的变化量Δv_1 不变，如式（5.17）。图 5.7 中，折线 ABC 和时间轴之间的面积与双台阶波第一台阶的面积相等，即两阴影部分的面积相等，均为Δv_1。前纵梁与壁障的接触时刻 t_B 的计算式为式（5.18）。

双梯形波的 DE 段与双台阶波的第二台阶完全重合，到 t_E 时刻该时间段内车体速度减为 0。EF 段为车体回弹阶段，EF 段与时间轴之间的面积Δv_3为碰撞结束时车体的回弹速度。在正面碰撞过程中，车体最后的回弹速度在 1～3m/s。取车体的回弹速度Δv_3为 2m/s，则碰撞结束点对应时刻 t_F 的计算式为

$$\Delta v_3 = \frac{1}{2} G_2 (t_F - t_2) \tag{5.19}$$

$$t_F = \frac{2\Delta v_3}{G_2} + t_2 = \frac{4}{G_2} + t_2 \tag{5.20}$$

该车型前纵梁前端到发动机的距离为 0.27m，如结构压缩系数 ξ 仍为 0.75，取车体最后回弹速度为 2m/s，对重新设计的最优双台阶波作进一步的工程化改进：

$$D_3 = \xi D_{30} = 0.75 \times 0.27 = 0.203(\mathrm{m})$$

$$G_1' = \frac{2G_1 D_1}{D_1 + D_3} = \frac{2 \times 131 \times 0.338}{0.338 + 0.203} = 163.690(\mathrm{m/s^2})$$

$$t_B = 2t_1 - \frac{2G_1 t_1}{G_1'} = 2 \times 0.028 - \frac{2 \times 131 \times 0.028}{163.690} = 0.011(\mathrm{s})$$

$$t_F = \frac{2\Delta v_3}{G_2} + t_2 = \frac{4}{217.450} + 0.075 = 0.093(\mathrm{s})$$

目标双梯形波参数如表 5.2 所示。曲线如图 5.8 所示。

表 5.2　S6 车型目标双梯形波参数

G_1'/(m/s²)	G_2/(m/s²)	t_B/s	t_C/s	t_E/s	t_F/s
163.690	217.450	0.011	0.028	0.075	0.093

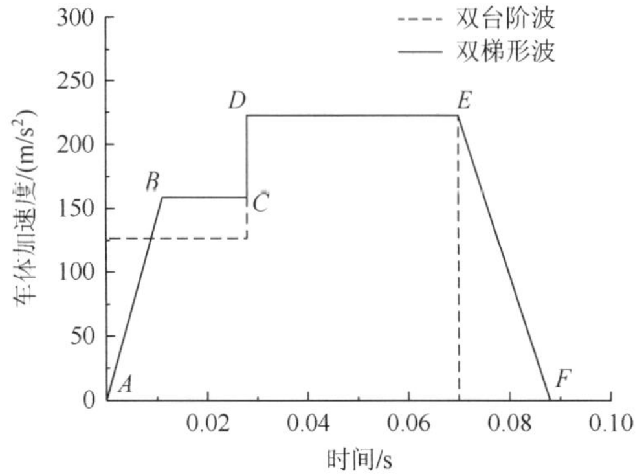

图 5.8　双台阶波和双梯形波设计

该方法可以在汽车抗撞性概念设计阶段根据预开发车辆的乘员伤害限值以及车辆总布置参数，对目标双台阶波参数进行快速设计，作为汽车抗撞性开发的总目标。

5.2　车体前端子结构性能目标分解

车体前端结构合理的刚度匹配是保证碰撞力从前至后呈递增分布和结构顺序压溃的前提，是实现预期碰撞波形的基础[1, 2]。碰撞波形的目标分解（target decomposition）是指概念设计阶段，以车型前端结构（拓扑）形式为依据，将总的碰撞能量分解到主要吸能子结构上，给出各子结构相应变形形式下的吸能量分配方案。要实现这一点，必须寻找目标波形与结构性能之间的关联。位移域内的碰撞波形代表了车体的吸能特性，反映了碰撞加速度与前端结构纵向（碰撞方向）位置的对应关系[3, 4]。本书利用位移域的碰撞波形与吸能量的关系将碰撞波形目标转化为各子结构的吸能量目标，再以各子结构的变形方式为依据，根据吸能量与压溃子结构的压溃力以及弯曲子结构的弯曲力矩之间的关系，将子结构的吸能量目标转化为压溃力及弯曲力矩目标。

5.2.1　车体前端结构的能量管理

在正面碰撞中车体前端结构刚度的匹配决定了前端结构在整车碰撞中的变形和吸能量，最终体现在碰撞波形的特征上。能量管理（energy management）方法就是将碰撞过程中总的吸能量合理地分解给车体各部件，根据分解方式在时间和空间顺序上的差别，可以衍生出多种能量管理方法。

文献[2]提出车体前端结构的吸能空间可以按照碰撞力的传递路径划分，并且根据主要结构件的设计一般可以分为四层，如图 5.9 所示，依次为发动机罩，上边梁，防撞梁、吸能盒、纵梁等结构，副车架等结构。吸能量与碰撞力的大小相对应，每层的吸能量占总吸能量的比例分别在 10%、20%、50%、20%左右，其中第三层是车体的主要吸能区。近年来，部分车辆为了提高轻量化效果，发动机罩设计得较薄，吸能量较小，因此又可以将前端结构的吸能空间划分为三层，即第一层包括发动机罩、上边梁等结构，如图 5.10 所示。

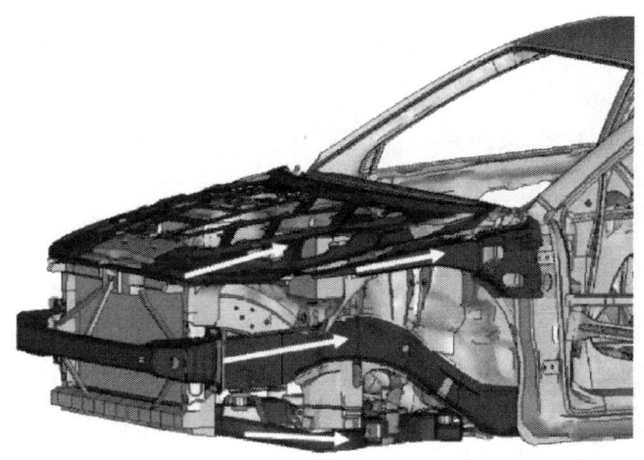

图 5.9　前端吸能空间分为四层的拓扑结构

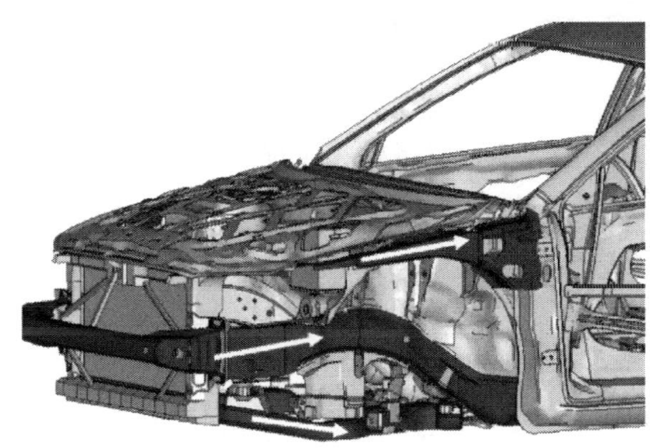

图 5.10　前端吸能空间分为三层的拓扑结构

文献[5]～文献[7]中提出将车辆的抗撞性设计划分为分解、设计方法和常规条件三个主要维度，每一维度又划分为三层，一共组成 27 个单元，类似一个魔方，又称魔方法（magic cube approach）。设计人员根据实际需要选用“魔方”上的一个或几个单元一起完成车辆的抗撞性设计。“分解”部分是研究“设计方法”的前提，主要完成能量管理的任务，这一维度又分为三层，即时间域分解、空间域分解和比例分解。时间域分解是根据碰撞波形在时间域的特点将其解耦为两部分（一般为发动机与壁障接触前和接触后）；空间域分解是将车体系统分解为几个并行的子系统，进一步分解为部件；比例分解是根据结构的体积、尺寸等因素，将结构设计问题划分为宏观结构（macro-structural）、细观结构（meso-structural）和微观结构（micro-structural）的设计问题。三种分解方式可以单独存在也可以串联使用。“设计方法”部分研究了抗撞性设计的主要技术，分为目标分解、失效原理分析和优化方法三层，其中“目标分解”采用分解维度的能量管理方法划分设计目标。“常规条件”分为多学科目标、加载条件和不确定环境三层。

文献[4]提出了纵向能量管理和横向能量管理的概念。书中定义车身坐标系的 x 轴方向为纵向，在车身坐标系的 y-z 平面内为横向。碰撞压缩变形是按照从前往后的次序发生的，设计承载路径时，要求从前往后的载荷传递不能中断，截面力要呈现出纵向向后递增式的分布，因此在纵向上排列好合理的强度顺序就可以获取预期的加速度形态。这个用纵向刚度布局实现加速度波形目标的方法称为纵向能量管理（longitudinal energy management）。完成纵向刚度布局以后，就可以给各个纵向承载结构件分配承载件的截面力，将各个前端横断面的碰撞力载荷横向地分配到多个承载结构件里去。依照这种方法，沿前端纵向上每个承载件的抗撞力要求也可以确定下来。这个在横向上将截面力分配到实际结构件里的过程称为横向能量管理（lateral energy management）。

5.2.2　车体前端子结构分解实例

本节仍以 S6 车型为例。S6 前端结构的拓扑形式如图 5.10 所示。根据车身坐标系的定义，汽车行驶的方向称为纵向，垂直地面的方向为垂向。车体前端子结构的垂向及纵向分解如图 5.11 所示。将吸能空间划分为三层，原车每层的吸能量占总吸能量的比例分别为 5%、80%、15%。由于中层的防撞梁、吸能盒和纵梁在碰撞过程中起主要的传力和吸能作用，因此根据车体在垂直和纵向空间能量分布比例，在保证顺序压溃的前提下，由位移域的目标碰撞波形将能量分配给防撞梁、吸能盒和纵梁，再根据各自的变形特点和吸能方式，获得压溃反力或弯曲力矩设计目标，实现碰撞波形的目标分解。本例不改变原车体的拓扑形式，目标碰撞波形的垂向能量划分比例保持不变。仅以 S6 车型的中间层为例，根据双梯形目标波形进一步研究车体前端子结构的纵向分解。

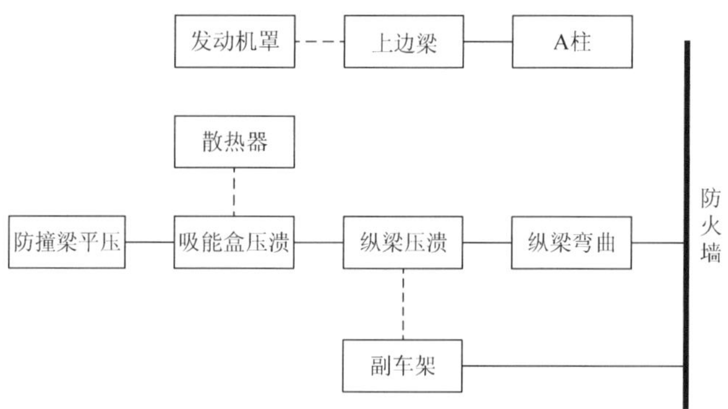

图 5.11　S6 前端子结构垂向及纵向分解

S6 基础车型的吸能空间划分见图 5.5。D_{10} 区为发动机前端的区域，主要由防撞梁、吸能盒和纵梁第一段组成，该区域的结构利用强韧的吸能材料尽可能多地通过变形吸收因撞击产生的能量，同时利用结构的连续受力将能量向后面传递。D_E 区为发动机所处的纵向空间，D_{20} 区为发动机后端到防火墙的区域，这两个吸能区主要由纵梁第二段和发动机总成组成，通过结构的合理变形来吸收高速碰撞的剩余能量，减缓对乘员造成的冲击。设计合理的前端结构的吸能量能占整车总吸能量的 80%。

车体前端结构纵向划分还需要考虑结构的变形方式。冲击载荷作用下规则的压溃变形吸能量最多，是理想的变形模式，但载荷作用方向以及与周围结构的连接都可能造成结构的局部弯曲。由于弯曲与压溃的变形方式以及吸能机理不同，对于产生压溃变形及弯曲变形的结构应划分为不同区域。

车体纵向分区中，D_{10} 区的防撞梁和吸能盒作为车体最前端的结构，除了要满足高速碰撞中吸收大量碰撞能量的要求外，还需兼顾低速碰撞时不损坏纵梁并保护其他结构、降低维修成本且易于拆装的要求。在 50km/h 正面全宽碰撞过程中防撞梁主要产生平压变形，吸能盒产生压溃变形，由于防撞梁及吸能盒的变形方式不同，在车体纵向分段时将这两个子结构分开来考虑。

D_{10} 区作为吸收碰撞能量最多的区域，除了防撞梁和吸能盒外还包括纵梁第一段，纵梁第一段在碰撞过程中以压溃变形为主，其压溃变形过程与位移域碰撞波形的对照图如图 5.12 所示。

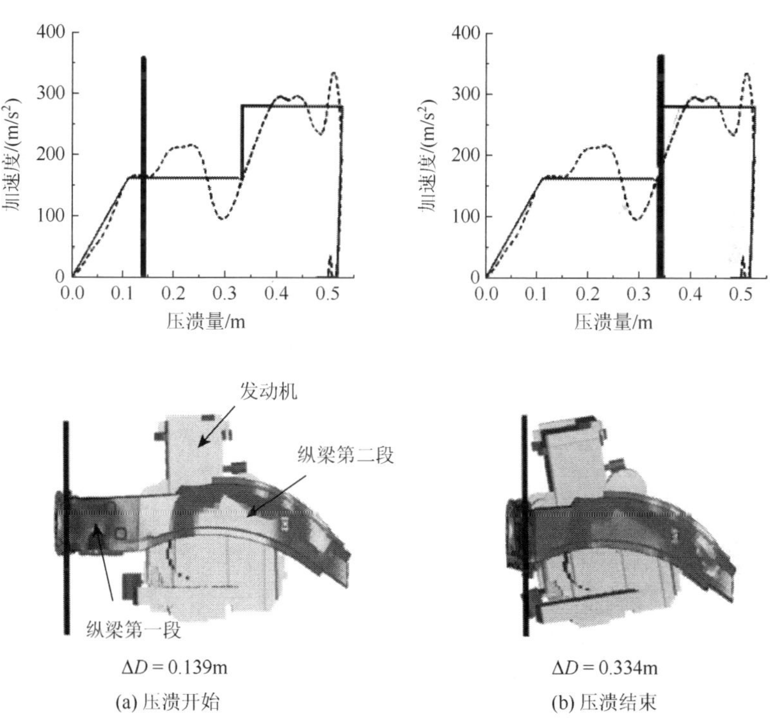

(a) 压溃开始　　(b) 压溃结束

图 5.12　纵梁第一段压溃变形与整车位移对照

D_E区和D_{20}区主要包括发动机和纵梁第二段，纵梁第二段在纵向上主要依靠地板纵梁进行支撑并向后传力。碰撞过程中，纵梁第二段由于受到发动机的阻挡作用不能完全被压溃，导致在“Z”字拐角部位产生弯曲。纵梁第二段虽然在几何上为一整体结构，但由于其包含压溃和弯曲两种变形模式，因此将压溃和弯曲的部位分开考虑。

最终划分的车体纵向子结构如图 5.13 所示，各子结构的变形模式如表 5.3 所示。

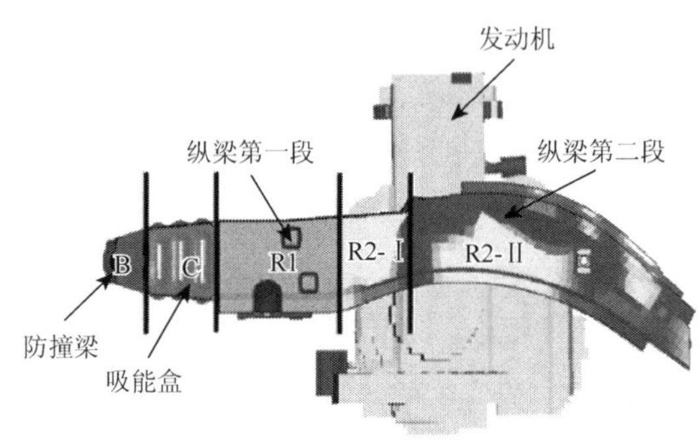

图 5.13　前纵梁子结构划分

表 5.3　纵梁子结构变形模式

子结构	变形方式
防撞梁 B	平压
吸能盒 C	压溃
纵梁第一段 R1	压溃
纵梁第二段 R2- Ⅰ	压溃
纵梁第二段 R2- Ⅱ	弯曲

5.2.3　子结构抗撞性设计目标

根据车体前端结构纵向划分结果，可以将表 5.2 中位移域的目标双梯形波划分为如图 5.14 所示的形式。

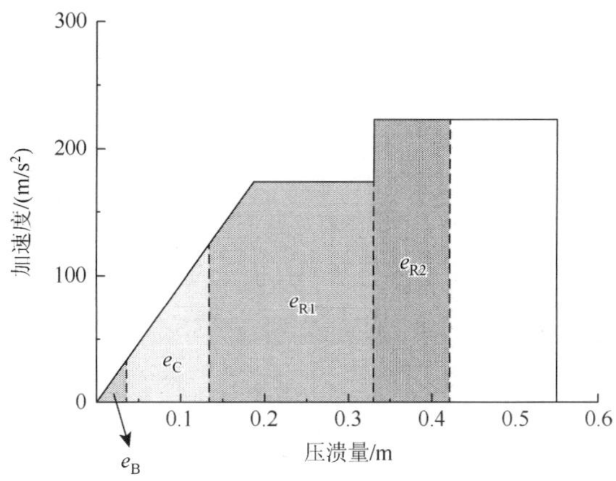

图 5.14　目标波形纵向吸能量划分

防撞梁所处纵向空间压溃长度 ΔL_B 为 0.035m，该段空间内只有防撞梁，因此该区域的能量全部由防撞梁吸收，由目标加速度-压溃量曲线可以求出该区域的能量密度 e_B = 1J/kg。整车质量 M = 1365kg，因此防撞梁的目标吸能量 $E_B = e_B \cdot M$ = 1.4kJ。

吸能盒所处纵向空间如图 5.15 所示，压溃长度 ΔL_C 为 0.1m，由图 5.14 中的加速度-压溃量曲线可以求出该段纵向空间的能量密度 e_C = 12.7J/kg，该段空间除吸能盒外在垂向方向有发动机罩内外板，横向方向有散热器，设吸能盒约吸收该纵向空间内 90%的能量，因此吸能盒的目标吸能量 $E_C = 0.9e_C \cdot M$ = 15.6kJ，两侧吸能盒沿车辆 y 向中心平面左右对称，因此可由式（5.21）计算出单侧吸能盒的目标平均压溃力为 78kN。

$$E_m = F_m \cdot \Delta L_m \tag{5.21}$$

式中，E_m 为车体子结构的吸能量；F_m 为子结构的平均压溃力；ΔL_m 为子结构所处纵向空间的压溃量。

纵梁第一段所处纵向空间如图 5.16 所示，压溃长度 ΔL_{R1} 为 0.195m，由图 5.14 可以求出该段纵向空间的能量密度 e_{R1} = 32.3J/kg。该段空间除纵梁第一段外在垂向方向有发动机罩内外板和副车架，横向方向有散热器。设纵梁第一段约吸收该纵向空间内 80%的能量，因此纵梁第一段的目标吸能量 $E_{R1} = 0.8e_{R1} \cdot M$ = 33.1kJ，左右两侧纵梁结构完全对称，因此由式（5.21）计算得到单侧纵梁第一段的目标平均结构力为 85kN。

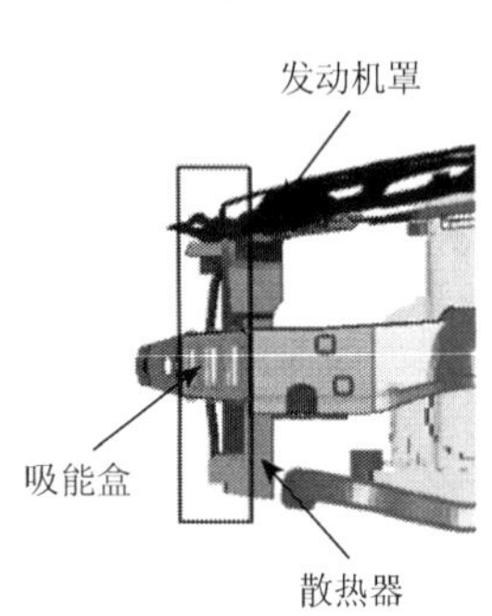

图 5.15 吸能盒所处空间

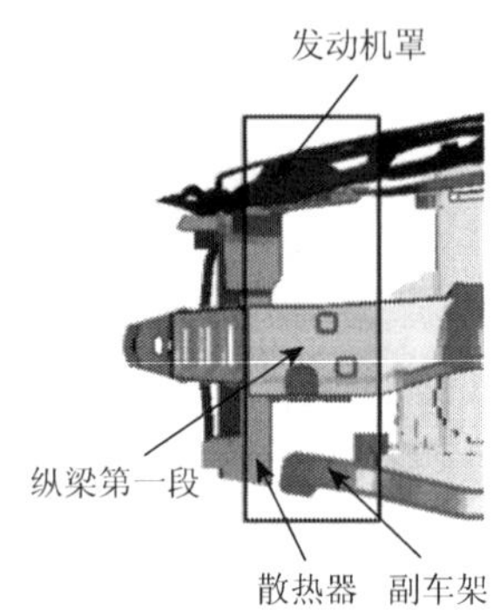

图 5.16 纵梁第一段所处空间

纵梁第二段由于受到发动机的阻挡，变形方式为压溃及弯曲混合。基础车型中纵梁第二段的纵向变形量仅为 0.09m，整体压缩率较低，仅为 0.13。目标波形与初始波形相比增大了 D_2 段的压溃量，约为 0.04m，纵梁第二段是基础车型 D_2 段空间内的主要承载和吸能结构。因此为满足目标波形的要求，设计纵梁第二段的目标纵向变形量 ΔL_{R2} 为 0.13m（0.09m + 0.04m）。由目标加速度-压溃量曲线可以求出该段纵向空间的能量密度 $e_{R2} = 27.4$J/kg，该段空间除纵梁第二段外还有发动机罩、副车架、上边梁、轮胎等结构，纵梁第二段仅吸收大约该纵向空间内 50%的能量，因此纵梁第二段的目标吸能量 $E_{R2} = 0.5e_{R2}\cdot M = 18.8$kJ。

纵梁第二段纵向的总变形量是由压溃和弯曲两种变形模式共同引起的。压溃变形产生在纵梁第二段的前端（R2-Ⅰ区），由于发动机的阻挡功能，该部位的压溃量较少，约为 0.05m，由于发动机在碰撞过程中类似刚体，几乎不会产生变形，很难增大这部分纵梁的变形量，因此在目标波形中这部分纵梁的压溃量仍然定义为 0.05m。根据图 5.14 可计算出纵梁由压溃变形吸收的能量为 $E_{R2C} = 7.2$kJ，左右两侧纵梁结构完全对称，由式（5.21）计算得到单侧纵梁第二段的压溃力目标为 102kN。

纵梁第二段的弯曲受力简化如图 5.17 所示。以地板梁为参照物，纵梁第二段在承受来自第一段的作用力后在“Z”字形的两个拐角处发生弯曲变形(由图 5.17 中实线位置变形到虚线位置)，从而在 B 和 C 位置产生塑性铰，塑性铰的吸能量可以表示为弯矩与转角的乘积：

$$E_m = M_m \cdot \Delta\varphi \tag{5.22}$$

式中，E_m 为子结构（塑性铰）的吸能量；M_m 为子结构的平均弯曲力矩；$\Delta\varphi$ 为转动角度。

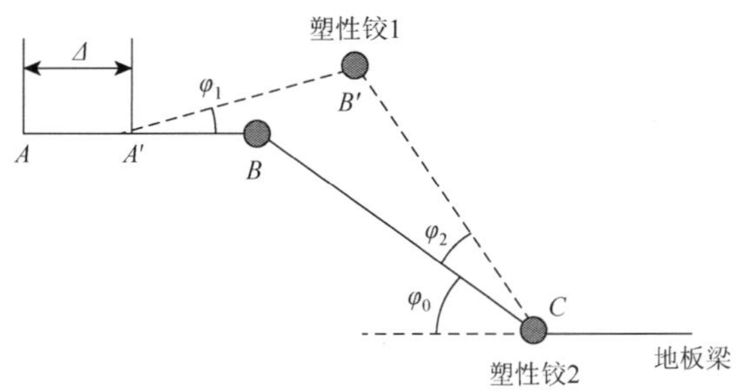

图 5.17　纵梁第二段的弯曲受力简化图

纵梁第二段缩短的长度为 Δ，“Z”字形两部分的长度分别为 L_1 和 L_2，塑性铰 1 和塑性铰 2 吸收的能量分别为 $M_1\cdot(\varphi_1+\varphi_2)$和 $M_2\cdot\varphi_2$，根据几何关系可求得两个塑性铰各自的转动角值。

S6 基础车型中 $\Delta = 0.08\text{m}$，$L_1 = 0.36\text{m}$，$L_2 = 0.313\text{m}$，$\varphi_0 = 30°$，通过求解得到 $\varphi_1 = 15°$，$\varphi_2 = 21°$。

纵梁第二段弯曲吸能量目标为 11.6kJ，单侧吸能量目标为 5.8kJ，两个塑性铰所处位置的截面近似相同，因此设定每个塑性铰的弯曲力矩目标相同，根据式（5.22）塑性铰吸能量与弯曲力矩和转动角度的关系，可求得每个塑性铰各自的吸能量目标和弯曲力矩目标。

为满足目标碰撞波形的要求，利用目标分解得到的车体前端各子结构的目标吸能量及目标平均压溃力和弯曲力矩如表 5.4 和表 5.5 所示。

表 5.4　车体前端子结构压溃设计目标

子结构	总吸能量/kJ	单侧吸能量/kJ	平均压溃力/kN
防撞梁 B	1.3	—	—
吸能盒 C	15.6	7.8	78
纵梁第一段 R1	33.1	16.6	85
纵梁第二段 R2-Ⅰ	7.2	3.6	102

表 5.5　车体前端子结构弯曲设计目标

子结构	总吸能量/kJ	塑性铰吸能量/kJ	平均弯曲力矩/(N·m)
纵梁第二段 R2-Ⅱ	11.6	塑性铰 1：3.7 塑性铰 2：2.1	5892

至此完成了 S6 目标波形（图 5.9）的子结构性能分解。

5.3 基于车体简化有限元模型的结构性能验证

5.3.1 车体简化有限元模型

汽车抗撞性开发过程中有限元仿真起到了重要作用，详细有限元模型包含了车体的拓扑形式、结构的详细几何尺寸和网格、材料属性、结构之间的连接关系等，可以说是对实车的虚拟复现，高精度的有限元模型是保证汽车碰撞安全性开发成功的基础。简化模型与详细有限元模型相比，模型简单，计算速度快，同时包含了关键结构的碰撞特性，能够反映出整车的碰撞过程及关键响应。在汽车抗撞性概念设计阶段应用简化模型便于快速获得碰撞波形，进行大规模的结构性能设计和参数优化，验证碰撞波形及各子结构的设计目标。

汽车抗撞性概念设计阶段使用的简化模型主要有集中参数模型(弹簧-质量模型)、多刚体模型、有限元梁单元模型等。简化模型不仅包括车体结构的简化，还包括主要吸能部件刚度特性的参数化。参数化后的刚度特性不仅能够表现出结构的力学本质，更能够与结构的几何、材料等参数联系起来，是子结构详细设计的性能目标。

汽车碰撞简化有限元模型（simplified finite element model for vehicle impact）（或称为简化梁单元模型），用一维的梁单元代替二维壳单元，通过将结构参数化的刚度特性曲线赋予梁单元，使梁单元具有与其所替代的详细子结构相同的碰撞特性，快速求解出车辆的碰撞响应[8-11]。汽车正面碰撞简化参数化有限元模型建立的关键技术包括车体拓扑结构的建立、子结构刚度特性提取及参数化、材料模型的赋予和选择。本书以 S6 型乘用车的详细有限元模型为基础，建立其正面碰撞的简化参数化有限元模型。

对于乘用车，正面碰撞时变形主要集中在整车前部，而中后部基本没有发生变形，因此简化梁单元模型主要建模对象是前端结构。车身构件在冲击载荷作用下，主要产生轴向压溃及局部弯曲两种变形方式。在详细有限元模型中，吸能盒及前纵梁在碰撞过程中吸收了较大部分能量，其变形以压溃为主，此外，在接头和结构拐点处产生了一定的弯曲变形。根据基础模型的变形及吸能特性，把整车结构分为主要吸能部件和非主要吸能部件两大类，主要吸能部件如表 5.6 所示。

表 5.6 前端主要吸能部件

纵向梁	横向梁	板件	其他类型结构
吸能盒、前纵梁等	防撞梁、风窗横梁等	前围板、地板等	散热器、副车架等

车身骨架结构多为薄壁梁形构件，在概念设计阶段可以将各子结构的截面等效为矩形，通过在梁单元两端节点施加集中质量来调整结构的质量和惯性特征。通过提取主要骨架件的空间位置特征，建立的汽车正面碰撞简化梁单元模型拓扑结构如图 5.18 所示，拓扑结构反映了车身承载结构件的布置情况，包含各子结构的截面、质量和惯性特性。各子结构的刚度特性则需要预先赋予到相应的材料模型中。其初始值可以采用基础车型或对标车的相应曲线，即从基础车型详细有限元模型提取或直接输入经验值。

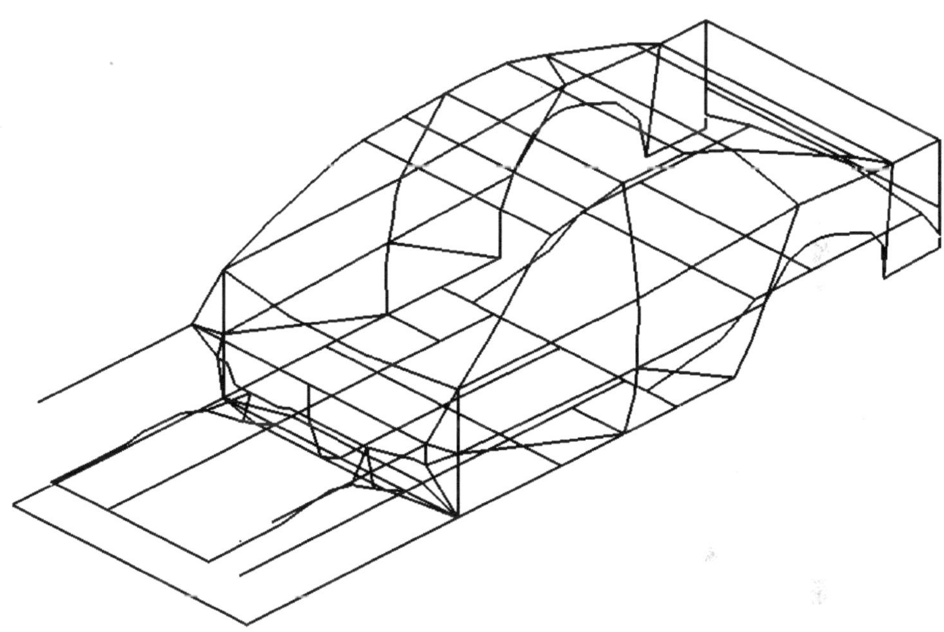

图 5.18　简化梁单元模型的拓扑结构

压溃子结构的刚度特性反映到力学特性上是力和变形的关系，即碰撞力-压溃量曲线。子结构压溃有限元模型的加载工况按图 5.19 所示进行：刚性壁障以 1m/s 的恒定速度撞击后端约束的子结构，使子结构能够完全压溃，提取出子结构与壁障之间的碰撞力，以及子结构自身的压溃量。

弯曲子结构的刚度特性反映到力学特性上是力矩和弯曲角度的关系，即弯矩-转角曲线。利用文献[12]中所述方法建立子结构纯弯曲的有限元模型，提取子结构的弯曲力学特性。加载条件（图 5.20）是将子结构一端六个自由度完全约束，另一端通过刚性连接与梁（beam）单元连接，通过对梁单元节点施加位移，使子结构产生纯弯曲变形，提取出子结构产生塑性铰位置的弯矩以及子结构转过的角度。

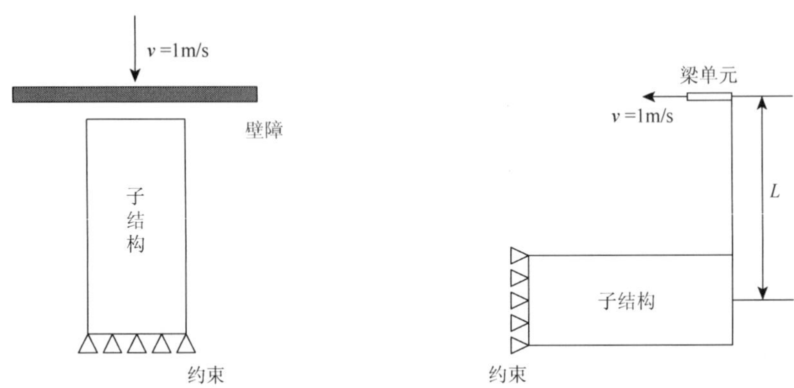

图 5.19　子结构压溃有限元模型的加载工况　　图 5.20　子结构弯曲刚度特性提取的加载工况

基于能量守恒原则对子结构的压溃刚度特性曲线及弯曲刚度特性曲线进行参数化。参数化后的压溃刚度特性曲线可以用 F_p、d_m、F_m、d_e 四个参数表示，弯曲刚度特性曲线可用 M_p、θ_m、M_m、θ_e 四个参数表示，如图 5.21 所示。

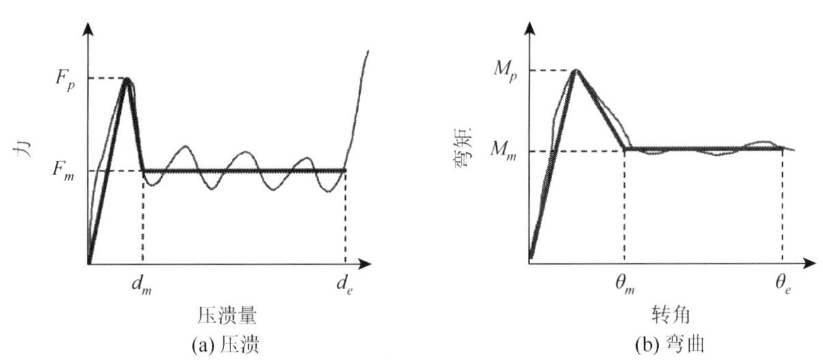

图 5.21　压溃及弯曲特性曲线参数化

图 5.21（a）中 F_p 为子结构的压溃力峰值，表示子结构在压溃工况下所能承受最大载荷，即最大承载能力；F_m 为子结构的平均压溃力，表示子结构的平均承载能力；d_m 为 F_m 所对应的压溃量；d_e 为有效压溃量，即子结构的压溃量超过此值后，由于刚性壁障和子结构一端约束之间的相互作用的影响加大，碰撞力迅速增大。图 5.21（b）中 M_p 为子结构弯曲力矩的峰值，表示子结构某方向所能承受的最大弯曲力矩，即最大弯曲承载能力；M_m 为子结构的平均弯曲力矩，表示子结构的平均弯曲承载能力；θ_m 为 M_m 所对应的转角；θ_e 为有效弯曲角度。

利用上述刚度特性的提取及参数化方法，提取出吸能盒、前纵梁、副车架、地板纵梁等主要吸能部件的刚度特性，部分子结构的刚度特性如表 5.7 所示。

表 5.7　车体前端部分子结构的刚度特性

吸能部件	F_p/kN	d_m/mm	F_m/kN	d_e/mm
吸能盒	298	5	77	100
前纵梁第一段	323	4	56	195
前纵梁第二段	478	4	112	100

为了使梁单元具有和二维壳单元模拟的子结构相同的力学性能，需要选择合适的材料模型来模拟梁单元的压溃和弯曲特性。对于压溃子结构本书采用 LS-DYNA 中带有非线性轴向压溃特性的梁单元模拟，材料类型为*MAT_FORCE_LIMITED（*MAT29）。对于弯曲变形中产生的塑性铰本书采用非线性弹簧单元模拟，材料类型为*MAT_NONLINEAR_PLASTIC_DISCRETE_BEAM（*MAT68）。为验证采用梁单元模拟薄壁梁压溃和弯曲性能的准确性，分别建立梁单元的轴向压溃和纯弯曲有限元模型，如图 5.22 所示。

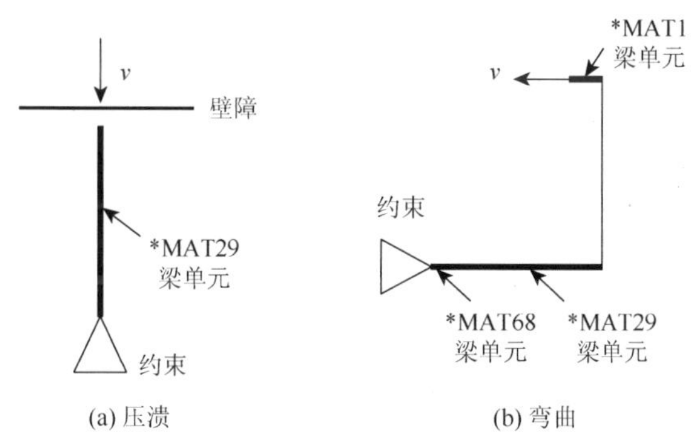

图 5.22　梁单元轴向压溃和纯弯曲有限元模型

图 5.22 中梁单元所代表的子结构是截面宽度为 36mm 的矩形截面薄壁梁，厚度为 1.4mm，梁长度为 150mm，所用材料为 RSt37 低碳钢，屈服极限和强度极限分别为 252MPa 和 454MPa。利用二维壳单元计算得到的薄壁梁压溃和弯曲特性曲线中的各参数分别如表 5.8 所示，将其赋予一维梁单元，并进行仿真计算，梁单元模型和壳单元模型得到的压溃和弯曲工况下薄壁梁的吸能量曲线对比如图 5.23 所示。

表 5.8　梁单元刚度特性

压溃				弯曲			
F_p/kN	d_m/mm	F_m/kN	d_e/mm	M_p/(N·m)	θ_m/rad	M_m/(N·m)	θ_e/rad
56	10	18	140	800	0.4	330	1

由图 5.23 可以看出，使用*MAT29 号材料和*MAT68 号材料的梁单元分别能够很好地模拟出薄壁梁的压溃和弯曲变形吸能过程。对于本书所建立的车辆正面碰撞简化梁单元模型，可以用这两种材料来模拟主要吸能部件的压溃和弯曲变形。对于

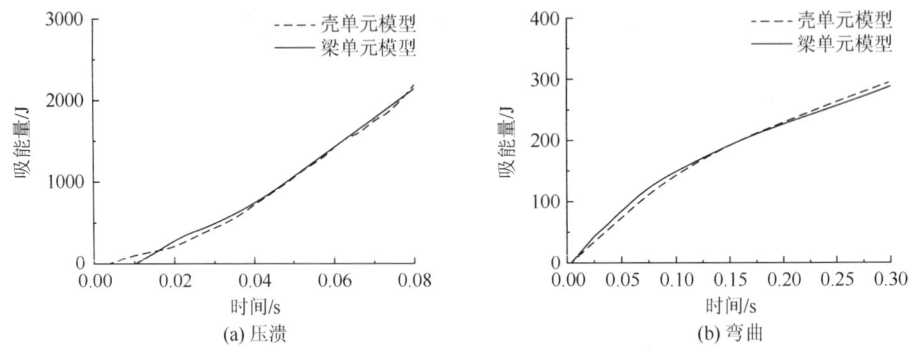

图 5.23　梁单元模型和壳单元模型吸能量对比

主要吸能部件，分别将提取并参数化的压溃特性曲线和弯曲特性曲线赋予相应子结构的材料属性中。对于非主要吸能部件，只需模拟出其惯性特性。本书采用梁单元模拟，材料类型为*MAT_ELASTIC（*MAT1），保证质量与详细模型一致。

对建立的汽车正面碰撞简化参数化有限元模型进行仿真计算，以详细有限元模型的碰撞结果为基础，验证简化模型的整车响应，如图 5.24 所示。

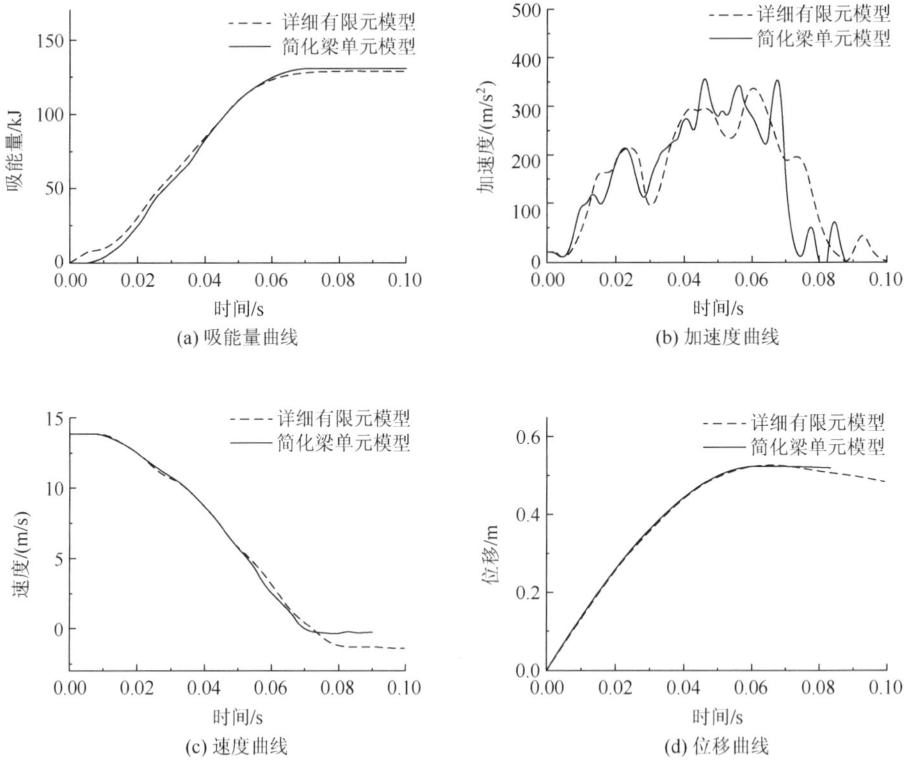

图 5.24　整车碰撞响应对比

由图 5.24 可以看出，简化梁单元模型和详细有限元模型的最终吸能量分别为 130kJ、128kJ，对于概念分析模型，这种误差是可以接受的。简化梁单元模型与详细有限元模型的碰撞加速度、速度和位移随时间的变化趋势一致性很高，但也存在一定的偏差。主要是由于梁单元模型除变形大、吸能量多的主要吸能部件外其余部件均被简化为弹性材料，不发生塑性变形，整体刚度大，碰撞时间短，回弹快，碰撞波形峰值大。

简化梁单元模型中吸能盒及纵梁的变形与详细有限元模型的对比如图 5.25 所示。吸能盒及纵梁第一段的压溃变形体现在梁单元长度的缩短上，纵梁“Z”字部位的弯曲体现在两个梁单元相对位置的变化上，简化梁单元能够模拟出与详细有限元模型一致的吸能盒和纵梁变形过程。

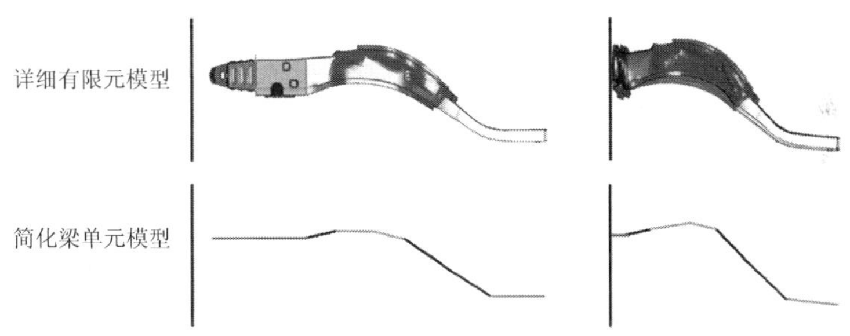

图 5.25　吸能盒及纵梁变形对比

通过上述分析表明，简化模型能够反映整车的碰撞过程、碰撞响应以及关键结构的变形，便于在概念设计阶段进行快速计算获得碰撞波形，用来验证子结构的性能分解是否合理，以快速实现能量管理和载荷路径分解。

5.3.2　前端结构性能验证

汽车抗撞性概念设计阶段利用正面碰撞简化参数化有限元模型可以快速进行子结构性能和目标波形的验证。将由 5.2 节碰撞波形目标分解获得的各子结构平均压溃力以及弯曲力矩设计目标赋给简化梁单元模型中相应子结构的刚度特性曲线，并进行仿真计算，得到的碰撞波形如图 5.26 所示。将简化模型得到的等效双台阶波与表 5.2 的目标波形进行对比，如图 5.27 所示。

由图 5.27 可以看出，简化梁单元模型得到的碰撞波形的第一台阶高度 G_1 为 170m/s^2，略大于目标波形的 163.69m/s^2，误差为 3.7%；第二台阶高度 G_2 为 240m/s^2，略大于目标波形的 217.45m/s^2，误差为 9.4%。

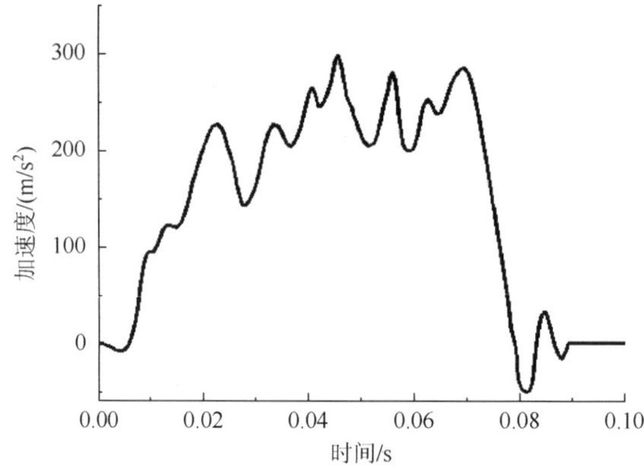

图 5.26　简化梁单元模型碰撞波形

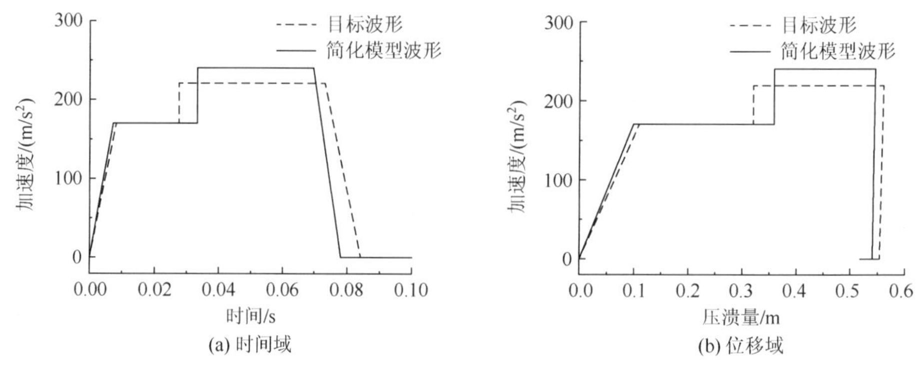

图 5.27　目标等效双台阶波对比

汽车抗撞性概念设计阶段使用简化参数化的有限元模型的主要意义在于子结构的刚度特性修改方便快捷，省去了建立详细壳单元模型的烦琐。利用简化模型可以快速获得碰撞波形，验证由目标分解得到的子结构性能目标的合理性和正确性。

5.4　约束系统刚度设计与目标分解

5.4.1　矩形波下约束系统刚度目标设计

约束系统刚度的目标设计要依据约束系统的配置和设计的不同阶段选择约束系统刚度的简化曲线（图 3.17）。本节综合考虑相对位移域内乘员加速度曲线的形状和简化曲线的复杂程度两个因素，以梯形约束系统刚度作为约束系统概念设计阶段的目标曲线，如图 5.28 所示。梯形约束系统刚度的简化参数包括约束系统等效刚度 k、乘员加速度 G 和乘员最大相对位移 $D_{o/v}$。其中 k 与约束系统力学参数相关，如安全带预紧量、限力等级、安全气囊充气量、泄气孔尺寸以及吸能式转向管柱维持力等。G 是正向设计时根据乘员保护要求提出的胸部加速度限值。$D_{o/v}$ 是总布置阶段已经确定好的乘员生存空间。在车体波形已经确定的情况下，以乘员胸部加速度要求 G 和车内乘员的生存空间 $D_{o/v}$ 为边界条件，可以确定唯一的约束系统等效刚度 k，从而在设计初期对乘员约束系统特性进行合理预估，实现对约束系统零部件参数设计的指导。

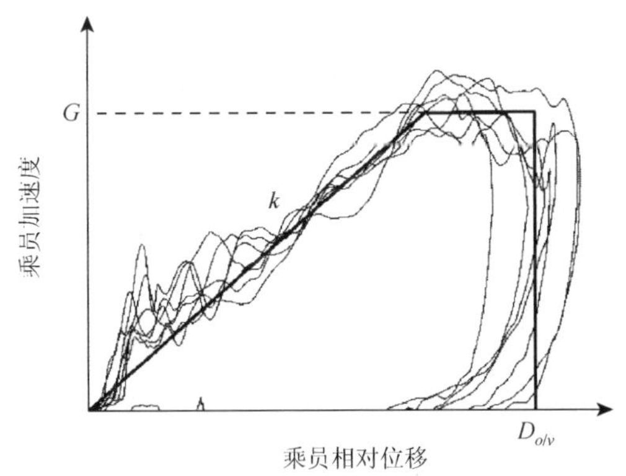

图 5.28　相对位移域的约束系统特性及参数化

在车体前端结构确定的情况下，乘员约束系统设计应在保证最大相对位移不超过车内生存空间的前提下，尽量降低乘员加速度 G。其中车体与乘员的最大相对位移 $D_{o/v}$ 并不是由约束系统特性单独确定，而是由车体和约束系统特性共同决定，通常增大 k 和 G 可以有效降低 $D_{o/v}$，但加速度 G 越大意味着乘员伤害水平会越高，而提高刚度 k 可能会带来约束系统配置成本的提高。

首先讨论将车体波形简化为矩形波时约束系统刚度的目标设计方法。图 5.29 中 A_0 为矩形波的幅值；D_{r0} 为车体停止运动时乘员的相对位移，根据文献[4]的分析，车体和乘员在减速过程中，如果车体较乘员先停止，既能够增加 Ride-down 效率，又能够充分利用乘员的可移动距离。设乘员最大相对位移 $D_{o/v}$ 略大于 D_{r0}；D_L 为梯形约束系统刚度曲线上乘员加速度达到限值时对应的相对位移，由约束系统等效刚度 k 的值确定；ΔD 为 D_L 与 D_{r0} 之间的位移差。由式（3.32），在相对位移域上约束能量密度满足

$$\int_0^{D_{o/v}} \ddot{x}_o \mathrm{d}x_{o/v} = \int_0^{D_{o/v}} \ddot{x}_v \mathrm{d}x_{o/v} = \int_0^{D_{r0}} \ddot{x}_v \mathrm{d}x_{o/v} + \int_{D_{r0}}^{D_{o/v}} 0 \mathrm{d}x_{ov} = \int_0^{D_{r0}} \ddot{x}_v \mathrm{d}x_{o/v} \tag{5.23}$$

即图 5.29 中矩形波与坐标轴围成的面积等于梯形波与坐标轴围成的面积，得到

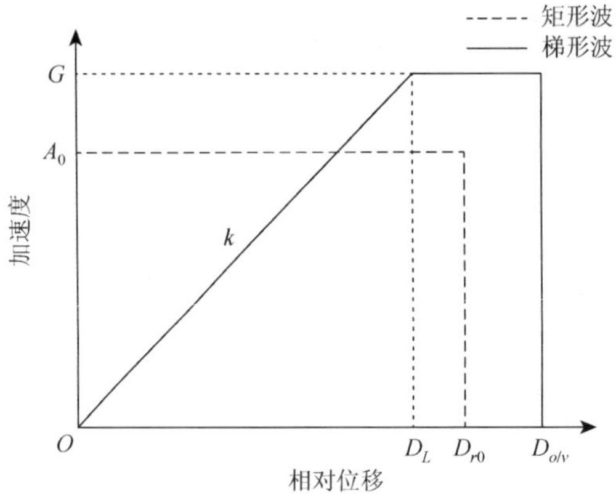

图 5.29　矩形波与约束系统目标特性的对应关系

$$A_0 D_{r0} = D_{o/v} G - \frac{G^2}{2k} \tag{5.24}$$

通过上式得到约束系统刚度，其中 D_{r0} 未知量，可以分为两段：

$$D_{r0} = D_L + \Delta D \tag{5.25}$$

根据矩形波输入下的振动方程求解，可以得到 D_L 之前乘员的运动方程为

$$\ddot{x}_{o/v} + \omega^2 x_{o/v} = A_0 \tag{5.26}$$

乘员的运动响应为

$$\ddot{x}_{o/v} = A_0 \cos(\omega t) \tag{5.27}$$

$$\dot{x}_{o/v} = \frac{A_0}{\omega} \sin(\omega t) \tag{5.28}$$

$$x_{o/v} = \frac{A_0 - A_0 \cos(\omega t)}{\omega^2} \tag{5.29}$$

$$\omega = \sqrt{k} \tag{5.30}$$

梯形约束系统刚度曲线上乘员加速度达到限值时刻 t_L 的相对速度 v_L 和相对位移 D_L 的计算式分别为

$$v_L = \frac{A_0}{\omega} \sin(\omega t_L) \tag{5.31}$$

$$D_L = \frac{A_0 - A_0 \cos(\omega t_L)}{\omega^2} \tag{5.32}$$

由

$$D_L = \frac{G}{k} = \frac{G}{\omega^2} \tag{5.33}$$

解得

$$t_L = \frac{2\pi}{360\omega} \arccos \frac{A_0 - G}{A_0} \tag{5.34}$$

令

$$T = \omega t_L = \frac{2\pi}{360} \arccos \frac{A_0 - G}{A_0} \tag{5.35}$$

在 t_L 和停车时刻 t_v 之间，乘员将进行匀减速运动：

$$\Delta D = v_L (t_v - t_L) - \frac{1}{2}(G - A_0)(t_v - t_L)^2 \tag{5.36}$$

通过以上公式推导关于 ω 的方程如下：

$$\left[D_{o/v} G + \frac{1}{2}(G - A_1) A_0 t_v^{\ 2}\right]\omega^2 - [A_0 t_v \sqrt{2A_0 G - G^2} + (G - A_0) A_0 t_v T]\omega$$
$$-\frac{G^2}{2} - A_0 G + A_0 T \sqrt{2A_0 G - G^2} + \frac{1}{2}(G - A_0) A_0 T^2 = 0$$

$$\omega = \frac{A_0 t_v \sqrt{2A_0 G - G^2} + (G - A_0) A_0 t_v T}{2D_{o/v} G + (G - A_0) A_0 t_v^{\ 2}} + \frac{\sqrt{G[G^2 A_0 t_v^{\ 2} + 2D_{o/v}(G^2 + 2A_0 G - 2A_0 T \sqrt{2A_0 G - G^2} - G A_0 T^2 + A_0 T^2)]}}{2D_{o/v} G + (G - A_0) A_0 t_v^{\ 2}} \tag{5.37}$$

如果设 D_{r0} 和 $D_{o/v}$ 近似相等，以上等式可以简化为

$$\omega = \frac{G}{\sqrt{2D_{o/v}(G - A_0)}} \tag{5.38}$$

文献[4]即采用了该简化方法。

根据式（5.30），可以求得梯形约束系统刚度曲线的等效刚度 k。

从 NHTSA 的碰撞数据中随机选取 5 辆车的碰撞数据进行分析。将碰撞的胸部加速度转换成加速度和相对位移的关系曲线，通过最小二乘线性拟合可以得到各组约束系统的实际刚度。将上述约束系统刚度目标设计方法计算得到的 k 与实际约束系统刚度曲线拟合的 k 进行对比，如表 5.9 所示，误差均在 15%左右，来自于概念设计阶段对波形和约束系统特性的简化。

表 5.9　矩形波下实际拟合与理论计算约束系统刚度

项目	1	2	3	4	5
拟合	2079	2209	2531	2348	1852
计算	1752	1925	2089	2019	1526
误差/%	15.7	12.9	17.5	14	17.6

5.4.2　双台阶波下约束系统刚度目标设计

双台阶波与矩形波相比可以表达更多的碰撞信息，且双台阶波在位移域与车体前端结构的可压溃空间对应，因此在车体结构抗撞性的概念设计中，经常以双台阶波作为车体前端结构设计的目标波形。考虑新车型的开发或者改型中的乘员约束系统刚度设计的问题，本节以双台阶波形（图 5.8）作为车体波形，探究约束系统刚度目标设计的方法。

同样以 $D_{o/v}$ 和 G 为边界条件，解析求解约束系统刚度 k，进而在约束系统设计初期对乘员约束系统特性进行合理预估，实现对约束系统零部件设计的指导。

将双台阶波和梯形约束系统刚度曲线绘制在相对位移域上，同样选择车体较乘员先停的碰撞情况，如图 5.30 所示。图中 A_1 和 A_2 为双台阶波两台阶的幅值，D_{r1} 为发动机前端与壁障接触时乘员的相对位移，D_{r2} 为车停时乘员的相对位移。

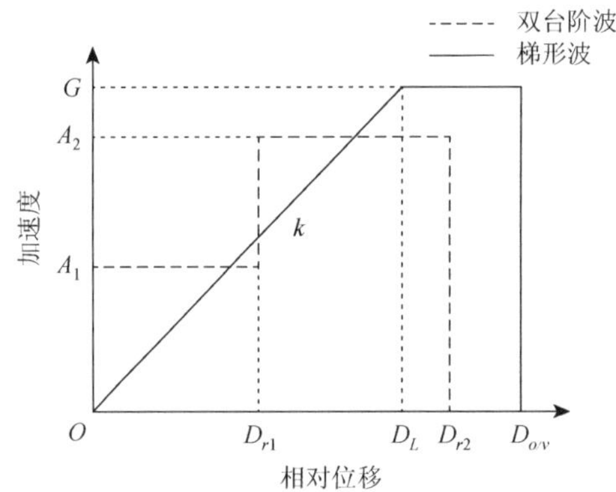

图 5.30　双台阶波形与梯形约束系统目标特性的对应关系

根据公式：

$$\begin{aligned}\int_0^{D_{o/v}} \ddot{x}_o \mathrm{d}x_{o/v} &= \int_0^{D_{o/v}} \ddot{x}_v \mathrm{d}x_{o/v} \\ &= \int_0^{D_{r1}} \ddot{x}_v \mathrm{d}x_{o/v} + \int_{D_{r1}}^{D_{r2}} \ddot{x}_v \mathrm{d}x_{o/v} + \int_{D_{r2}}^{D_{o/v}} 0\mathrm{d}x_{o/v} \\ &= \int_0^{D_{r1}} \ddot{x}_v \mathrm{d}x_{o/v} + \int_{D_{r1}}^{D_{r2}} \ddot{x}_v \mathrm{d}x_{o/v}\end{aligned} \tag{5.39}$$

则有

$$A_1 D_{r1} + A_2 (D_{r2} - D_{r1}) = G D_{o/v} - \frac{G^2}{2k} \tag{5.40}$$

式（5.40）在相对位移域上定量化地显示了车体和约束系统特性的解析关系，但等式中包括已知的车体简化参数 A_1、A_2、G 和设计参数约束系统特性刚度 k，以及待求解的中间变量 D_{r1} 和 D_{r2}。完全基于能量无法对车体和乘员响应的关系进行完全的解析求解，因此本节通过对碰撞过程中车体-约束系统-乘员运动关系的分析，从运动学角度求解未知的中间变量，最终实现对车体-约束系统响应的解析解耦过程。

在梯形约束系统刚度曲线上乘员加速度达到限值时刻 t_L 之前乘员是在两段恒定加速度 A_1 和 A_2 作用下的振动响应。根据双台阶波输入下的振动方程求解，可以得到乘员的运动响应为

$$\begin{cases}\ddot{x}_{o/v} = A_1\cos(\omega t), & 0 \leqslant t \leqslant t_1 \\ \ddot{x}_{o/v} = A_1\cos(\omega t) + (A_2 - A_1)\cos[\omega(t - t_1)], & t_1 < t \leqslant t_L\end{cases} \tag{5.41}$$

$$\begin{cases}\dot{x}_{o/v} = \dfrac{A_1}{\omega}\sin(\omega t), & 0 \leqslant t \leqslant t_1 \\ \dot{x}_{o/v} = \dfrac{1}{\omega}\{A_1\sin(\omega t) + (A_2 - A_1)\sin[\omega(t - t_1)]\}, & t_1 < t \leqslant t_L\end{cases} \tag{5.42}$$

$$\begin{cases}x_{o/v} = \dfrac{A_1 - A_1\cos(\omega t)}{\omega^2}, & 0 \leqslant t \leqslant t_1 \\ x_{o/v} = -\dfrac{1}{\omega^2}\{A_1\cos(\omega t) + (A_2 - A_1)\cos[\omega(t - t_1)] - A_2\}, & t_1 < t \leqslant t_L\end{cases} \tag{5.43}$$

这样可以得到 D_{r1} 为

$$D_{r1} = \frac{A_1 - A_1\cos(\omega t_1)}{\omega^2} \tag{5.44}$$

$$A_1\cos(\omega t_L) + (A_2 - A_1)\cos[\omega(t_L - t_1)] = A_2 - G \tag{5.45}$$

当乘员加速度达到 G 时，得到 t_L 的值为

$$\begin{aligned}t_L = \frac{2\pi}{360\omega}\Bigg[&\arcsin\frac{A_2 - G}{\sqrt{A_1^2 + (A_2 - A_1)^2 + 2A_1(A_2 - A_1)\cos(\omega t_1)}} \\ &-\arcsin\frac{A_1 + (A_2 - A_1)\cos(\omega t_1)}{\sqrt{A_1^2 + (A_2 - A_1)^2 + 2A_1(A_2 - A_1)\cos(\omega t_1)}}\Bigg]\end{aligned} \tag{5.46}$$

$$\begin{aligned}D_{r2} = {}& \frac{G}{\omega^2} + \frac{1}{\omega}\{A_1\sin(\omega t_L) + (A_2 - A_1)\sin[\omega(t_L - t_1)]\}(t_v - t_L) \\ & -\frac{1}{2}(G - A_2)(t_v - t_L)^2\end{aligned} \tag{5.47}$$

$$D_{o/v}G = A_1D_{r1} + A_2(D_{r2} - D_{r1}) + G^2/2k \tag{5.48}$$

由以上方程组，若提出 G 和车内空间 $D_{o/v}$ 的要求，就可以得到相对应的约束系统刚度 k。

由于方程组过于复杂，需通过编程求解。此处采用一个简化方法来计算 D_{r2}。

工程上，乘员加速度达到峰值和车体回弹的时刻非常接近，所以考虑令 $t_v = t_L$，代表在乘员刚达到加速度峰值车体开始回弹的碰撞情况下来计算 D_{r2}，计算过程会大幅度简化：

$$D_{r2} = \frac{1}{\omega^2}\{A_1\cos(\omega t_v) + (A_2 - A_1)\cos[\omega(t_v - t_1)] - A_2\} \tag{5.49}$$

将式（5.44）和式（5.49）代入式（5.48），则有

$$\begin{aligned} D_{o/v}G &= A_1 D_{r1} + A_2(D_{r2} - D_{r1}) + G^2/2k \\ &= \frac{A_1^2 + A_2^2 - A_1A_2 + G^2/2}{\omega^2} + \frac{A_1A_2 - A_1^2}{\omega^2}\cos(\omega t_1) - \frac{A_1A_2}{\omega^2}\cos(\omega t_v) \\ &\quad - \frac{A_2(A_2 - A_1)}{\omega^2}\cos[\omega(t_v - t_1)] \end{aligned} \tag{5.50}$$

至此建立了车体、约束系统特性和乘员响应的相关性。其意义在于碰撞过程中复杂的耦合关系简化为数学表达式，可以在设计初期近似确定乘员约束系统特性。具体方法是根据目标车型，将已知条件包括车体特性简化参数（双台阶波参数 A_1、A_2、t_1、t_v），以及边界条件 G 和 $D_{o/v}$ 代入，获得以 ω 为变量的等式 $f(\omega) = 0$，求解 ω 和 k 的数值。

$$\begin{aligned} f(\omega) = &\frac{A_1^2 + A_2^2 - A_1A_2 + G^2/2}{\omega^2} + \frac{A_1A_2 - A_1^2}{\omega^2}\cos(\omega t_1) \\ &- \frac{A_1A_2}{\omega^2}\cos(\omega t_v) - \frac{A_2(A_2 - A_1)}{\omega^2}\cos[\omega(t_v - t_1)] - D_{o/v}G \end{aligned} \tag{5.51}$$

但是，上式中不仅包括 ω 的平方项，还包括 ω 的三角函数，无法进行直接的解析求解。为了简便计算过程，将 $f(\omega)$用二次多项式拟合，拟合公式为式（5.52）。例如，取 $\omega = 40$，50，60，计算对应的 $f(40)$、$f(50)$、$f(60)$，可以确定 p_1、p_2 和 p_3 值如式（5.53）。计算当 $f(\omega) = 0$ 时 ω 的取值，代入式（5.52），即可获得 ω 和 k。

$$f(\omega) = p_1\omega^2 + p_2\omega + p_3 \tag{5.52}$$

$$\begin{cases} p_1 = \dfrac{f(40) + f(60) - 2f(50)}{200} \\ p_2 = \dfrac{-11f(40) + 20f(50) - 9f(60)}{20} \\ p_3 = 15f(40) - 24f(50) + 10f(60) \end{cases} \tag{5.53}$$

同样从 NHTSA 的碰撞数据中随机选取 5 辆车的碰撞数据进行分析。将碰撞的胸部加速度转换成加速度和相对位移的关系曲线，通过最小二乘线性拟合得到各组约束系统的实际刚度。将拟合的约束系统等效刚度和通过式（5.52）计算得到的刚度记录在表 5.10 中，发现双台阶的计算结果和拟合结果较为近似，差别小于 5%，说明该方法得到的约束系统刚度应该与实际设计更加接近。

表 5.10　双台阶波下实际拟合与理论计算约束系统刚度

项目	1	2	3	4	5
拟合	2079	2233	2561	2348	1872
计算	2096	2145	2515	2279	1871
误差/%	0.8	3.9	1.8	2.9	0.05

5.4.3　约束系统刚度的目标分解

约束系统的目标分解是主要约束子系统性能的解耦。约束系统的目标设定决定了目标分解的形式。分解后的约束系统刚度曲线与约束子系统及其主要参数之间存在着一定的对应关系，确定这种对应关系可以实现约束系统刚度与约束系统设计参数之间的参数互求，支持约束系统的正向设计。下面分别对第 4 章使用的三线性约束系统刚度和本节使用的梯形约束系统刚度的分解方式及参数求解进行介绍。

三线性约束系统刚度主要包括安全带和安全气囊两部分（这里不考虑转向管柱的作用）。定义三线性约束系统刚度的特征点以及特征参数如图 5.31 所示。

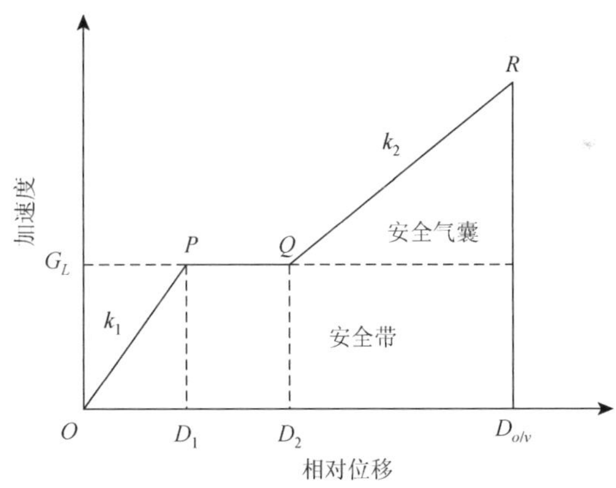

图 5.31　三线性约束系统刚度及特征参数示意图

图中 O、P、Q、R 是三线性约束系统刚度的特征点。其中 O 为碰撞发生点；P 为安全带限力装置作用点；Q 为安全气囊作用开始点；R 为最大相对位移点。OP 段对应安全带线性伸长阶段，OP 段斜率为安全带比刚度，用安全带线性比刚度 k_1 表示。其与安全带织带刚度关系如式（5.54）所示，其中 k_B 为安全带织带刚度，m_{chest} 为乘员胸部质量，该值取第 50 百分位 HybridIII假人胸部质量 16.8kg。

$$k_1 = \frac{k_B}{m_{\text{chest}}} \tag{5.54}$$

P 点之后由于限力装置作用安全带力将保持恒定，由安全带限力装置所产生的恒定加速度设为 G_L，将其称为限力加速度。限力加速度与安全带限力值对应关系如下式所示，其中 F_L 为安全带限力值。

$$G_L = \frac{F_L}{m_{\text{chest}}} \tag{5.55}$$

QR 段斜率表示安全气囊刚度，用安全气囊比刚度 k_2 表示，该值与安全气囊的充气质量、充气体积、泄气孔尺寸等参数相关。此处以调整泄气孔尺寸为例，通过调整泄气孔尺寸来控制安全气囊刚度。文献[4]指出泄气孔尺寸与安全气囊刚度存在近似线性的关系。图 5.32 是 S6 模型 10 组不同泄气孔尺寸在安全气囊作用下的乘员加速度曲线。图 5.33 是 10 组不同泄气孔尺寸的安全气囊提供的反力与乘员相对位移关系曲线，拟合得到不同泄气孔尺寸对应的安全气囊比刚度。

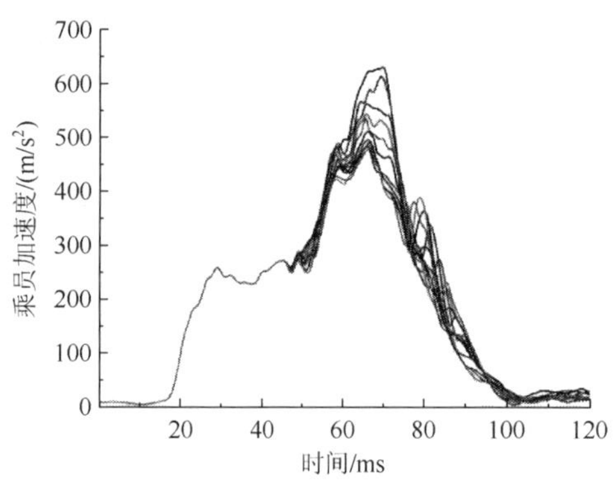

图 5.32　不同泄气孔尺寸下乘员加速度

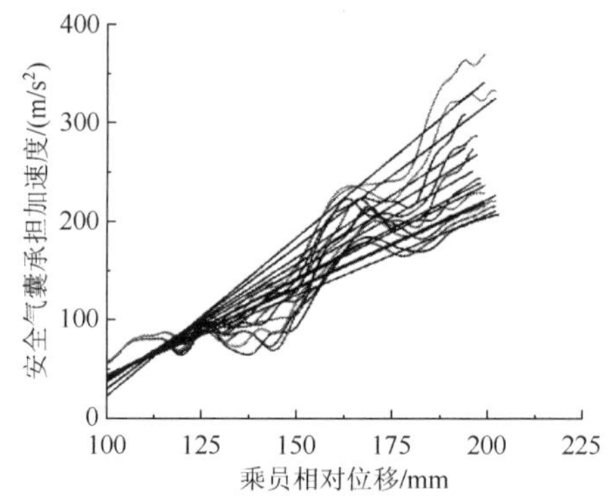

图 5.33　安全气囊作用部分的约束刚度曲线

安全气囊比刚度与泄气孔总面积关系如图 5.34 所示，安全气囊比刚度与泄气孔总面积之间存在近似线性的关系，如式（5.56），所以可通过改变泄气孔总面积调整气囊比刚度。

$$k_2 = -2.75 S_A + 300 \tag{5.56}$$

梯形约束系统刚度根据约束系统作用过程分解为安全带、安全气囊和转向管柱三部分，如图 5.35 所示。一部分是安全带作用过程，加速度以斜率 k 随相对位移线性增长，当安全带力达到限力值后加速度保持定值不变；另一部分是气囊的作用过程，同样以斜率 k 随相对位移线性增长；还有一部分是吸能转向管柱的作用过程，当气囊力达到转向管柱压溃力后维持恒定的压溃力，使加速度保持不变。并且假设三部分作用过程相互独立，在图中表现为在安全带达到限力

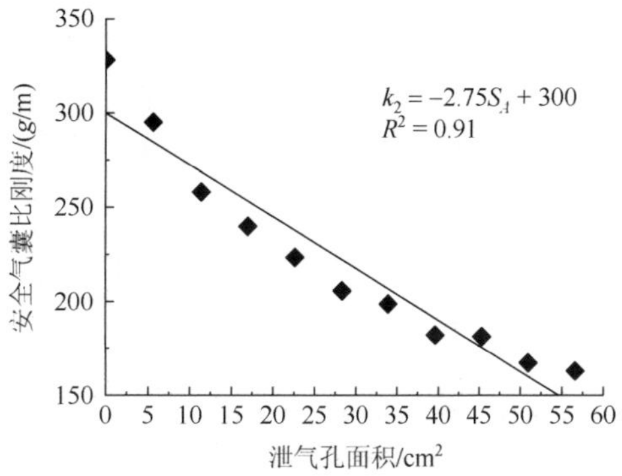

图 5.34　安全气囊比刚度与泄气孔总面积的关系

时刻恰与气囊接触，即 D_A 与 D_B 重合，气囊力达到转向管柱压溃力后不再考虑气囊的作用效果。

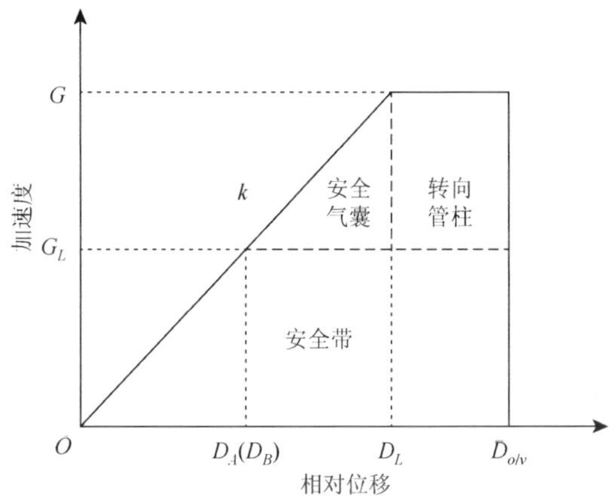

图 5.35　梯形约束系统刚度曲线分解图

D_B：安全带达到限力时对应的相对位移；D_A：与气囊接触时对应的相对位移；D_L：吸能式转向管柱触发时对应的相对位移；$D_{o/v}$：最大相对位移；G_L：限力值对应的加速度响应；G：目标加速度响应；k：约束系统刚度

由图 5.35，安全带与安全气囊具有相同的等效刚度，可以通过式（5.54）求得安全带的织带刚度，另外可以通过式（5.55）求得安全带限力。泄气孔总面积可以参考式（5.56）的求解过程获得。吸能转向管柱的设计参数主要为转向压溃力 F_C，当转向柱受到的力达到限值 F_C 时，转向柱结构将保持恒定力 F_C 进行压溃吸能，从而减小对驾驶员的冲击。转向压溃力 F_C 的计算式为

$$F_C = m_{\text{chest}}(G - G_L) \tag{5.57}$$

如果采用其他简化形式的约束系统刚度作为目标曲线，还可以有不同的目标分解方式，但特征参数的求解方法可以互相参考。邱少波在文献[4]中提出了双梯

形约束系统刚度图解分析方法，从能量分配的角度进行约束子系统的外特性设计，并对安全带刚度、气囊泄气孔尺寸和点火时间，以及转向柱的设计进行研究，结合经验数据，实现约束系统刚度与约束系统特征参数之间的互求。

参 考 文 献

[1] Bois P D，Chou C C，Fileta B B，et al. Vehicle Crashworthiness and Occupant Protection[M]. Michigan：American Iron and Steel Institute，2004.

[2] Malen D E. Fundamentals of automobile body structure design[R]. SAE Technical Paper，2011.

[3] 唐洪斌. 乘用车正面抗撞性设计方法研究[D]. 长春：吉林大学，2008.

[4] 邱少波. 汽车碰撞安全工程[M]. 北京：北京理工大学出版社，2016.

[5] Qi C，Ma Z D，Kikuchi N，et al. A magic cube approach for crashworthiness design[R]. SAE Technical Paper，2006.

[6] Hu S，Ma Z D，Hu C Q P. Magic cube approach application on crashworthiness design of front rail in front angle impact[C]. International Conference on Mechatronics and Automation. Changchun，2009：3521-3526.

[7] Berger C E M，Datta H K，Horrocks B R. Magic Cube Approach Application on Crashworthiness Design of Front Rail for Weight Reduction[J]. Advanced Materials Research，2011，(308-310)：668-673.

[8] 张君媛，王海，马迅. 轿车侧面抗撞性简化参数化模型的建立及应用[J]. 吉林大学学报：工学版，2009，39（2）：300-304.

[9] 刘德岐. 商用车驾驶室抗撞性简化模型建立及应用[D]. 长春：吉林大学，2009.

[10] Zhang J，Chen G，Tang H. Parametric design and structural improvements to optimize frontal crashworthiness of a truck[J]. International Journal of Crashworthiness，2011，16（5）：501-509.

[11] 高云凯，吴锦妍，孙芳，等. 轿车车身概念设计阶段采用梁板混合模型的正面耐撞性仿真研究[J]. 汽车工程，2011，33（8）：657-663.

[12] Zhang J，Wu L，Chen G，et al. Bending collapse theory of thin-walled twelve right-angle section beams[J]. Thin-Walled Structures，2014，85：45-55.

第 6 章　车体抗撞性结构的断面设计

6.1　薄壁梁抗撞性的理论模型

汽车车身薄壁梁结构的断面形式和材料选择是整车性能特别是整车抗撞性的重要影响因素。材料和结构的能量耗散特性对薄壁梁在冲击载荷下的抗撞性起着至关重要的作用。薄壁梁抗撞性理论模型（crashworthiness theoretical model of the thin-walled beam）是通过对结构变形机制和破损模式（也称为能量耗散机制）的深入分析和适度简化，得到其力学特性（一般是压溃力和弯曲力矩）与截面材料、尺寸和厚度等关系的理论表达式。薄壁梁的理论模型反映了薄壁梁的吸能机理，同时能够对薄壁梁结构的抗撞性能（轴向反力和弯曲力矩）进行快速预测，支持车身结构断面的正向设计。

在一个较长的距离内产生一个近似方波形式的力是通过一种具有薄壁截面的柱状物变形压溃来实现的[1]。如图 6.1（a）所示，一个薄壁方形截面承受着轴向压缩载荷 F。随着压缩载荷的增大，截面达到了屈服极限，薄壁屈服，如图 6.1（b）所示。随着载荷的继续增加，当载荷超过了已经屈服的薄壁结构所能承受的极限载荷时，截面产生了褶皱，并且载荷开始下降，如图 6.1（c）所示。一旦产生的褶皱向下移动，则载荷又开始增加，如图 6.1（d）所示。这个过程不断重复，形成了一个“手风琴”的模式，如图 6.1（e）和（f）所示，并产生了一个载荷-变形曲线，曲线在一个平均压溃反力值周围波动，如图 6.2 所示。这个物理行为对于能量吸收非常有益，因为它可以产生一个很高的具有方波特征的平均压溃反力值。

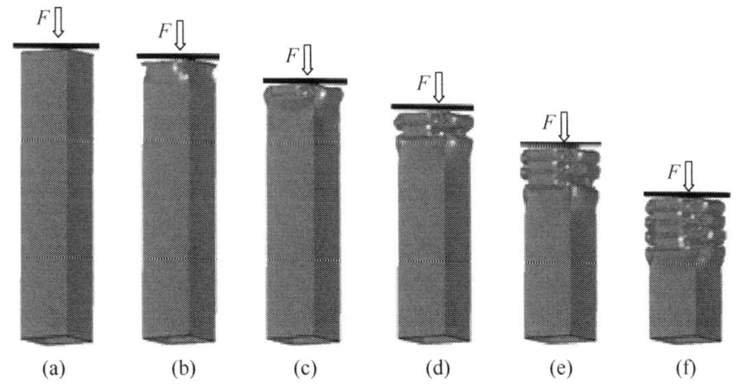

图 6.1　薄壁梁受到轴向载荷作用

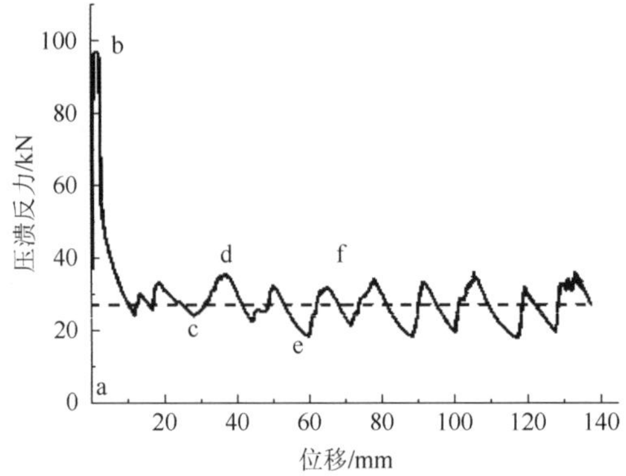

图 6.2　薄壁梁压溃反力-位移曲线

国外学者自 20 世纪 60 年代开始进行了大量的圆形和矩形截面薄壁梁(rectangular section thin-walled beam）压溃和弯曲的实验和理论分析：Wierzbicki、Abramowicz 和 Jones 根据实验结果将方管失效分为对称和非对称混合失效模式，并对矩形截面薄壁梁的压溃理论模型进行力学简化（将该简化模型称为超折叠单元），推导了矩形和正方形截面薄壁梁压溃力的表达式，并通过大量实验结果验证了表达式的有效性[2-4]。White 等[5]利用超折叠单元的概念，推导了单帽形和双帽形（以矩形截面为基础，添加翻边的截面形式，如图 6.3 所示）的薄壁梁平均压溃反力表达式。Abramowicz[6]对已有的压溃理论进行总结，并采用整合了薄壁梁压溃理论的软件进行纵梁概念设计。

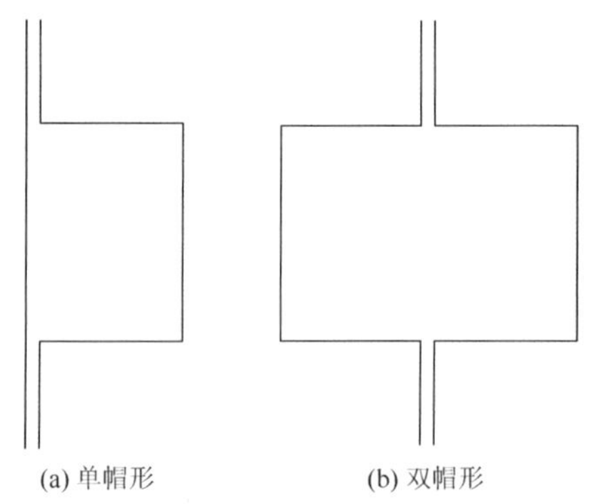

图 6.3　单帽形和双帽形截面

此外，Abramowicz 和 Wierzbicki[7]提出了一个简化的失效机制来分析矩形截面薄壁梁的弯曲。Kecman 则使用有效翼缘宽度的概念，得到了薄壁梁弯曲破坏发生时的最大弯矩方程[8]，并对上述简化模型进行了改进，与实验结果更为贴合[9]。

研究还发现采用填充和包裹的方式可以增加薄壁梁的抗撞性[10, 11]。其中，蜂窝材料和泡沫材料广泛应用于填充结构。填充物和管壁之间的相互作用进一步增强了能量吸收能力，使结构具有轻量化的可能。而复合材料具有高比强度、高比刚度及良好的能量吸收性能。根据与填充薄壁梁相同的原理，复合材料与金属管结合起来，也可以吸收更多的能量。

自 20 世纪 80 年代以来，国内外针对泡沫铝和蜂窝铝填充的圆形和矩形截面薄壁梁压溃和弯曲理论有了更深入的研究，获得了一系列的与试验结果比较吻合的半理论、半经验的解析表达式[12-15]。复合材料相关方向的研究起步较晚，目前相关研究基本集中于圆形截面薄壁梁[16-18]。

为了达到更高的抗撞性和轻量化要求，多直角截面（在不包括翻边形成的直角的前提下，由四个以上直角组成的截面）薄壁梁在近几年获得越来越多的关注。由于增加了截面的直角数量，多直角截面薄壁梁（multi right angles section thin- walled beam）在压溃工况中相对矩形和正方形截面将会有更高的吸能效率。其中，十二直角截面具有对称性且相对矩形截面具有更多的轻量化空间，目前在汽车车身中已有初步应用。

Bernal 等[19]曾对车身十二直角截面的纵梁进行了有限元仿真分析，并将复合材料十二直角截面、铝合金十二直角截面和钢材十二直角截面与矩形截面薄壁梁的比吸能进行了对比。后续研究表明，十二直角截面薄壁梁可产生的平均压溃力约为矩形截面的两倍。即相同质量下，十二直角截面薄壁梁的压溃力大于矩形截面薄壁梁；相同压溃力情况下，十二直角截面薄壁梁的质量小于矩形截面薄壁梁。

本书利用在矩形截面压溃力推导中提出的包括五个基本能量耗散机制的超折叠单元，推广至多直角截面薄壁梁的压溃力表达式的推导，获得了多直角截面薄壁梁材料和截面特性与压溃反力的解析关系，以十二直角截面为特例，初步确定了十二直角截面薄壁梁压溃力表达式的适用范围；在弯曲力矩表达式的推导中，除了采用矩形截面弯曲力矩推导中提出的固定塑性铰线和滚动铰线的概念还引入了拉伸变形机制，建立了十二直角截面薄壁梁 y 向和 z 向纯弯变形的简化力学模型，获得了十二直角截面薄壁梁（twelve-right angles section thin-walled beam）材料和截面特性与弯曲力矩的关系，并初步确定了十二直角截面薄壁梁弯曲力矩表达式的适用范围。

本书将多直角截面薄壁梁抗撞性的研究扩展到泡沫铝填充的情况，研究了泡沫铝填充的多直角截面薄壁梁的压溃和弯曲理论。压溃理论在泡沫铝和薄壁梁压溃反力之和的基础上，考虑了泡沫铝对有效压溃长度的影响及泡沫铝和薄壁梁之间相互作用产生的能量耗散，获得了泡沫铝材料、多直角截面薄壁梁材料和截面特性与压溃反力之间的解析关系；弯曲理论中分别考虑了泡沫铝和十二直角截面薄壁梁的弯曲，采用有限元分析结果拟合的办法考虑薄壁梁和泡沫铝在不同转角范围内对弯曲特性贡献程度的不同，获得由薄壁梁截面形式、尺寸、材料和泡沫铝材料特性表达的弯曲力矩理论表达式。

考虑到结构件轻量化的要求，本书还对纤维加强的复合材料包裹的多直角截面薄壁梁的压溃和弯曲理论进行了初步探索。在简化的复合材料特性基础上，将复合材料特性和金属材料特性代入两种材料黏接情况下的塑性极限弯矩和极限屈服膜应力的表达式并应用于多直角截面薄壁梁的压溃理论中，综合考虑添加复合材料对有效压溃距离的影响，获得复合材料包裹的多直角截面薄壁梁的压溃力表达式；将修正后的塑性极限弯矩和极限屈服膜应力代入十二直角截面薄壁梁的弯曲力矩表达式中，获得了复合材料包裹的十二直角截面薄壁梁的弯曲力矩。

6.2　矩形截面薄壁梁理论模型与解析表达

6.2.1　矩形截面薄壁梁理论模型

1. 压溃模式的解析表达

Abramowicz 等将薄壁梁压溃变形过程中的重复折叠模式简化为两种基本模式的折叠单元，Type Ⅰ 模式和 Type Ⅱ 模式，图 6.4 为折叠模型和整个薄壁梁之间的关系[3, 4, 6]。一个矩形截面可以划分为 4 个超折叠单元。薄壁梁在压溃变形中通常出现 5 种能量耗散机制，如图 6.4 中的数字 1～5 所表示，1 为环形面变形；2 为沿固定塑性铰线的弯曲变形；3 为倾斜铰线的变形；4 为锥形面的扩展；5 为锥形面的弯曲。Type Ⅰ 模式的能量耗散机制组合为（1，2，3），Type Ⅱ 模式则为（2，4，5）。综合考虑两种模式，对原有 5 种能量耗散机制进行修正，建立了如图 6.5 所示的超折叠单元（superfolding element，SE）模型。该模型包括 5 种

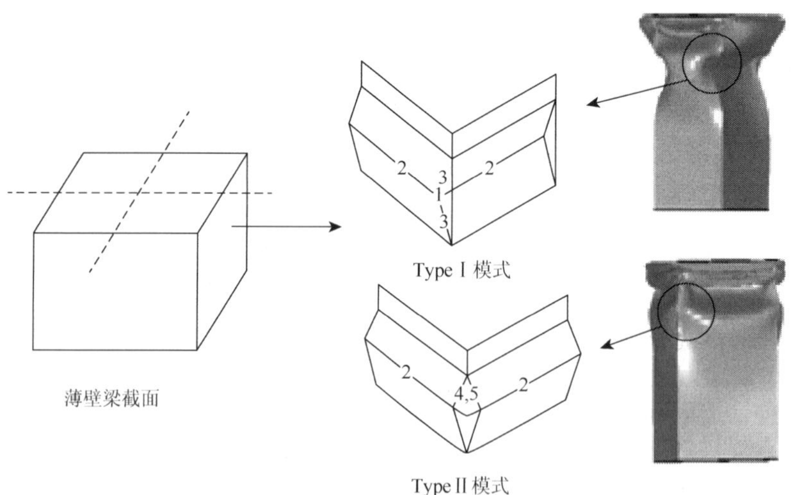

图 6.4　折叠模型和薄壁梁之间的关系

变形模式、两个变形阶段，折叠角度在不同范围内时（即不同变形阶段），类似于 TypeⅠ和 TypeⅡ的模式分别起主要控制作用。

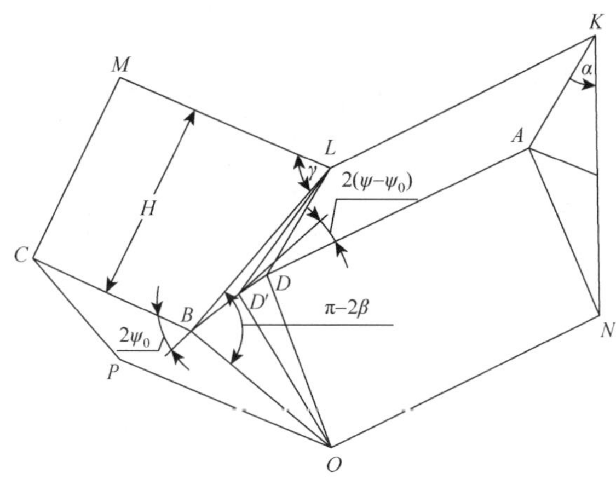

图 6.5　一个超折叠单元模型[7]

矩形截面薄壁梁压溃 $2H$ 距离时，考虑超折叠单元的有效压溃距离 δ_{ef}，可得平均压溃反力所做的功为

$$F_m\delta_{ef}=4\sum_{i=1}^{5}E_i$$

$$=4M_0\left\{16I_1\frac{Hb}{h}+4\alpha_0 c+4I_3\frac{H^2}{b}+8I_4\frac{H^2}{h}+2HI_5\right\} \tag{6.1}$$

由于超折叠单元的中心角为直角，$2\psi_0=\pi/2$，当最终折叠角度 α_0 为 $\pi/2$ 时，$I_1=0.53$，$I_3=1.15$，$I_4=I_5=0$；c 为折叠单元两翼边长之和，即矩形截面周长的 1/4；H 为折叠半波长；$M_0=\frac{1}{4}\sigma_0 h^2$ 为单位塑性极限弯矩，σ_0 为等效流动应力，h 为薄壁梁壁厚；b 为环形面弯曲半径 。

进一步可得

$$\frac{F_m}{M_0}=4\left\{8I_1\frac{b}{h}+2\alpha_0\frac{c}{H}+2I_3\frac{H}{b}+4I_4\frac{H}{h}+I_5\right\}\frac{2H}{\delta_{ef}} \tag{6.2}$$

实际上单元的有效压溃距离 δ_{ef} 小于 $2H$[8]，如式（6.3）所示：

$$\delta_{ef}/2H=0.73 \tag{6.3}$$

根据能量最小原理，即

$$\frac{\partial F_m}{\partial H}=0\,,\quad \frac{\partial F_m}{\partial b}=0 \tag{6.4}$$

最终，得到矩形截面薄壁梁的平均压溃反力为

$$\frac{F_m}{M_0} = 52.22\left(\frac{c}{h}\right)^{\frac{1}{3}} \tag{6.5}$$

2. 弯曲模式的解析表达

Kecman 和 Suthurst[9]采用有效翼缘的概念首先推导矩形截面薄壁梁最大弯曲力矩的表达式，对于宽 a、高 b、厚 h 的矩形截面薄壁梁，受压翼缘的临界应力为

$$\sigma_{\mathrm{cr}} = 0.9E\left(\frac{h}{a}\right)^2\left(5.23 + 0.16\frac{a}{b}\right) \tag{6.6}$$

式中，E 为弹性模量。

根据临界应力 σ_{cr} 和材料屈服强度 σ_y 的关系，薄壁梁最大弯曲力矩表达式为：当 $\sigma_{\mathrm{cr}} < \sigma_y$ 时，

$$M_{\max} = \sigma_y hb^2 \frac{2a + b + a\left(0.7\dfrac{\sigma_{\mathrm{cr}}}{\sigma_y} + 0.3\right)\left(3\dfrac{a}{b} + 2\right)}{3(a+b)} \tag{6.7}$$

当 $\sigma_y < 2\sigma_{\mathrm{cr}}$ 时，

$$M_{\max} = M_p = \sigma_y h[a(b-h) + 0.5(b-2h)^2] \tag{6.8}$$

当 $\sigma_y < \sigma_{\mathrm{cr}} < 2\sigma_y$ 时，

$$M'_p = \sigma_y hb\left(a + \frac{b}{3}\right) M_{\max} = M'_p + (M_p - M'_p)\frac{\sigma_{\mathrm{cr}} - \sigma_y}{2\sigma_y} \tag{6.9}$$

考虑汽车安全构件弯曲变形常见弯曲角度范围（5°～10°）至（25°～35°）的情况，将矩形截面薄壁梁纯弯曲时的破损机构简化为固定塑性铰和移动塑性铰组成的一个理论模型，如图 6.6 所示，得到的理论结果与实验的一致性很好。模型

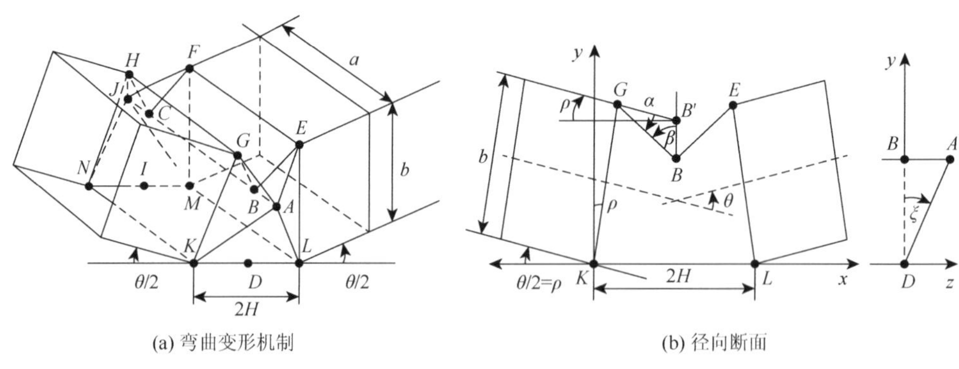

(a) 弯曲变形机制 (b) 径向断面

图 6.6 矩形截面的薄壁梁弯曲变形机制及径向断面

中假设弯曲引起的壁的变形只沿直的铰线发生，壁是不可伸长的。变形区域长度为 $2H$，转角为 $\theta(\rho=\theta/2)$。由平行于轴线过 A 点纤维的连续性得到，$2H=a$ 或 $2H=b$，根据能量最小化原理，应取较小的 H 值。

固定塑性铰线（EF、GH；BC；AB、CJ；BG、BE、CH、CF；GK、EL、HN、FM；KN、LM；KL、MN）吸收的能量 W_{Si} 等于单位塑性极限弯矩 M_0 乘以塑性铰的铰线长度和绕铰线的转动角度。A 点与 J 点运动而形成的滚动塑性铰线（GA、EA、KA、LA；HJ、FJ、MJ、NJ）吸收的能量 W_{Rj} 等于 M_0 乘以铰线扫过的面积和平均曲率。

$$W_{Si}=M_0\cdot l_i\cdot\omega_i \tag{6.10}$$

$$W_{Rj}=M_0\cdot S_j\cdot\frac{1}{r} \tag{6.11}$$

经验性地假定滚动半径 r：

$$r=r(\theta)=\left(0.07-\frac{\theta}{70}\right)H \tag{6.12}$$

弯曲所耗散的总能量为各部分能量之和：

$$W=\int M(\theta)\,\mathrm{d}\theta=\sum_{i=1}^{n}W_{Si}+\sum_{j=1}^{m}W_{Rj} \tag{6.13}$$

因此转角对应的弯矩 $M(\theta)$为

$$M(\theta)=\frac{\mathrm{d}W}{\mathrm{d}\theta} \tag{6.14}$$

6.2.2　泡沫铝填充的矩形截面薄壁梁压溃理论模型及其解析表达

1. 平均压溃力表达式推导

Reid 等[20]认为泡沫铝填充矩形截面薄壁梁发生压溃时，由于泡沫铝的密实应变，最终的折叠角度将不再是 $\pi/2$，可以通过泡沫的密实应变 ε_d 确定折叠角度 α_0，如式（6.15）所示，δ 为缩短的长度，折叠机制如图 6.7 所示。

$$\varepsilon_d=\delta/2H=(1-\cos\alpha_0) \tag{6.15}$$

因此，在矩形空管压溃反力公式的基础上进行修正，得到当泡沫铝的平台应力为 σ_f，最终折叠角度为 α_0 时泡沫铝填充的矩形截面薄壁梁的平均压溃力为

$$F_{\mathrm{mf}}=F_m(\alpha_0)+\sigma_f c^2 \tag{6.16}$$

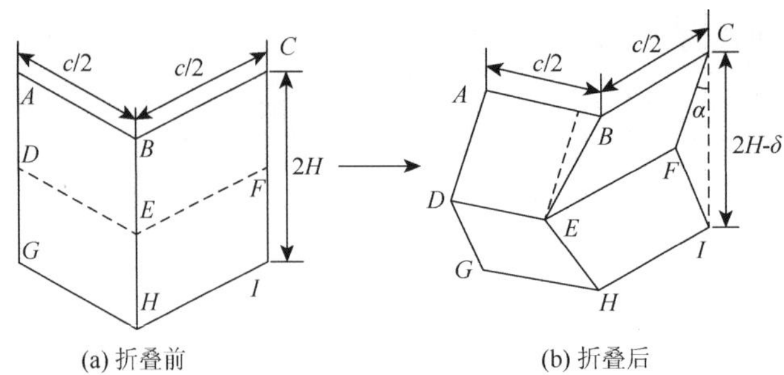

(a) 折叠前　(b) 折叠后

图 6.7　折叠机制

但该公式未考虑到薄壁梁与泡沫铝相互作用力所做的功及其消耗的能量。

本书将泡沫铝填充的矩形截面薄壁梁（foam aluminum filled rectangular section thin-walled beam）压溃时的能量耗散分成三部分，即薄壁梁吸能量 E_{beam}、泡沫铝吸能量 E_{foam} 和薄壁梁与泡沫铝的相互作用吸能量 E_{int}。

$$E_{\text{filled}} = E_{\text{beam}} + E_{\text{foam}} + E_{\text{int}} \tag{6.17}$$

相应的平均力压溃公式：

$$F_{\text{filled}} = F_{\text{beam}} + F_{\text{foam}} + F_{\text{int}} \tag{6.18}$$

式中，

$$F_{\text{foam}} = \sigma_f S \tag{6.19}$$

式中，S 为泡沫铝的截面积；σ_f 为泡沫铝的平台应力。

泡沫铝的密实应变可由泡沫铝密度 ρ_f 和泡沫铝基础材料密度 ρ_s 通过式（6.20）进行估计[21, 22]。

$$\varepsilon_d = 1 - 1.4\left(\frac{\rho_f}{\rho_s}\right) \tag{6.20}$$

当泡沫铝被压实时，缩短的长度 δ 和超折叠单元的折叠角度 α_0 可由式（6.21）求出。

$$\delta = 2H\varepsilon_d\,,\quad \alpha_0 = \arccos(1-\varepsilon_d) \tag{6.21}$$

压溃时，薄壁梁向内压缩泡沫铝，产生相互作用力，当压实时，设泡沫铝的接触压缩长度为 L，如图 6.8 所示，选取其中一段长度为 dl 的相互接触面积作为研究对象，如图 6.9 所示。

作用在该段接触面积上的相互作用力为

$$F_{\mathrm{d}l} = \sigma_f \cdot S_{\mathrm{d}l} = \sigma_f c\mathrm{d}l \tag{6.22}$$

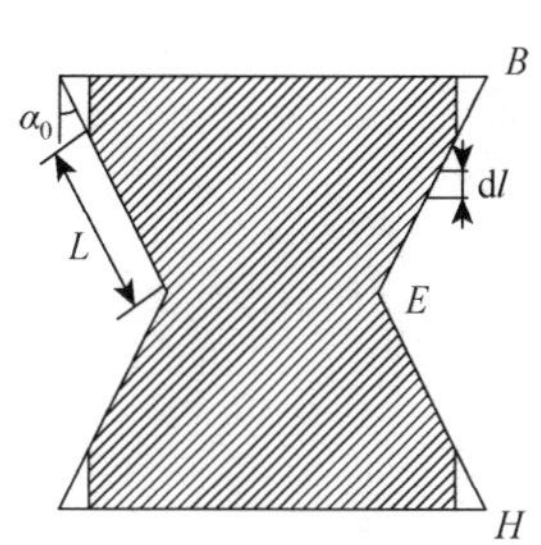

图 6.8　泡沫铝压实时的变形示意图

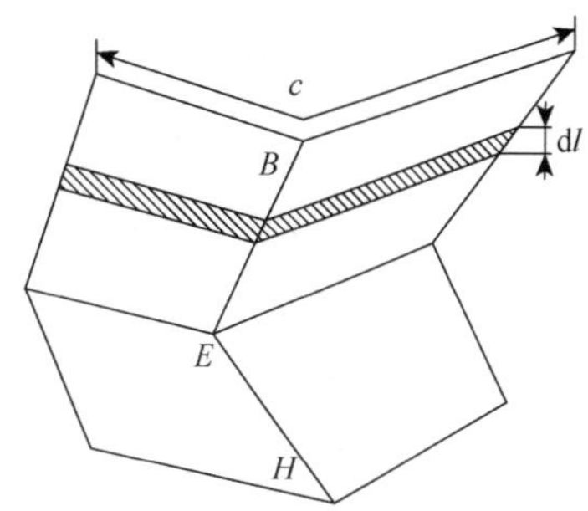

图 6.9　长度为 dl 的相互接触面积

作用力在该段面积上产生的位移如图 6.10 所示。

$$D_{dl} = l\sin\alpha_0 \tag{6.23}$$

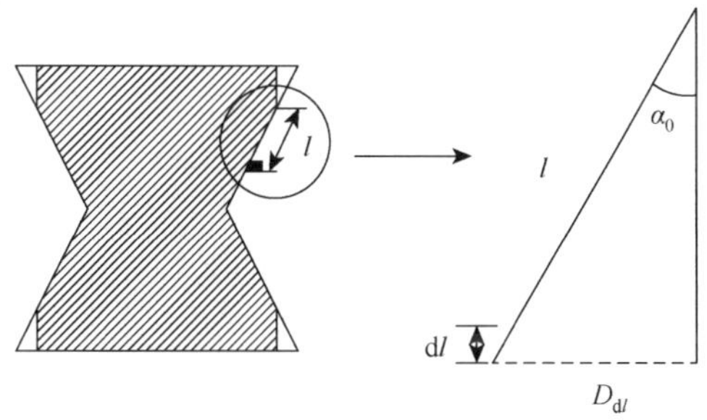

图 6.10　位移示意图

则可得相互作用力在长度为 dl 的接触面积上所做的功为

$$E_{dl} = F_{dl} \cdot D_{dl} = \sigma_f lc\sin\alpha_0 dl \tag{6.24}$$

进一步积分得到在一个超折叠单元中，压缩长度为 L 的接触面积上，相互作用力所做的功为

$$E_l = \int_0^L \sigma_f lc\sin\alpha_0 dl \tag{6.25}$$

由于相互作用力对薄壁梁和泡沫二者均做功且相等，泡沫铝挤压呈上下对称形式，对上下截面做功也相等，对于含有四个超折叠单元的矩形截面来说，相互作用力所做的功为

$$E_{int} = 2\times 2\times 4E_l = 16\sigma_f\int_0^L lc\sin\alpha_0 dl = 8\sigma_f L^2 c\sin\alpha_0 \tag{6.26}$$

对于式（6.26）中的接触压缩长度 L，填充不同平台应力的泡沫铝材料，薄壁梁与泡沫铝接触所形成的 L 会不同，如图 6.11 所示。

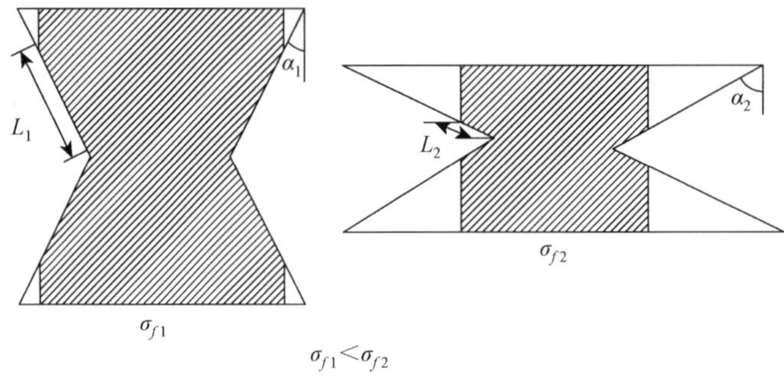

图 6.11　不同的压缩长度

本书依据文献[23]研究平台应力为 1.0～12.5MPa 范围的泡沫铝填充薄壁梁压溃性能。对比分析多组有限元计算结果，发现 L 与泡沫铝平台应力呈线性关系，且当填充泡沫铝的平台应力为 1.0MPa 时，L 可取为 $0.9H$；当填充平台应力为 12.5MPa 的泡沫铝时，接触压缩长度 L 几乎为 0。因此通过拟合近似得到 L 与 σ_f 的关系式如式（6.27）所示：

$$L = -0.078H\sigma_f + 0.978H \tag{6.27}$$

则由相互作用产生的平均力为

$$F_{\text{int}} = \frac{E_{\text{int}}}{2H\varepsilon_d} \tag{6.28}$$

由于泡沫铝填充的作用，α 的上限由空薄壁梁时的 $\pi/2$ 变为 α_0，因此对薄壁梁的压溃力进行修正，得到泡沫铝填充薄壁梁平均压溃反力为

$$F_{\text{filled}} = F_m(\alpha_0) + F_{\text{foam}} + F_{\text{int}} \tag{6.29}$$

2. 泡沫铝填充低碳钢矩形截面薄壁梁压溃模型的验证

先以文献[24]中进行的泡沫铝填充低碳钢薄壁梁轴向压溃实验为基础进行解析式验证。实验试件为低碳钢方管填充泡沫铝，薄壁梁材料为 RSt37，材料参数如表 6.1 所示，正方形截面外侧边长为 40mm，壁厚为 1.4mm，长度为 150mm，填充 MEPURA 泡沫铝，基础材料为 AlMg0.6Si0.3T1，密度为 0.52g/cm^3，泡沫铝材料应力-应变曲线如图 6.12 所示。实验采用压溃加载工况，样件两端都没有约束，在两个平板之间轴向压缩，加载速度为 1mm/s。实验中薄壁梁变形如图 6.13 所示。

表 6.1　RSt37 应力应变数据

塑性应变/%	RSt37 塑性应力/MPa
0.0	251
2.4	264

续表

塑性应变/%	RSt37 塑性应力/MPa
4.9	295
7.4	316
9.9	326
12.4	334
14.9	336
17.4	339

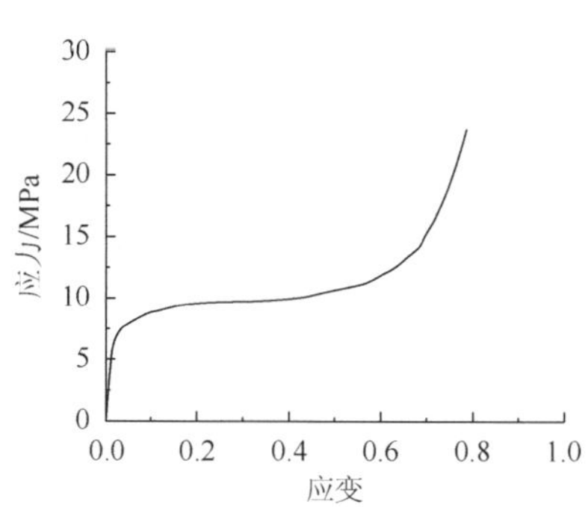

图 6.12　MEPURA 泡沫铝材料单向压缩应力-应变曲线

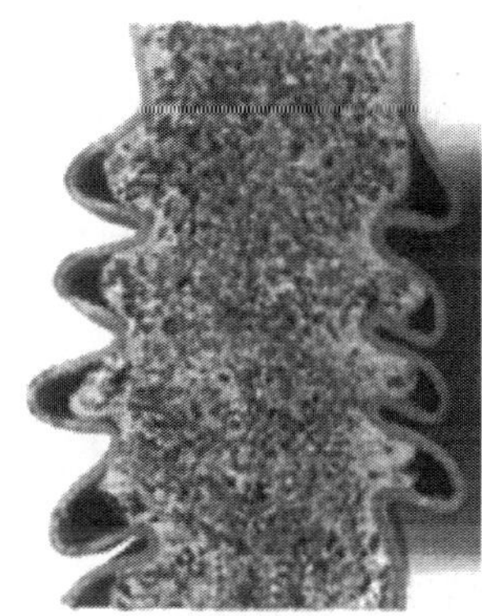

图 6.13　实验中薄壁梁的变形图

将实验试件的相关参数代入本书泡沫铝填充薄壁梁平均压溃反力理论公式（6.19），其中 $h = 1.4\text{mm}$，$\rho_f = 0.52\text{g/cm}^3$，$\rho_s = 2.7\text{g/cm}^3$，等效流动应力 σ_0 可由表达式（6.30）求出[23]。其中 σ_u 为材料的极限应力，此时 $\sigma_u = 339\text{MPa}$，ε_u 为极限应力对应的应变，此时 $\varepsilon_u = 0.174$，n 为材料的硬化因子，硬化因子与应力应变的关系如式（6.31）[23]所示。

$$\sigma_0 - 2.23^n \frac{\sigma_u}{n+1}\left[\frac{2}{n+2}\right]^{2/3}\left[\frac{h}{c}\right]^{4n/9} \tag{6.30}$$

$$\sigma = \sigma_u \left[\frac{\varepsilon}{\varepsilon_u}\right]^n \tag{6.31}$$

应用理论表达式求得的泡沫铝填充低碳钢矩形截面薄壁梁平均压溃反力为 44.8kN。将理论结果与实验结果对比，如图 6.14 所示，实验平均力为 45.5kN，理论结果相对实验相差约 1.5%。

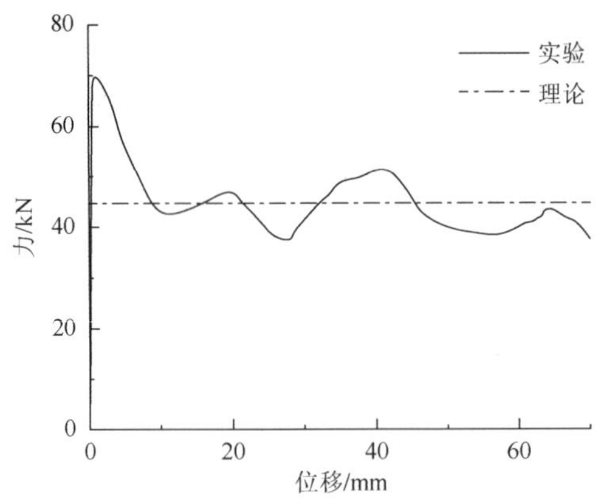

图 6.14　理论和实验压溃反力对比

3. 泡沫铝填充铝合金矩形截面薄壁梁压溃模型的实验验证

本节再以文献[23]中进行的各种密度泡沫铝填充的铝合金薄壁梁轴向压溃实验为基础，进行理论模型验证。薄壁梁材料为 AA6060 T4，材料参数如表 6.2 所示，填充材料为 Hydro 泡沫铝。由于式（6.29）推导中采用的泡沫铝平台应力范围为 1.0～12.5MPa，因此本书选取泡沫铝材料位于该平台应力范围内的压溃实验作为验证实验。其中，未考虑发生破裂的实验数据，且同一截面尺寸、壁厚和泡沫密度进行的重复实验得到的压溃力取平均值。

表 6.2　AA6060 T4 应力应变数据

塑性应变/%	AA6060 T4 塑性应力/MPa
0.0	80
2.4	115
4.9	139
7.4	150
9.9	158
12.4	167
14.9	171
17.4	173

实验试件相关参数 c、h、σ_u、ρ_f和 σ_f的取值如表 6.3 所示，n 和 σ_0的取值由式（6.30）、式（6.31）求出。将这些参数代入理论公式中可求出泡沫铝填充铝合金矩形截面薄壁梁的平均压溃反力。

表 6.3　实验和理论计算对比

序号	铝合金薄壁梁			泡沫铝		平均压溃力		
	c/mm	h/mm	σ_u/MPa	ρ_f/(g/cm^3)	σ_f/MPa	实验/kN	理论/kN	误差/%
1	80	1.88	170	0.19	1	31.9	31.7	−0.6
2	80	1.88	170	0.24	1.8	43.9	41.2	−6.2
3	80	1.88	170	0.35	4.6	68	65.5	−3.7
4	80	1.88	170	0.34	4.3	63.4	63.4	0
5	80	1.88	170	0.31	3.4	58.3	56.6	−2.9
6	80	1.0	170	0.22	1.4	22.5	22.3	−0.9
7	80	1.88	170	0.36	4.8	66.3	66.8	0.8
8	80	1.0	170	0.35	4.5	43.7	47.7	9.2
9	80	1.88	170	0.53	12.5	110	104	−5.5
10	80	1.0	170	0.46	8.8	75.7	69.1	−8.7
11	80	1.96	170	0.26	2.2	42.7	47.2	10.5
12	80	1.96	170	0.3	3.1	57.6	55.9	−3.0
13	80	1.96	170	0.37	5.2	72.3	70.8	−2.1
14	100	2.85	230	0.22	1.4	79.9	84.9	6.3
15	100	1.95	230	0.26	2.2	63.5	69.1	8.8
16	100	1.95	243	0.24	1.8	62.5	64.2	2.7
17	100	2.85	230	0.33	3.9	118.2	125.2	5.9
18	100	2.85	230	0.26	2.2	103.9	99.9	−3.8
19	100	1.95	243	0.38	5.5	113.2	110	−2.8
20	100	2.85	230	0.37	5.2	154	139.1	−9.7
21	100	2.85	230	0.49	10.3	195.5	176.4	−9.8
22	160	3.75	171	0.29	2.8	197.7	205.5	3.9
23	160	3.75	171	0.28	2.8	191.5	204.7	6.9

图 6.15 为实验结果和理论计算所得压溃力的对比，图中数据点越接近中间斜率为 1 的直线，就说明理论计算得到的压溃力越接近实验所得压溃力。

由图 6.15 和表 6.3 可以看出，本书推导的泡沫铝填充薄壁梁压溃力表达式在应用于泡沫铝填充铝合金正方形截面时得到的平均压溃力与实验所得的数据十分接近，其中有大部分实验的误差在 7%以内（有 17 组），只有少数几组的误差在 10%左右（第 8、10、11、15、19、20 和 21 组），对比可得实验与理论的误差基本在 10%以内。

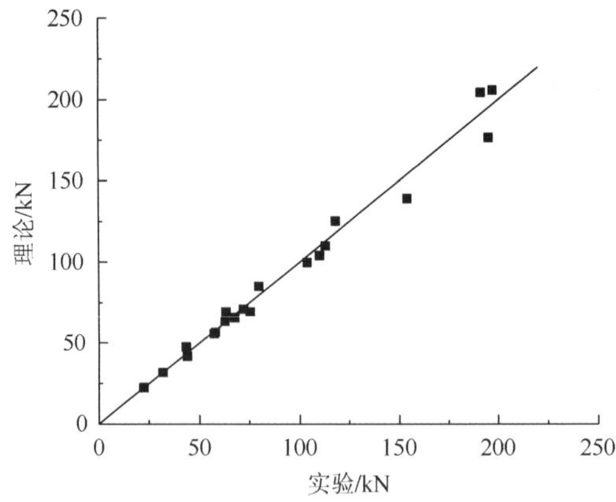

图 6.15 实验与理论结果的对比

6.3 多直角截面薄壁梁理论模型及力学性能的解析表达

6.3.1 多直角截面薄壁梁的吸能特点

当矩形截面薄壁梁受到压溃载荷时，在薄壁梁的拐角处会产生较大的应力[25]，即在拐角处的能量密度较高，应力分布如图 6.16 所示，因此，对于同样周长的薄壁梁结构，截面由更多拐角组成，就具有更强的抗压溃变形的能力，并在压溃过程中单位质量的吸能量更大。

研究发现，在压溃工况下，薄壁梁结构两壁夹角为 90°～120°时吸能效果最好，同时也发现，当边数大于 11 后，压溃性能基本趋于饱和[24, 26, 27]。也即当薄壁梁截面由四个以上直角组成时，在压溃工况中相对矩形和正方形截面将会有更高的吸能效率。

本书定义截面在不包括翻边形成的直角的前提下，由四个以上直角组成的截面为多直角截面，即单帽形和双帽形不属于多直角截面的范畴。

在多直角截面形式中，十二直角截面形式对称，且相对矩形具有较为明显的轻量化空间。根据有限元分析结果，当截面直角数增至 12 时，结构的单位质量吸能量约为矩形截面的两倍。本书将轴对称的十二直角截面形式作为多直角截面的特例加以研究。并定义十二直角的两个对称轴分别为 y 轴和 z 轴，如图 6.17 所示。

图 6.18 为有限元仿真中十二直角截面和矩形截面薄壁梁的截面及三点弯曲加载方式，两种截面周长均为 404mm、长宽比为 2.26（140/62）。两种薄壁梁产生绕 z 轴的弯曲变形，图 6.19 描绘了当厚度取值为 1.6mm、1.8mm、2.0mm、2.2mm、2.4mm、2.6mm、2.8mm 时，产生 90°弯曲时所吸收的能量，图中所示十二直角截面薄壁梁的吸能量大于矩形截面薄壁梁。

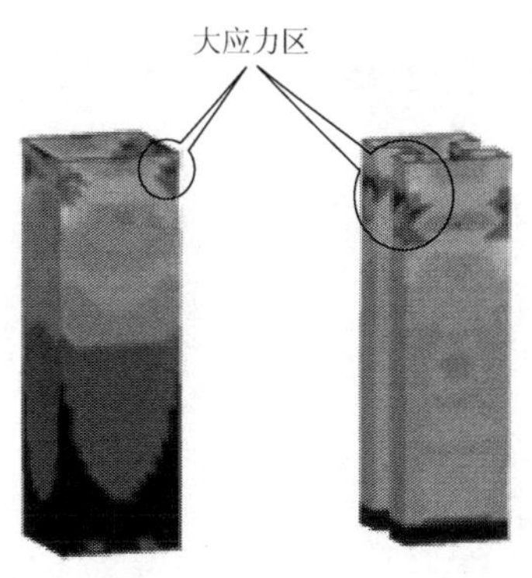

图 6.16　矩形截面薄壁梁和十二直角截面薄壁梁压溃应力分布

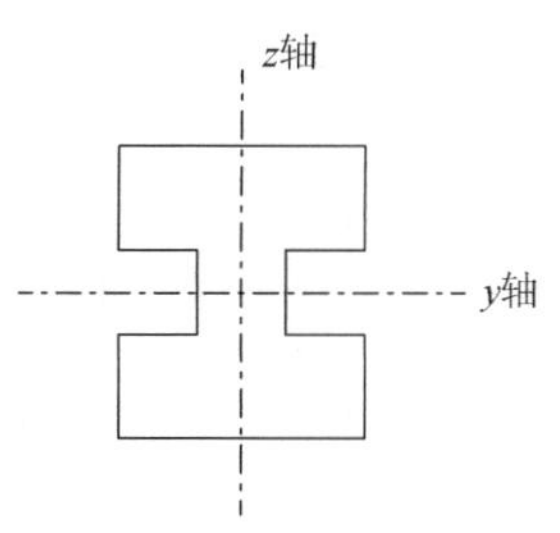

图 6.17　对称的十二直角截面

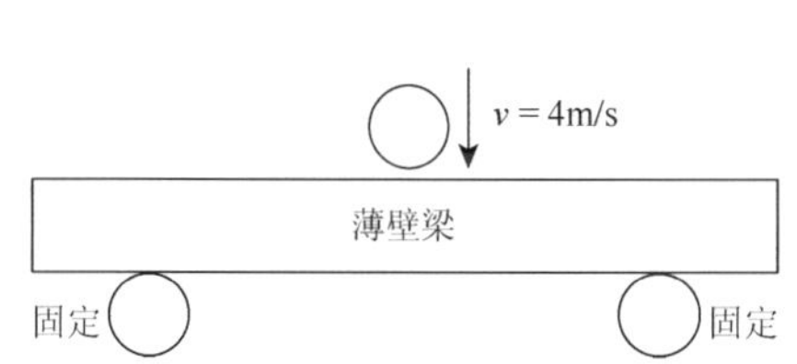

图 6.18　矩形截面和多直角截面薄壁梁截面的加载工况示意图

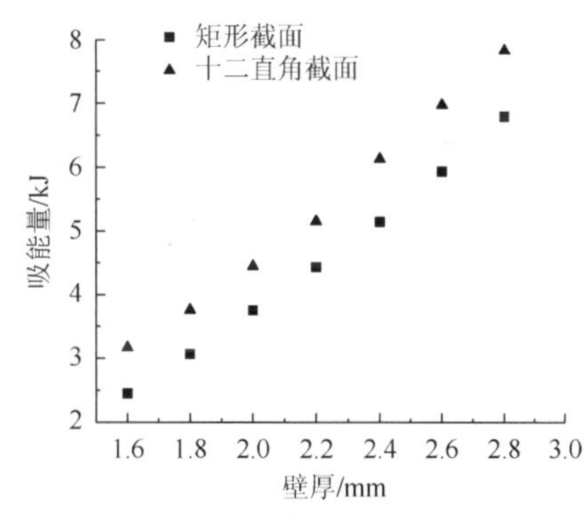

图 6.19　薄壁梁弯曲吸能量对比

多直角截面薄壁梁在压溃和弯曲工况下可以同时达到抗撞性和轻量化两个方面的目的。随着成型技术的不断提高，多直角截面薄壁梁结构的制造和应用成为可能。对于多直角截面的薄壁梁的理论研究可应用于车身结构截面设计的初级阶段，指导截面形状和尺寸的选取。

多直角截面和矩形截面都是由直角组成，多直角截面薄壁梁的压溃和弯曲理论研究可以利用矩形截面薄壁梁的压溃和弯曲理论研究方法。

6.3.2　十二直角截面薄壁梁理论模型及解析表达

1. 压溃模式解析关系推导及有限元验证

本书认为，由于直角超折叠单元的变形机制基本相同，当某截面由 m 个直角

组成时，薄壁梁可分解为 m 个中心角为直角的超折叠单元，则 m 个直角截面的薄壁梁平均反力可表示为

$$\frac{F_m}{M_0}=m\left\{8I_1\frac{b}{h}+2\alpha_0\frac{c}{H}+2I_3\frac{H}{b}+4I_4\frac{H}{h}+I_5\right\}\frac{2H}{\delta_{\mathrm{ef}}} \tag{6.32}$$

由能量最小原则即式（6.4）可求得多直角截面的 H、b，当超折叠单元的变形机制完全由准静态非拉伸模式控制时，

$$\frac{F_m}{M_0}=13.055m\left(\frac{l}{mh}\right)^{1/3} \tag{6.33}$$

式中，m 为截面中出现的直角数；l 为截面周长；h 为截面厚度。σ_0 为等效流动应力，其表达式为式（6.30）[28]。其中，σ_u 为材料的极限应力，ε_u 为极限应力对应的应变，n 为材料的硬化因子，其和应力应变的关系如式（6.31）。

因此，令 $m=12$ 即获得十二直角截面薄壁梁的压溃反力表达式。

本书建立压溃工况下的 RSt37 和 AA6060 T4 两种材料的十二直角截面薄壁梁有限元计算模型，十二直角截面薄壁梁截面尺寸如图 6.20 所示。薄壁梁长度为 330mm，有限元模型厚度在 1.0～2.4mm 每间隔 0.2mm 取值一次，加载方式和边界条件与 6.2.2 节中矩形截面薄壁梁压溃有限元分析模型相同（此处略去有限元建模和计算过程）。十二直角截面薄壁梁压溃理论表达式和有限元计算结果对比如图 6.21 和图 6.22 所示。

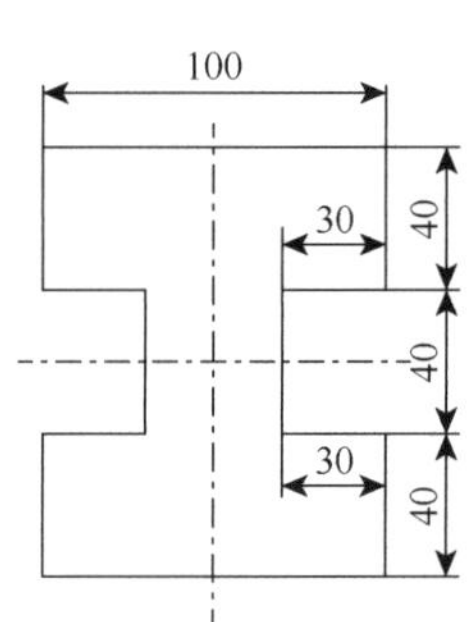

图 6.20　十二直角截面薄壁梁截面尺寸（单位：mm）

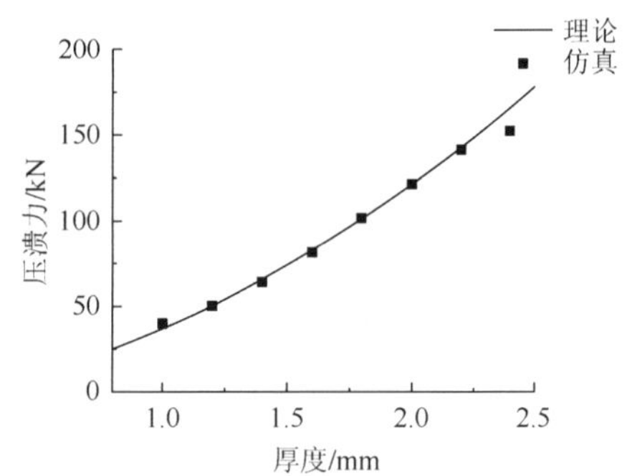

图 6.21　RSt37 材料压溃理论与有限元对比

由图 6.21 和图 6.22 可得，对于图 6.20 所示尺寸的十二直角截面，在本书提到的厚度范围内理论计算和有限元分析结果可达到较高的一致性。

十二直角截面的尺寸对压溃力大小存在影响，图 6.23 为十二直角截面尺寸参数。b_z 为截面宽度，b_1、b_2、b_3 为侧面的每段长度，内凹长度为 b_a，厚度为 h，令 $d=b_z/2$。本书此处仅考虑侧面等距的十二直角截面，即 $b_1=b_2=b_3$。

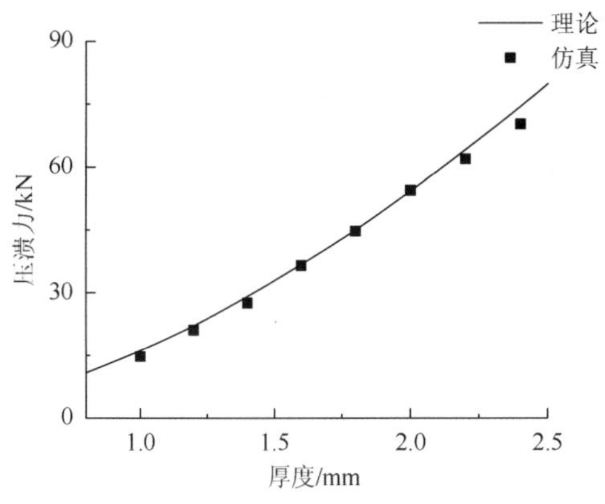

图 6.22　AA6060 T4 材料压溃理论与有限元对比

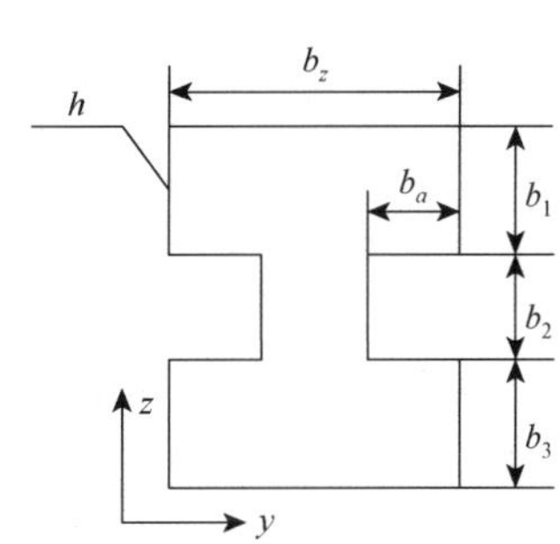

图 6.23　十二直角截面尺寸参数

表 6.4 和表 6.5 为 b_z 保持 100mm、b_1 保持 40mm、h 保持 1.8mm 不变，b_a/d 在 0.2～0.8 变化时，RSt37 和 AA6060 T4 两种材料的十二直角截面薄壁梁的理论计算结果和有限元分析得到的平均压溃力的比较。当 b_a/d 在 0.5～0.7 时，理论和有限元分析得到的平均压溃力之间的误差不超过 10%。因此，在此截面尺寸比例情况下，本节的理论计算才具有较高精度。

表 6.4　RSt37 材料不同 b_a/d 压溃反力的对比

b_a/d	有限元分析/kN	理论计算/kN	误差/%
0.2	58.2	96.8	66.3
0.3	60.8	97.9	61.0
0.4	73.7	99.0	34.3
0.5	99.9	100.0	0.1
0.6	101.7	101.1	0.6
0.7	92.9	102.1	9.9
0.8	89.8	103.1	14.8

表 6.5　AA6060 T4 材料不同 b_a/d 压溃反力的对比

b_a/d	有限元分析/kN	理论计算/kN	误差/%
0.2	24.0	43.3	80.4
0.3	26.8	43.8	63.4
0.4	34.2	44.2	29.2
0.5	40.8	44.6	9.3
0.6	44.7	45.0	0.7
0.7	48.0	45.4	5.4
0.8	47.0	45.8	2.6

2. y 向弯曲模式解析关系推导

参考 Kecman 矩形截面薄壁梁弯曲力矩的推导过程，本书考虑梁壁的拉伸作用，将十二直角截面薄壁梁绕 y 轴弯曲变形机制示于图 6.24 中。关键点相对位置如图 6.25 所示。变形结构分为上、中、下三部分，弯曲引起的能量耗散机制包括固定塑性铰吸能、滚动铰吸能和梁壁拉伸吸能。图中结构关于 z 轴对称，x 方向的变形长度为 $2H$，每侧弯曲角度为 $\rho(o=2\rho)$，假设梁弯曲变形时梁壁沿 z 向无拉伸。

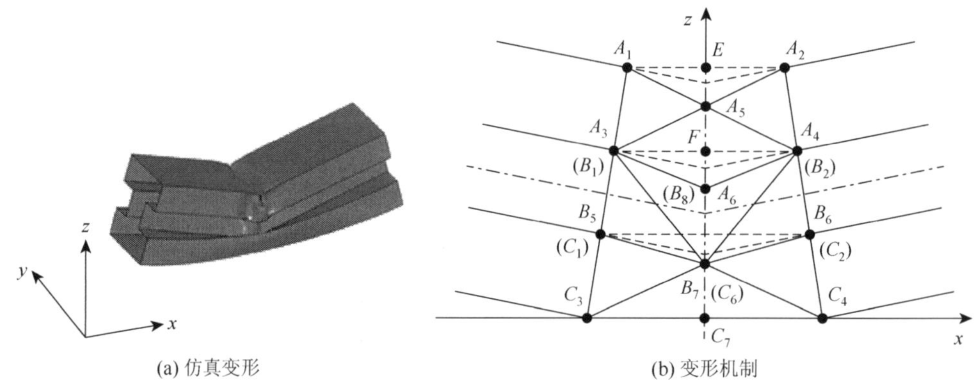

(a) 仿真变形　　(b) 变形机制

图 6.24　十二直角截面薄壁梁 y 向弯曲仿真变形和变形机制

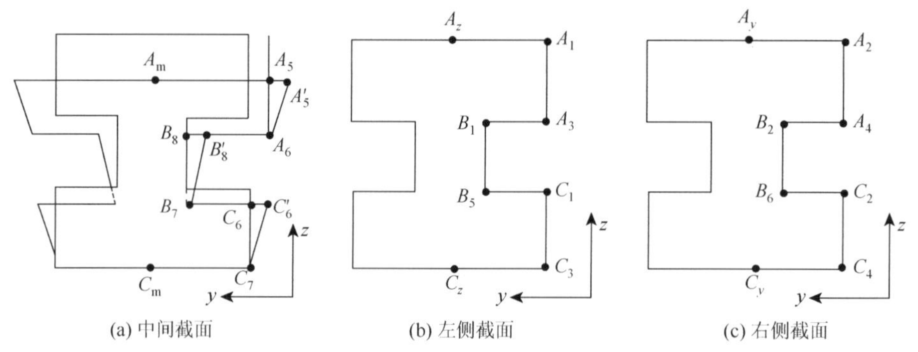

(a) 中间截面　　(b) 左侧截面　　(c) 右侧截面

图 6.25　十二直角截面薄壁梁 y 向弯曲关键点相对位置

1）下部结构能量耗散情况

仿真分析发现，当十二直角截面薄壁梁绕 y 轴弯曲时，下部结构侧面和底部有拉伸，能量耗散机制为固定塑性铰吸能、滚动塑性铰吸能及拉伸吸能。变形机制如图 6.26 所示，C_6 为 C_6' 在面 $C_1C_2C_3C_4$ 上的投影，$C_2C_4 \perp C_2C_6$，η 为面 $C_2C_4C_6'$ 和面 $C_2C_4C_6$ 的夹角，ν 为面 $C_3C_4C_6'$ 和面 $C_3C_4C_6$ 的夹角。

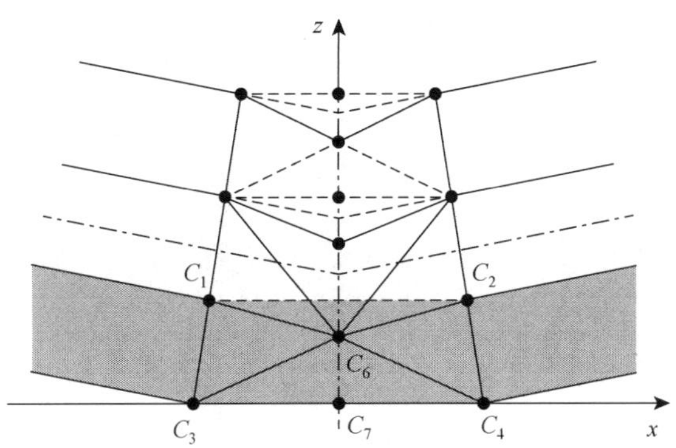

图 6.26　下部变形机制简化

已知线段的长度为

$$C_2C_4 = b_3,\quad C_2C_6 = H,\quad C_7C_6' + C_6C_6' = b_3$$

根据几何关系可求得

$$\eta = \arctan\left(\frac{C_6C_6'}{C_2C_6}\right) \tag{6.34}$$

$$\nu = \arctan\left(\frac{C_6C_6'}{C_6C_7}\right) \tag{6.35}$$

（1）下部固定塑性铰线吸能量。

下部结构在发生弯曲变形时共形成 5 种固定塑性铰线，吸能量表达式分别为：过 C_6C_6' 的固定塑性铰线，吸能量为

$$J_1 = M_0(2C_6C_6' + 2b_a)\cdot 2\rho = 4M_0(C_6C_6' + b_a)\rho \tag{6.36}$$

过 C_4 点沿 y 轴的固定塑性铰线，共 2 根，吸能量为

$$J_2 = 2M_0 b_z \rho \tag{6.37}$$

过 C_2C_4 的固定塑性铰线，共 4 根，吸能量为

$$J_3 = 4M_0 b_3 \eta \tag{6.38}$$

过 C_3C_4 的固定塑性铰线，共 2 根，吸能量为

$$J_4 = 2M_0 \cdot C_3C_4 \cdot \nu = 4M_0 \cdot C_4C_7 \cdot \nu \tag{6.39}$$

过 C_2C_6 的固定塑性铰线，共 4 根，吸能量为

$$J_5 = 4M_0 H \frac{\pi}{2} = 2M_0 H\pi \tag{6.40}$$

（2）下部滚动塑性铰线吸能量。

根据 Kecman 的假设，滚动半径为

$$r = r(o) = \left(0.07 - \frac{o}{70}\right)H \tag{6.41}$$

过 C_2C_6' 的滚动塑性铰线，共 4 根，吸能量为

$$J_6 = 4M_0H \cdot C_6C_6' \cdot \frac{1}{r} \tag{6.42}$$

沿 C_4C_6' 的滚动塑性铰线，共 4 根。假定曲率沿 C_4C_6' 线性变化，即在距离 C_4 为 l_c 处，有

$$r_{C_4C_6'} = \frac{C_4C_6'}{l_c} r \tag{6.43}$$

滚过的长度假设为

$$l_r = \frac{l_c}{C_4C_6'} C_6C_6' \tag{6.44}$$

因此，吸能量为

$$J_7 = 4\int 2M_0 \frac{l_r}{r_{C_4C_6'}} \mathrm{d}l_c = 8M_0 \int_0^{C_4C_6'} \frac{l_c}{C_4C_6'} C_6C_6' \frac{l_c}{C_4C_6' \times r} \mathrm{d}l_c = \frac{8M_0C_6C_6' \cdot C_4C_6'}{3r} \tag{6.45}$$

（3）下部拉伸吸能量。

面 $C_2C_4C_7C_6'$ 的面积改变量

$$\Delta S_1 = \frac{1}{2}C_4C_7 \cdot C_7C_6' + \frac{1}{2}H \cdot C_6C_6' + \frac{1}{2}b_3 \cdot C_2C_6' - Hb_3 \tag{6.46}$$

这样的拉伸面共有 4 个，因此拉伸吸能量为

$$J_8 = 4N \cdot \Delta S_1 = 4\sigma_0 \cdot h \cdot \Delta S_1 \tag{6.47}$$

这里 N 为极限屈服膜力。底面面积改变量及吸能量为

$$\Delta S_2 = b_y(C_3C_4 - 2H) = 2b_y(C_4C_7 - H) \tag{6.48}$$

$$J_9 = 2N \cdot \Delta S_2 \tag{6.49}$$

综上，下部结构总吸能量为

$$J = \sum_{i=1}^{9} J_i \tag{6.50}$$

2）中部能量耗散情况

仿真分析显示中部结构侧面部分则挤压出一个三角形，如图 6.27 所示，能量耗散机制为固定塑性铰吸能以及上侧台阶的拉伸吸能。B_8 为 B_8' 在面 $B_1B_2B_6B_5$ 上的投影，过 B_8' 作 B_2B_7 的垂线，交点为 M，ξ 为 $\angle B_8B_7B_2$，τ 为 $\angle B_8B_2M$，υ 为 $\angle B_1B_2B_8$，φ 为 $\angle B_8MB_8'$，ω 为 $\angle B_1B_8'B_2$ 的一半（改为面与面夹角）。

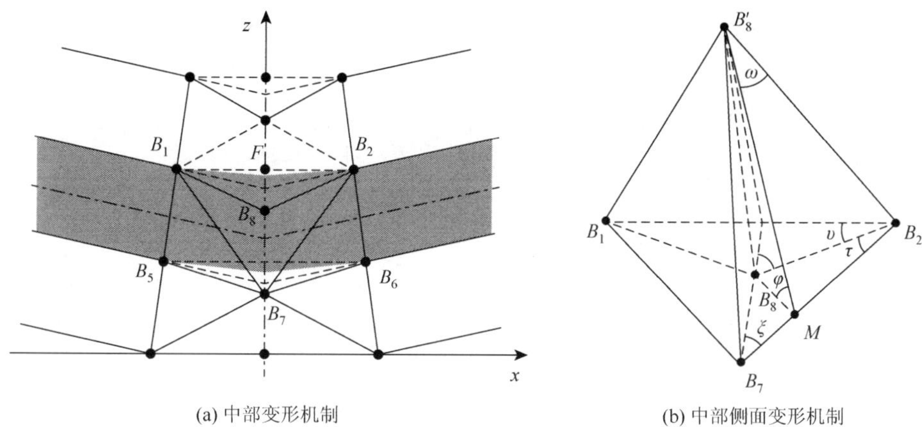

(a) 中部变形机制　　(b) 中部侧面变形机制

图 6.27　中部变形机制简化

已知线段的长度为

$$B_2B_8' = H,\quad B_6B_7 = C_6C_6 = H,\quad B_2B_6 = b_2,\quad B_7B_8' = b_2 \tag{6.51}$$

根据几何关系可求得

$$\xi = \frac{\pi}{2} - \rho - \arctan\left(\frac{b_2}{H}\right) \tag{6.52}$$

$$\tau = \arctan\left(\frac{B_8M}{B_2M}\right) \tag{6.53}$$

$$\upsilon = \frac{\pi}{2} - \tau - \xi \tag{6.54}$$

$$\varphi = \arcsin\left(\frac{B_8B_8'}{B_8'M}\right) \tag{6.55}$$

$$\omega = \arcsin\left(\frac{B_2B_7 \cdot \sin\xi}{H}\right) \tag{6.56}$$

（1）中部固定塑性铰线吸能量。

中部结构在发生弯曲变形时共形成 4 种塑性铰线，吸能量表达式分别为：过 B_8B_8' 的固定塑性铰线，吸能量为

$$M_1 = 2M_0b_a \cdot 2\upsilon = 4M_0b_a\upsilon \tag{6.57}$$

过 B_2 点沿 y 轴的固定塑性铰线，共 4 根，吸能量为

$$M_2 = 4M_0b_a(\upsilon - \rho) \tag{6.58}$$

过 B_2B_7 的固定塑性铰线，共 4 根，吸能量为

$$M_3 = 4M_0 \cdot B_2B_7 \tag{6.59}$$

过 B_7B_8' 的固定塑性铰线，共 2 根，吸能量为

$$M_4 = 2M_0 \cdot B_7B_8' \cdot 2\left(\frac{\pi}{2} - \omega\right) = 4M_0 \cdot B_7B_8' \cdot \left(\frac{\pi}{2} - \omega\right) \tag{6.60}$$

（2）中部拉伸吸能量。

上部台阶因为 B_8 向外运动到 B_8' 而产生拉伸，如图 6.28 所示。

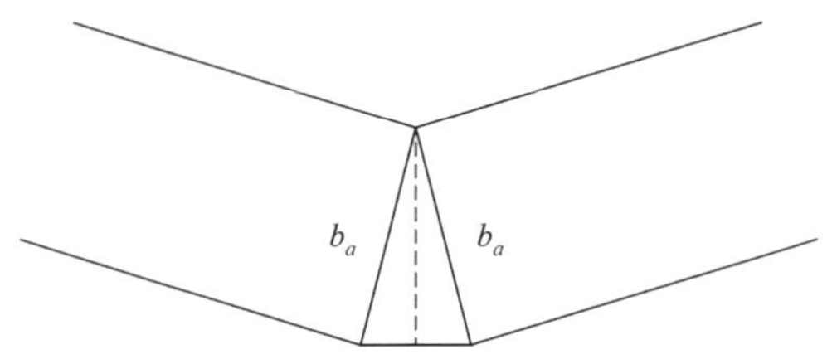

图 6.28　上侧拉伸示意图

单侧面积改变量为

$$\Delta S_3 = 2 \cdot (0.5b_a \cdot \cos\omega \cdot b_a \cdot \sin\omega) = b_a{}^2 \cdot \cos\omega \cdot \sin\omega \tag{6.61}$$

这样的拉伸面共有 2 个，因此中部结构拉伸吸能量为

$$M_5 = 2N \cdot \Delta S_3 \tag{6.62}$$

综上，中部结构总吸能量为

$$M = \sum_{i=1}^{5} M_i \tag{6.63}$$

3）上部结构能量耗散情况

上部结构没有拉伸变形，能量耗散机制为塑性铰和滚动塑性铰吸能。A_5 为 A_5' 在面 $A_1A_2A_4A_3$ 上的投影，α 为 $\angle A_5A_2A_1$，γ 为面 $A_5'A_1A_3$ 和面 $A_1A_2A_4A_3$ 的夹角，θ 为面 $A_3A_5'A_6$ 和面 $A_4A_5'A_6$ 的夹角，κ 为面 $A_5'A_3A_6$ 和面 $A_1A_2A_3A_4$ 的夹角，$\angle A_3A_4A_6$ 即 $\angle B_1B_2B_8$ 为 υ。

已知线段的长度为

$$A_2A_5 = H,\quad A_2A_4 = b_1,\quad A_5A_5' + A_5'A_6 = b_1 \tag{6.64}$$

根据几何关系可求得

$$\alpha = \arccos\left(\frac{A_2E}{A_2A_5}\right) \tag{6.65}$$

A_5' 的 y 向坐标应为 A_5A_5' 与 B_8B_8' 之和，即

$$A_5A_{5y}' = A_5A_5' + B_8B_8' \tag{6.66}$$

$$\gamma = \arcsin\left(\frac{A_5A_{5y}'}{H}\right) \tag{6.67}$$

$$\theta = \arcsin\left(\frac{A_6F \cdot A_5A_5'}{A_5A_6' \cdot A_3F}\right) \tag{6.68}$$

$$\kappa = \arctan\left(\frac{A_5A_5'}{A_5A_6' \cdot A_3F}A_3A_6\right) \tag{6.69}$$

（1）上部固定塑形铰线吸能量。

上部结构在发生弯曲变形时共形成 6 种塑性铰线，吸能量表达式分别如下。

过 A_5A_5' 的塑性铰线，吸能量为

$$S_1 = M_0(b_y + 2A_5A_{5y}') \cdot 2\alpha \tag{6.70}$$

过 A_2 点沿 y 轴的固定塑性铰线，共 2 根，吸能量为

$$S_2 = 2b_yM_0(\alpha - \rho) \tag{6.71}$$

过 A_2A_4 的固定塑性铰线，共 4 根，吸能量为

$$S_3 = 4M_0b_1\gamma \tag{6.72}$$

过 A_6A_5' 的固定塑性铰线，共 2 根，吸能量为

$$S_4 = 2M_0 \cdot A_6A_5' \cdot 2\theta \tag{6.73}$$

过 A_4A_6 的固定塑性铰线，共 4 根，吸能量为

$$S_5 = 4M_0 \cdot A_4A_6 \cdot \kappa = 4M_0 \cdot B_2B_8 \cdot \kappa \tag{6.74}$$

过 A_2A_5 的固定塑性铰线，共 4 根，吸能量为

$$S_6 = 4M_0H\frac{\pi}{2} = 2M_0H\pi \tag{6.75}$$

（2）上部滚动塑性铰线吸能量。

过 A_2A_5' 的滚动塑性铰线，共 4 根，吸能量为

$$S_7 = \frac{4M_0 \cdot H \cdot A_5A_{5y}'}{r} \tag{6.76}$$

过 A_4A_5' 的滚动塑性铰线，共 4 根，吸能量为

$$S_8 = \frac{8A_5A_{5z}' \cdot A_3A_5'}{3r} \tag{6.77}$$

综上，上部结构总吸能量为

$$S = \sum_{i=1}^{8} S_i \tag{6.78}$$

通过上述分析，十二直角截面薄壁梁 y 向弯曲时所耗散的总能量为上、中、下三部分能量之和：

$$W_y = \int M_y(o)\mathrm{d}o = J + M + S \tag{6.79}$$

因此，转角 o 对应的弯矩 $M(o)$ 为

$$M_y(o) = \frac{\mathrm{d}(J + M + S)}{\mathrm{d}o} \tag{6.80}$$

3. z 向弯曲模式解析关系推导

采用矩形截面最大弯矩公式（式（6.7）～式（6.9））估算十二直角截面薄壁梁 z 向最大弯矩 $M_{\max z}$，式中 a 取 $b_1+b_2+b_3$，b 取 b_z+2b_a。

十二直角截面薄壁梁绕 z 轴弯曲变形和变形机制如图 6.29 和图 6.30 所示。变形结构可分三部分，能量耗散机制包括固定塑性铰吸能、滚动塑性铰吸能及拉伸吸能，如图 6.31 所示。图中结构关于 y 轴对称，假设梁弯曲变形时梁壁沿 y 向无拉伸，x 方向的变形长度为 $2H$，各关键点位置如图 6.32 所示。十二直角 z 向弯曲时的能量耗散的计算方法和 y 向弯曲相同，不再一一列出能量表达式。这里仅推导了关键尺寸和转角。

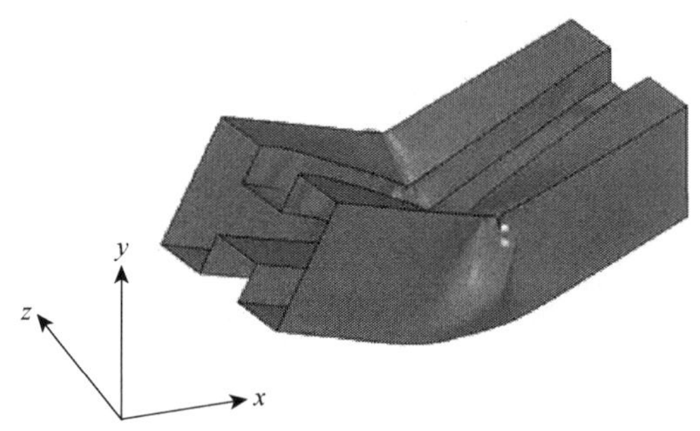

图 6.29　十二直角截面薄壁梁 z 向弯曲变形

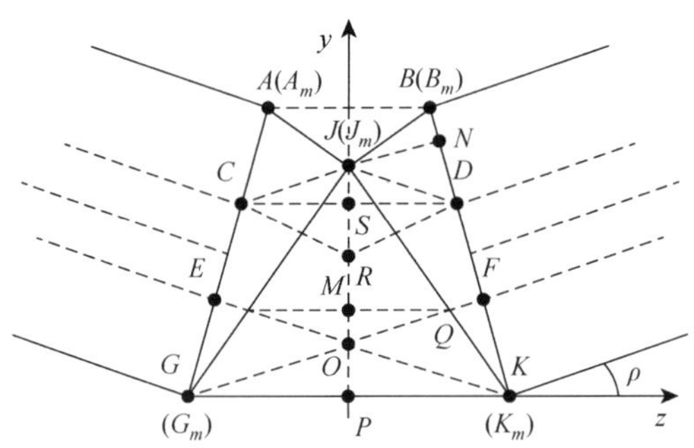

图 6.30　十二直角截面薄壁梁 z 向弯曲变形机制

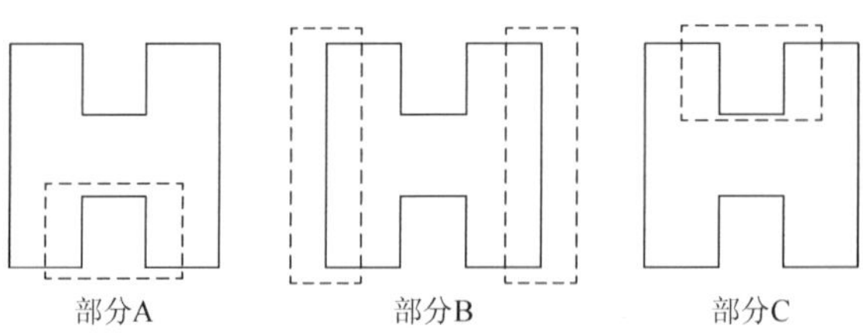

图 6.31　结构划分示意图

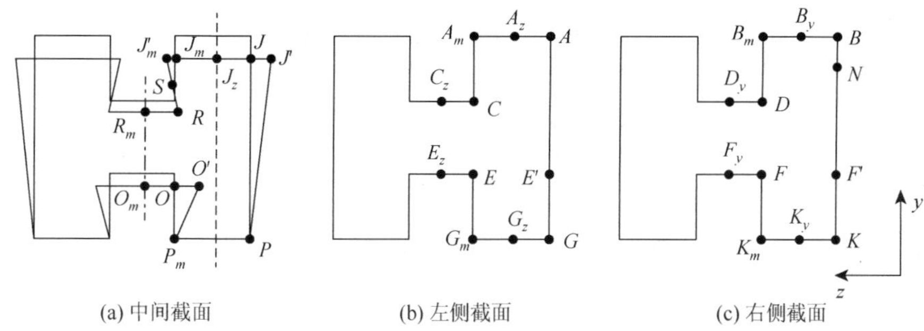

(a) 中间截面　　(b) 左侧截面　　(c) 右侧截面

图 6.32　关键点相对位置

首先考虑中部下方开口小矩形的能量耗散情况：根据仿真分析，该部分与十二直角截面薄壁梁绕 y 轴弯曲时下部变形类似，如图 6.33 所示，侧面和底部存在拉伸变形，O 为 O'在面 EFG_mK_m 上的投影，$FK_m \perp FO$，η_z 为面 $O'FK_m$ 和面 OFK_m 的夹角，v_z 为面 $O'K_mG_m$ 和面 OK_mG_m 的夹角。

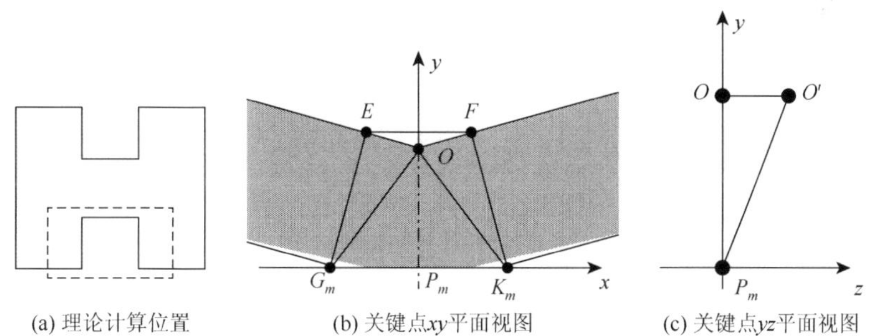

(a) 理论计算位置　　(b) 关键点xy平面视图　　(c) 关键点yz平面视图

图 6.33　中下部变形机制简化

已知线段的长度为

$$FO = H,\quad FI_m = b_a,\quad OO' + O'P = b_a \tag{6.81}$$

根据几何关系可求得

$$OP_m = b_a \cos\rho - H\sin\rho \tag{6.82}$$

$$OK_m = \sqrt{H^2 + b_a^2} \tag{6.83}$$

$$P_mG_m = \sqrt{OK_m^2 - OP_m^2} \tag{6.84}$$

$$OP_m^2 + OO'^2 = P_mO'^2 \tag{6.85}$$

$$OO' = \frac{b_a^2 - P_mG_m^2}{2b_a} \tag{6.86}$$

$$K_mO' = \sqrt{OO'^2 + OK_m^2} \tag{6.87}$$

$$FO' = \sqrt{OO'^2 + H^2} \tag{6.88}$$

$$\eta_1 = \arcsin\left(\frac{OO'}{FO'}\right) \tag{6.89}$$

$$\nu_1 = \arctan\left(\frac{OO'}{OP_m}\right) \tag{6.90}$$

中部简化结构中塑性铰线为：①OO'和 OO_m，转角为 2ρ；②G_mG_z和 K_mK_y，转角为ρ；③FK_m和 EG_m，转角为 η_1；④G_mK_m，转角为 ν_1；⑤EO 和 FO，转角为 π/2。滚动塑性铰为：①EO'和 FO'；②G_mO'和 K_mO'。存在拉伸变形的部位：面 EFG_mK_m 和面 $G_mG_zK_yK_m$。

面 EFG_mK_m 和面 $G_mG_zK_yK_m$ 的面积改变量为

$$\Delta S_1 = 2\left(\frac{1}{2}P_mK_m \cdot PO' + \frac{1}{2}H \cdot OO' + \frac{1}{2}b_aFO' - Hb_a\right) \tag{6.91}$$

$$\Delta S_2 = b_1 \cdot (P_mG_m - H) \tag{6.92}$$

两端大矩形的能量耗散情况：大矩形 $ABIG$ 只有底部边长受拉伸作用，其他边长不变，J 为 J'在面 $ABIG$ 上的投影，α_1 为$\angle ABJ$，γ 为面 BIJ'和面 BIJ 的夹角，ζ 为面 GIJ'和面 GIJ 的夹角。

已知线段的长度为

$$BB_y = KK_y = b_1/2,\quad BJ = H,\quad JN = H,\quad BK = b_z,\quad PJ' + JJ' = b_z \tag{6.93}$$

根据几何关系可求得

$$\alpha_1 = \arccos\left(\frac{PG - b_z \sin\rho}{H}\right) \tag{6.94}$$

$$\theta = \alpha_1 - \rho \tag{6.95}$$

$$JP = b_z \cos\rho - H \sin\alpha_1 \tag{6.96}$$

$$JJ' = \frac{b_z{}^2 - JP^2}{2b_y} \tag{6.97}$$

$$\gamma = \arcsin\frac{JJ'}{H} \tag{6.98}$$

$$GJ' = KJ' = \sqrt{PG^2 + PJ'^2} \tag{6.99}$$

$$\zeta = \arctan\frac{JJ'}{JP} \tag{6.100}$$

$$\frac{KF'}{KN} = \frac{QF'}{NJ'} = \frac{PM'}{PJ'} \tag{6.101}$$

$$PM' = \frac{KF'}{KN}PJ',\quad QF' = \frac{KF'}{KN}NJ',\quad MQ = H - QF' \tag{6.102}$$

在图 6.34 简化结构中的塑性铰线为：①AA_z 和 BB_y，转角为 θ_1；②AJ 和 BJ，

转角为 π/2；③AG 和 BK，转角为 γ；④GG_z 和 KK_y，转角为 ρ；⑤GK，转角为 ζ。滚动铰线为：①AJ'和 BJ'；②GJ'和 HJ'。拉伸变形部位为：侧壁 $F'QK$ 和面 $MQKP$，底面 GG_zK_yK。

侧面 $F'QK$ 和面 $MQKP$ 的面积改变量为

$$\Delta S_3 = (MQ + PK)PM' + QF' \cdot KF' - 2Hb_a \tag{6.103}$$

底面 GG_zK_yK 的面积改变量为

$$\Delta S_4 = b_1(PG - H) \tag{6.104}$$

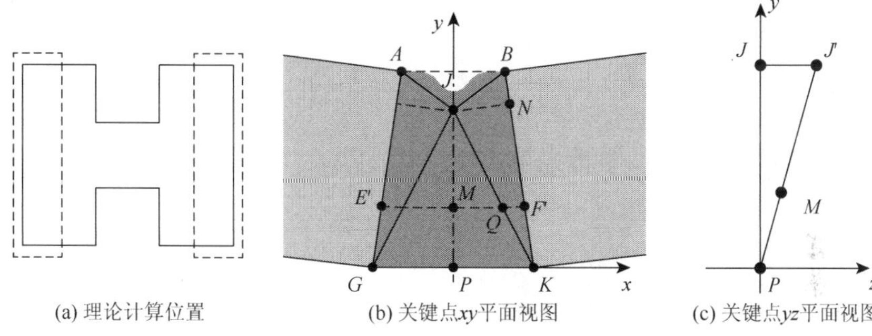

图 6.34　两端矩形变形机制简化

最后考虑中部上方两部分小矩形（如图 6.31 中的部分 C）的能量耗散情况：该部分结构没有拉伸变形，所以能量耗散机制为塑性铰和滚动塑性铰。J_m 为 J'_m 在面 A_mB_mDC 上的投影，γ_2 为面 J'_mB_mD 和 J_mB_mD 的夹角，ζ_2 为面 J'_mCD 和 J_mCD 的夹角。

已知线段的长度为

$$B_mJ_m = DR = H,\quad B_mD = b_a,\quad RJ'_m = b_a - J_mJ'_m,\quad B_mB_y = DD_y = RR_m = J_mJ_z = b_1/2 \tag{6.105}$$

根据几何关系可求得

$$\alpha_2 = a\cos\left(\frac{PK - (b_z - b_a)\sin\rho}{H}\right) \tag{6.106}$$

$$DS = H\cos\alpha_2,\quad RS = H\sin\alpha_2 \tag{6.107}$$

$$RJ_m - b_a\cos\rho + H\sin\alpha_2 - H\sin\alpha_1 \tag{6.108}$$

$$J_mJ'_m = \frac{b_a^2 - RJ_m^2}{2b_a} \tag{6.109}$$

$$\gamma_2 = \arctan\left(\frac{J_mJ'_m}{H}\right) \tag{6.110}$$

$$\theta_2 = \arctan\left(\frac{RS \cdot J_mJ'_m}{RJ_m \cdot DS}\right) \tag{6.111}$$

$$\kappa_1 = \arctan\left(\frac{J_m J'_m}{RJ_m \cdot DS} DR\right) \tag{6.112}$$

在图 6.35 简化结构中的塑性铰线为：①A_mA_z，B_mB_y，转角为 θ_1；②J_mJ_z 和 $J_m J'_m$，转角为 $2\alpha_1$；③A_mJ_m 和 B_mJ_m，转角为 $\pi/2$；④A_mC 和 B_mD，转角为 γ_2；⑤CR 和 DR，转角为 κ_1；⑥J'_mR，转角为（$\pi-2\theta_2$）；⑦CC_z、DD_y 和 RR_m，转角为（$\alpha_2-\rho$）。滚动铰线为：$A_m J'_m$ 和 $B_m J'_m$。

各部分所耗散的能量之和即 z 向弯曲所耗散的能量，根据式（6.80）的方式可获得 z 弯曲力矩-角度曲线。将最大弯矩 M_{maxz} 作水平线和所得 z 向弯矩转角曲线相交，最终得到十二直角截面 z 向弯曲弯矩转角关系。

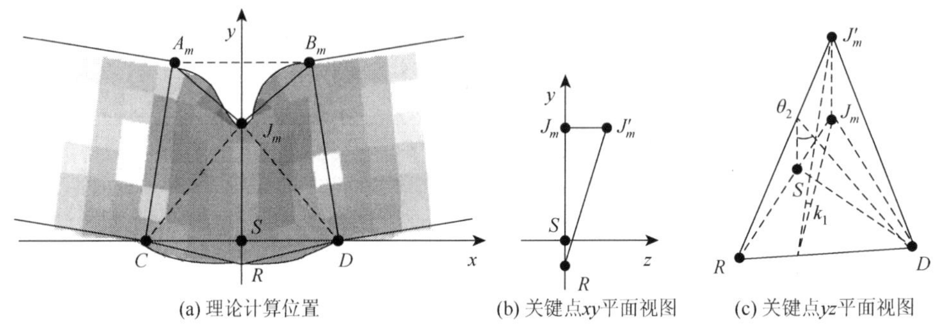

图 6.35　中上部变形机制简化

4. 弯曲理论模型的有限元验证

本书对屈服极限分别为 162MPa、251MPa 及 376MPa 的三种材料的十二直角截面薄壁梁 y 向及 z 向弯曲进行仿真计算，选取三种截面尺寸，厚度 h 分别取 1.2mm、1.6mm、2.0mm、2.4mm，薄壁梁长度 L 为 400mm，各组试验条件如表 6.6 所示。

表 6.6　每组试验条件

序号	b_y	b_1	b_a	h
1	80	30	20	1.2
2	80	30	20	1.6
3	80	30	20	2
4	80	30	20	2.4
5	100	40	30	1.2
6	100	40	30	1.6
7	100	40	30	2
8	100	40	30	2.4
9	120	50	40	1.2
10	120	50	40	1.6

续表

序号	b_y	b_1	b_a	h
11	120	50	40	2
12	120	50	40	2.4

仿真和理论计算获得的十二直角截面薄壁梁 y 向及 z 向弯曲力矩随转角变化曲线对比如图 6.36 和图 6.37 所示。

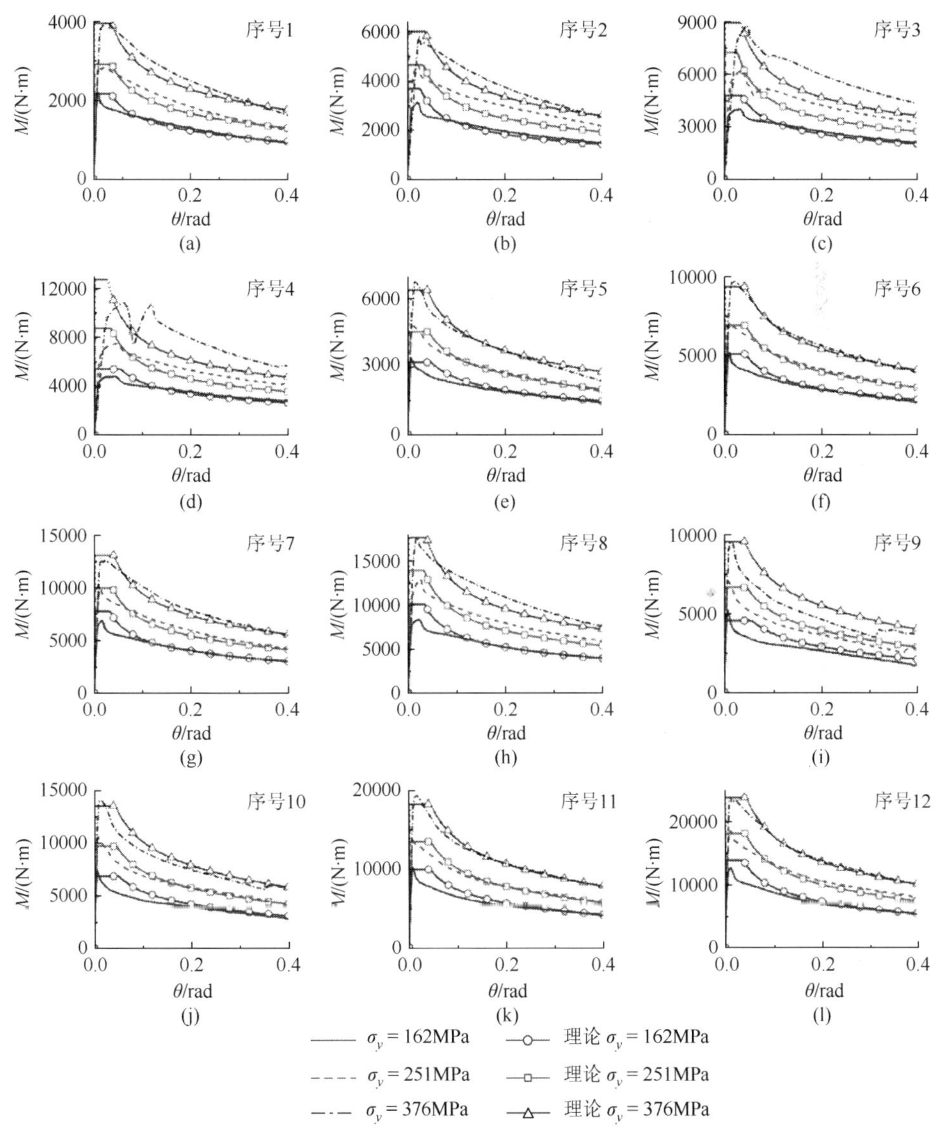

图 6.36　十二直角截面薄壁梁 y 向弯曲力矩-转角曲线

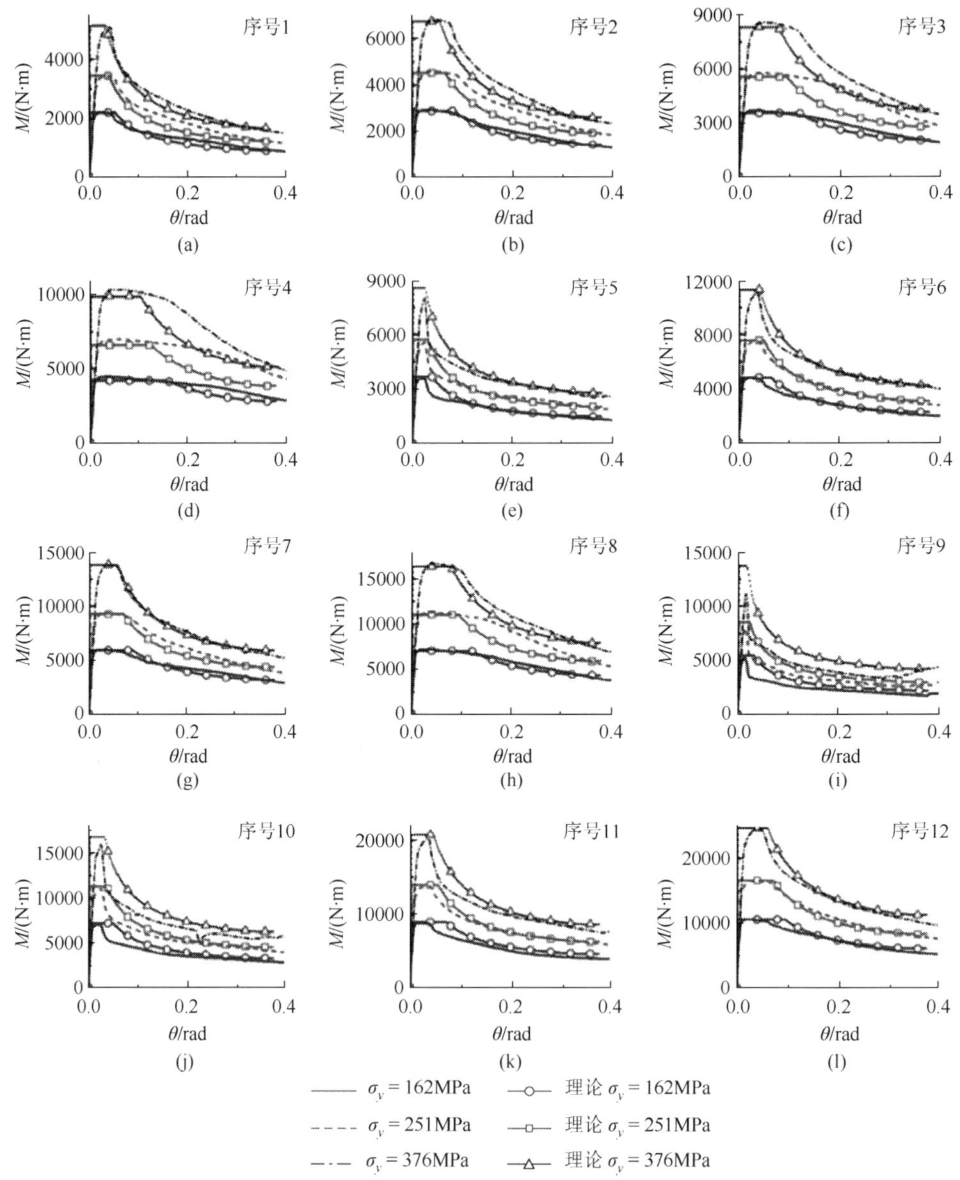

图 6.37　十二直角截面薄壁梁 z 向弯曲力矩-转角曲线

对比理论公式与有限元计算结果，对于本书所取的薄壁梁材料、截面及厚度，除 3、4、9 组理论公式与有限元计算结果误差较大（$\sigma_y = 376$MPa 时误差最大），其余各组理论公式均与有限元计算保持较高的一致性，说明此时理论公式的计算结果具有可行性。进一步分析发现，理论公式计算的准确与否和截面的 c/h 值密切相关，各组 c/h 取值如表 6.7 所示，其中 c 为截面周长的 1/12。

表 6.7　h、c 和 c/h 值

序号	h	c	c/h
1	1.2	35	29.2
2	1.6	35	21.9
3	2	35	17.5
4	2.4	35	14.6
5	1.2	46.7	38.9
6	1.6	46.7	29.2
7	2	46.7	23.4
8	2.4	46.7	19.5
9	1.2	58.3	48.6
10	1.6	58.3	36.4
11	2	58.3	29.2
12	2.4	58.3	24.3

当厚度较大，即 c/h 较小时（3、4 组），观察有限元计算结果发现，本书的变形结构简化方式不再适用，此时理论公式预测有较大误差，且比有限元计算结果偏小；c/h 较大时（9 组），理论预测比有限元分析结果偏大；对于本书所取 c/h 范围，当 $17.5 < c/h < 48.6$ 时理论预测精度在可接受范围。图 6.38 所示为 $\sigma_y = 376\text{MPa}$ 时，y 及 z 向弯曲第 4 组仿真结果。

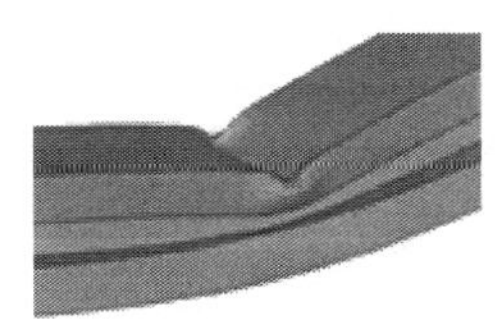

(a) y向弯曲仿真结果

(b) z向弯曲仿真结果

图 6.38　$\sigma_y = 376\text{MPa}$ 时对应的第 4 组仿真结果

6.3.3　泡沫铝填充的十二直角截面薄壁梁理论模型的解析表达

1. 纯泡沫铝 y 向弯曲关系的推导

为了便于理论推导，本书将泡沫铝材料特性进行一定简化，图 6.39 为泡沫铝应力-应变曲线及其简化曲线示意图，实线为泡沫铝应力-应变曲线，虚线为简化的应力-应变曲线，初始斜率为 k。实际应力-应变曲线下包面积（阴影部分）和简化应力-应变曲线下包围面积相同，由式（6.113）可得泡沫铝材料特性的弹性临界

应变 ε_{cr}，本书定义当应变大于 ε_{cr} 时泡沫铝的应力基本维持平台应力 σ_f 不变。k 由实际应力-应变曲线获得，σ_f 为 k 和 ε_{cr} 的乘积。

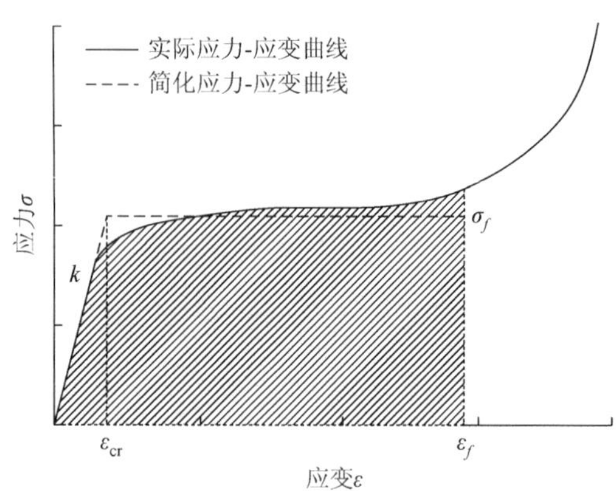

图 6.39　泡沫铝应力-应变曲线

$$\frac{1}{2}k\varepsilon_{cr}^2 + (\varepsilon_f - \varepsilon_{cr}) \cdot k\varepsilon_{cr} = \int \sigma \mathrm{d}\varepsilon \tag{6.113}$$

式中，ε_f 为平台最大应变。由于泡沫铝在拉伸和压缩时的弹性模量不同，因此在纯弯变形时中性层不在截面的对称线上，如图 6.40 所示。假设压缩弹性模量为 E_1，拉伸弹性模量为 E_2，且 $b = b_1 + b_2 = 3h_a$，中性层位置由式（6.114）计算可得。

$$\int_0^{b_1} E_1 az\mathrm{d}z - 2\int_{b_1-2h_a}^{b_1-h_a} E_1 b_a z\mathrm{d}z - \int_0^{b_2} E_2 az\mathrm{d}z = 0 \tag{6.114}$$

设长为 L 的泡沫铝填充梁绕 y 轴弯曲的临界弯曲角度为 θ_{ycr}，即当弯曲角度大于 θ_{ycr} 时，中性层上侧的泡沫出现塑性变形达到平台应力（图 6.41），θ_{ycr} 可由式（6.115）得到。

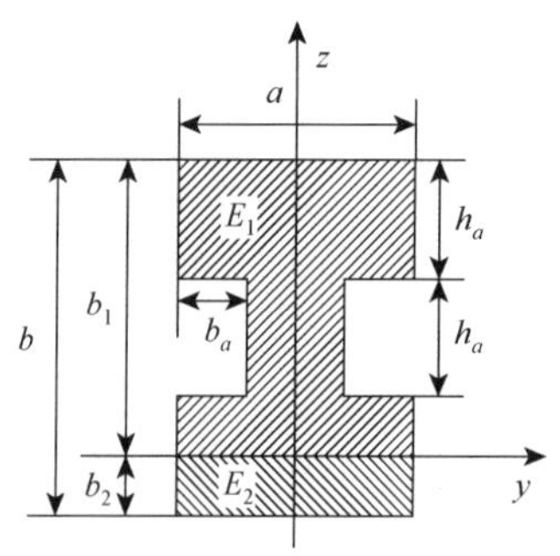

图 6.40　y 向弯曲截面中性层位置

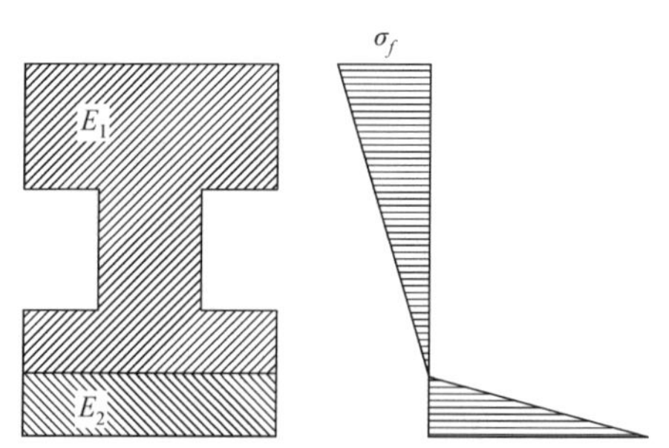

图 6.41　临界应力状态应力分布

$$\theta_{ycr}=\frac{\varepsilon_{cr}L}{b_1} \tag{6.115}$$

$$\varepsilon=\frac{\theta z}{L} \tag{6.116}$$

由式（6.116）可得，当 $\theta=\theta_{ycr}$ 时，泡沫铝的 y 向临界弯曲力矩 M_{ycr} 为

$$M_{ycr}=\int_0^{b_1}E_1\frac{\theta_{ycr}z}{L}az\mathrm{d}z+\int_0^{b_2}E_2\frac{\theta_{ycr}z}{L}az\mathrm{d}z-2\int_{h_a-b_2}^{2h_a-b_2}E_1\frac{\theta_{ycr}z}{L}b_az\mathrm{d}z \tag{6.117}$$

由式（6.117）可得泡沫的 y 向弯曲力矩 $M_y(\theta)$和转动角度 θ 呈正比关系，因此当 $0\leqslant\theta\leqslant\theta_{ycr}$ 时，

$$M_y(\theta)=\frac{M_{ycr}}{\theta_{ycr}}\theta \tag{6.118}$$

当 $\theta\geqslant\theta_{ycr}$ 时，假定 x_{ycr} 为绕 y 向旋转时临界达到平台应力的材料层距中性层的距离，如图 6.42 所示，x_{ycr} 由式（6.119）可得。

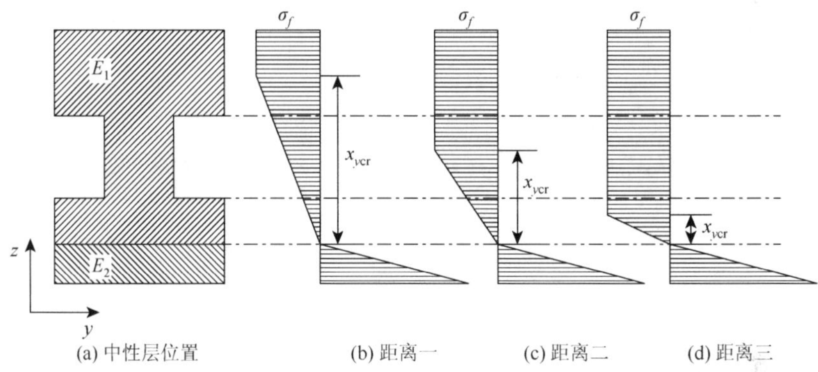

图 6.42　x_{ycr} 位置示意图

$$x_{ycr}=\frac{\varepsilon_{cr}L}{\theta} \tag{6.119}$$

在距中性轴为 z 的位置处，当 $z\leqslant x_{ycr}$ 时，

$$\sigma_{(z)}=\begin{cases}\sigma_f, & z\geqslant x_{ycr}\\ \dfrac{\sigma_f}{x_{ycr}}z, & 0\leqslant z\leqslant x_{ycr}\end{cases} \tag{6.120}$$

如图 6.42（a）所示，当 $2h_a-b_2\leqslant x_{ycr}\leqslant b_1$ 时，

$$M_y(\theta)=\int_{x_{ycr}}^{b_1}\sigma_f az\mathrm{d}z+\int_0^{x_{ycr}}\frac{\sigma_f}{x_{ycr}}zaz\mathrm{d}z+\int_0^{b_2}E_2\varepsilon za\mathrm{d}z$$

$$-2\int_{h_a-b_2}^{2h_a-b_2}\frac{\sigma_f}{x_{ycr}}zb_az\mathrm{d}z \tag{6.121}$$

如图 6.42（b）所示，当 $h_a-b_2 \leqslant x_{ycr} \leqslant 2h_a-b_2$ 时，

$$M_y(\theta)=\int_{x_{ycr}}^{b_1}\sigma_f az\mathrm{d}z+\int_0^{x_{ycr}}\sigma_f az\mathrm{d}z+\int_0^{b_2}E_2\varepsilon za\mathrm{d}z$$
$$-2\int_{x_{ycr}}^{2h_a-b_2}\sigma_f b_a z\mathrm{d}z-2\int_{h_a-b_2}^{x_{ycr}}\frac{\sigma_f}{x_{ycr}}zb_a z\mathrm{d}z \quad (6.122)$$

如图 6.42（c）所示，当 $0 \leqslant x_{ycr} \leqslant h_a-b_2$ 时，

$$M_y(\theta)=\int_{x_{ycr}}^{b_1}\sigma_f az\mathrm{d}z+\int_0^{x_{ycr}}\frac{\sigma_f}{x_{ycr}}zaz\mathrm{d}z+\int_0^{b_2}E_2\varepsilon za\mathrm{d}z$$
$$-2\int_{h_a-b_1}^{2h_a-b_2}\sigma_f b_a z\mathrm{d}z \quad (6.123)$$

2. 泡沫铝填充的十二直角截面薄壁梁 y 向弯曲关系的推导

泡沫铝填充的十二直角截面薄壁梁（foam aluminum filled twelve-right angles section thin-walled beam）由于填充之后薄壁梁和泡沫铝产生相互作用，其吸能量都相对单独弯曲时有所增加，本书针对密度为 0.35g/cm^3、0.42g/cm^3 和 0.48g/cm^3 的 IFAM 铝制泡沫[29]，密度为 0.2g/cm^3、0.35g/cm^3 和 0.48g/cm^3 的 $AlSi_8Mg$ 铝制泡沫[14]，以及密度为 0.52g/cm^3 的 MEPURA 铝制泡沫[30]（图 6.43）填充的 RSt37 十二直角截面薄壁梁绕 y 轴纯弯工况进行有限元分析，通过拟合分别得到薄壁梁和泡沫铝的修正系数 C_{y1} 和 C_{y2}。

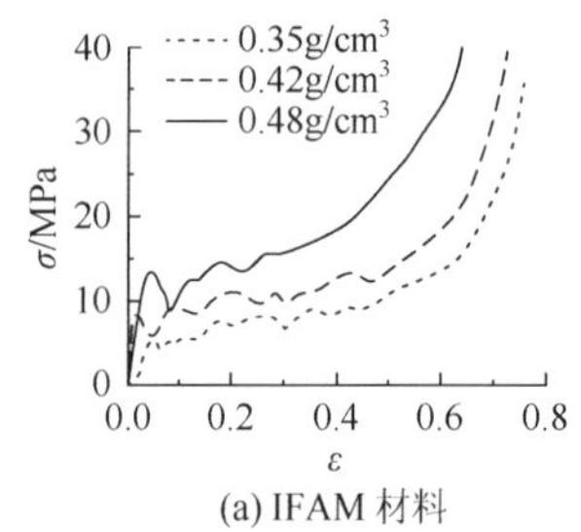

(a) IFAM 材料

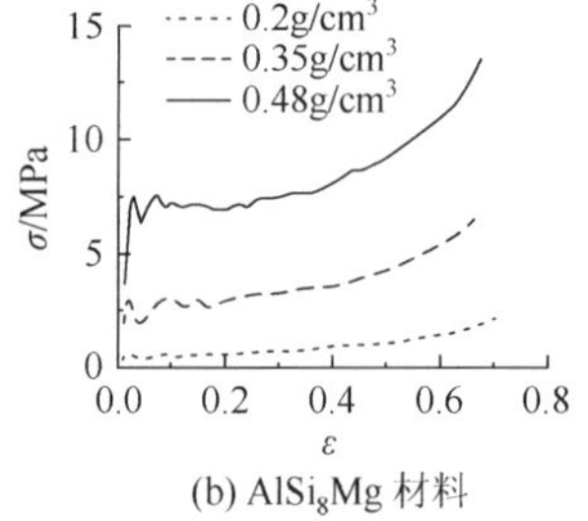

(b) $AlSi_8Mg$ 材料

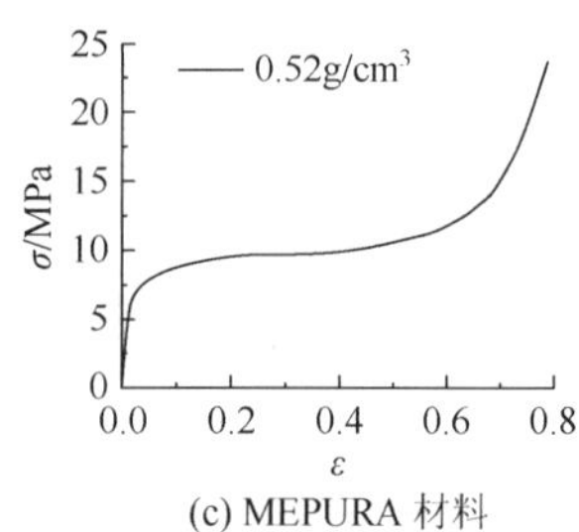

(c) MEPURA 材料

图 6.43　泡沫铝材料曲线

本书将弯曲变形分为两个阶段，第一阶段为弯曲的初始阶段，转角 $0<\theta<0.2\mathrm{rad}$。在此阶段中，泡沫铝的应变比较小，在泡沫铝和薄壁梁的相互作用产生的力矩中，对薄壁梁产生的影响较小，因此这部分力矩表示为式（6.124），拟合所得的 C_{y1} 表达式为式（6.125）。

$$M_{y\mathrm{filled}}=M_{y\mathrm{beam}}+C_{y1}M_{y\mathrm{foam}} \quad (6.124)$$

$$C_{y1}=-0.0135\sigma_f^3+0.288\sigma_f^2-2.002\sigma_f+6.583 \quad (6.125)$$

当转角 $\theta>0.2\mathrm{rad}$ 时，泡沫铝产生较大应变，使薄壁梁变形受到了较大抑制，

而泡沫铝本身受到的影响较小，因此这部分力矩表示为式（6.126），拟合所得的 C_{y2} 表达式为式（6.127）。

$$M_{\text{yfilled}} = C_{y2} M_{\text{ybeam}} + M_{\text{yfoam}} \tag{6.126}$$

$$C_{y2} = 0.06\sigma_f^3 - 0.08\sigma_f^2 + 0.385\sigma_f + 1.131 \tag{6.127}$$

3. 泡沫铝填充的十二直角截面薄壁梁 z 向弯曲关系的推导

泡沫铝填充的十二直角截面薄壁梁在绕 z 轴弯曲时中性层位置较绕 y 轴弯曲时有所不同，如图 6.44 所示。根据式（6.115），将 b_1 替换为 a_1 得到泡沫铝填充梁绕 z 轴弯曲的临界弯曲角度 θ_{zcr}。进而求出当 $\theta = \theta_{zcr}$ 时纯泡沫铝的 z 向临界弯曲力矩 M_{zcr}。根据所得的纯泡沫铝 z 向临界弯曲力矩表达式，当 $0 \leqslant \theta \leqslant \theta_{zcr}$ 时纯泡沫的 z 向弯曲力矩 $M_z(\theta)$ 和转动角度 θ 呈正比关系。按照达到平台应力的材料层距中性层的临界距离将 z 向弯曲理论分成三种情况进行推导（图 6.45），获得纯泡沫铝 z 向弯曲力矩-转角特性。最终通过有限元仿真结果拟合得出泡沫铝填充的十二直角截面薄壁梁 z 向弯曲力矩理论表达式。

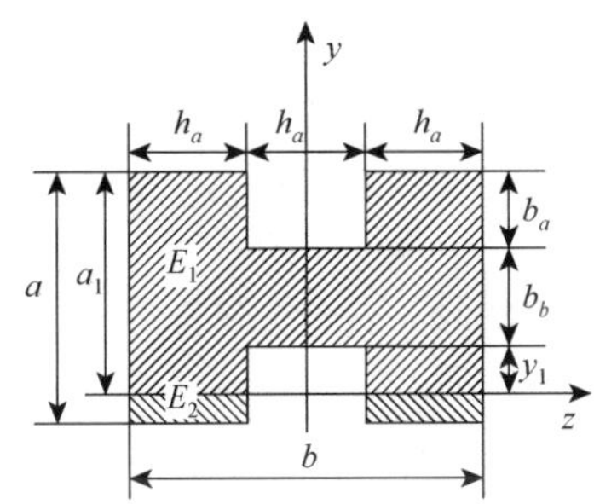

图 6.44　z 向弯曲截面中性层位置

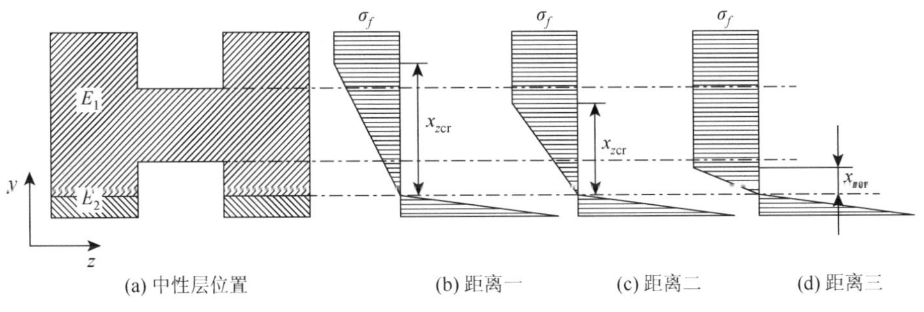

图 6.45　x_{zcr} 位置示意图

在计算泡沫铝填充的十二直角截面薄壁梁 z 向弯曲理论过程中所采用的公式、方法与前面类似，其中比较关键的公式在下面给出：

如图 6.45（a）所示，当 $b_b+y_2 \leqslant x_{zcr} \leqslant a_1$ 时，

$$M_z(\theta)=2\int_{x_{zcr}}^{a_1}\sigma_f h_a y\mathrm{d}y+2\int_{y_1+b_b}^{x_{zcr}}E_1\frac{\sigma_f}{x_{zcr}}yh_a y\mathrm{d}y+3\int_{y_1}^{y_1+b_b}\frac{\sigma_f}{x_{zcr}}yh_a y\mathrm{d}y$$
$$+2\int_0^{y_1}\frac{\sigma_f}{x_{zcr}}yh_a y\mathrm{d}y+2\int_0^{a_2}E_2\varepsilon h_a y\mathrm{d}y \quad (6.128)$$

如图 6.45（b）所示，当 $y_1 \leqslant x_{zcr} \leqslant y_1+b_b$ 时，

$$M_z(\theta)=2\int_{y_1+b_b}^{a_1}\sigma_f h_a y\mathrm{d}y+3\int_{x_{zcr}}^{y_1+b_b}\sigma_f h_a y\mathrm{d}y+3\int_{y_1}^{x_{zcr}}\frac{\sigma_f}{x_{zcr}}yh_a y\mathrm{d}y$$
$$+2\int_0^{y_1}\frac{\sigma_f}{x_{zcr}}yh_a y\mathrm{d}y+2\int_0^{a_2}E_2\varepsilon h_a y\mathrm{d}y \quad (6.129)$$

如图 6.45（c）所示，当 $0 \leqslant x_{zcr} \leqslant y_1$ 时，

$$M_z(\theta)=2\int_{y_1+b_b}^{a_1}\sigma_f h_a y\mathrm{d}y+3\int_{x_{zcr}}^{y_1+b_b}\sigma_f h_a y\mathrm{d}y+2\int_{x_{zcr}}^{y_1}\sigma_f h_a y\mathrm{d}y$$
$$+2\int_0^{x_{zcr}}\frac{\sigma_f}{x_{zcr}}yh_a y\mathrm{d}y+2\int_0^{a_2}E_2\varepsilon h_a y\mathrm{d}y \quad (6.130)$$

考虑填充之后薄壁梁和泡沫铝产生相互作用，其吸能量都相对单独弯曲时有所增加，本书针对与前面相同的泡沫铝材料填充的 RSt37 十二直角截面薄壁梁绕 z 轴纯弯工况进行有限元分析，通过拟合得到薄壁梁和泡沫铝两部分的修正系数 C_{z1} 和 C_{z2}。

z 向弯曲变形同样分为两个阶段，第一阶段为弯曲的初始阶段，转角 $0<o<0.2$，在此阶段中，泡沫铝的应变比较小，在两部分的相互作用对薄壁梁影响较小，因此这部分力矩表示为式（6.131），拟合所得的 C_{z1} 表达式为式（6.132）。

$$M_{z\text{filled}}=M_{z\text{beam}}+C_{z1}M_{z\text{foam}} \quad (6.131)$$

$$C_{z1}=-0.0072\sigma_f^3+0.164\sigma_f^2-1.283\sigma_f+5.672 \quad (6.132)$$

当转角 $o>0.2$ 时，泡沫铝产生较大应变，使薄壁梁变形受到了较大抑制，使总能量产生变化，因此这部分力矩表示为式（6.133），拟合所得的 C_{z2} 表达式为式（6.134）。

$$M_{z\text{filled}}=C_{z2}M_{z\text{beam}}+M_{z\text{foam}} \quad (6.133)$$

$$C_{z2}=-0.0029\sigma_f^3+0.0337\sigma_f^2+0.0184\sigma_f+1.195 \quad (6.134)$$

4. 泡沫铝填充的十二直角截面薄壁梁弯曲模型的验证

本书采用有限元方法，通过建立泡沫铝填充的十二直角截面薄壁梁绕 y 向弯曲和 z 向弯曲的有限元模型对推导的泡沫铝填充的十二直角截面薄壁梁弯曲理论进行验证。但首先需要对有限元模型中泡沫铝模拟方式的有效性进行验证。

参考 6.3.2 节提出的十二直角截面薄壁梁弯曲理论的截面尺寸适用范围，选择如图 6.46 所示的十二直角截面薄壁梁截面尺寸并填充七种不同材料或密度的泡沫铝（图 6.43）。采用如图 6.47 所示的纯弯工况分别建立泡沫铝填充的十二直角截面薄壁梁绕 y 向弯曲和 z 向弯曲的有限元模型，验证本书提出的泡沫铝填充的十二直角截面薄壁梁弯曲理论。

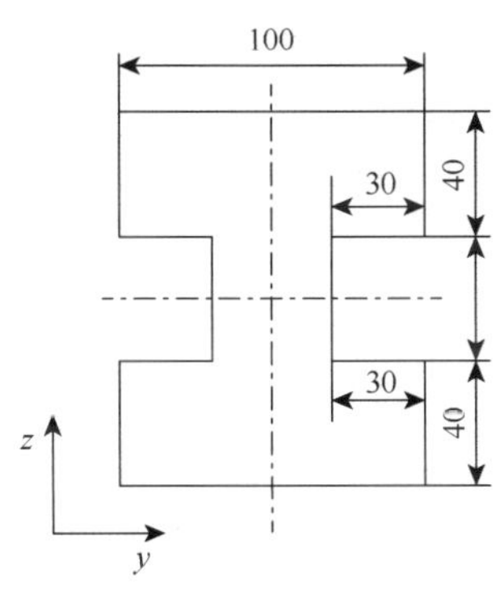

图 6.46　十二直角截面薄壁梁截面尺寸（单位：mm）

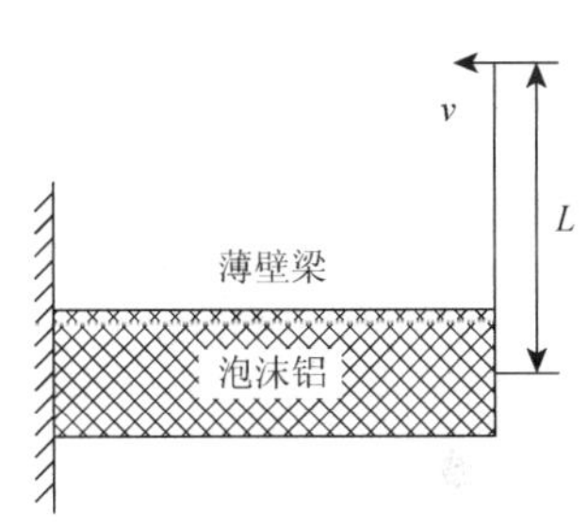

图 6.47　薄壁梁纯弯工况加载示意图

汽车安全构件弯曲变形常见弯曲角度范围为（5°～10°）至（25°～35°）[7, 20]，因此 θ 的取值范围为 0～0.45rad。图 6.48 和图 6.49 为在纯弯工况下，由上述七种泡沫铝材料填充的薄壁梁有限元分析和理论计算获得的弯曲力矩-转角曲线对比。

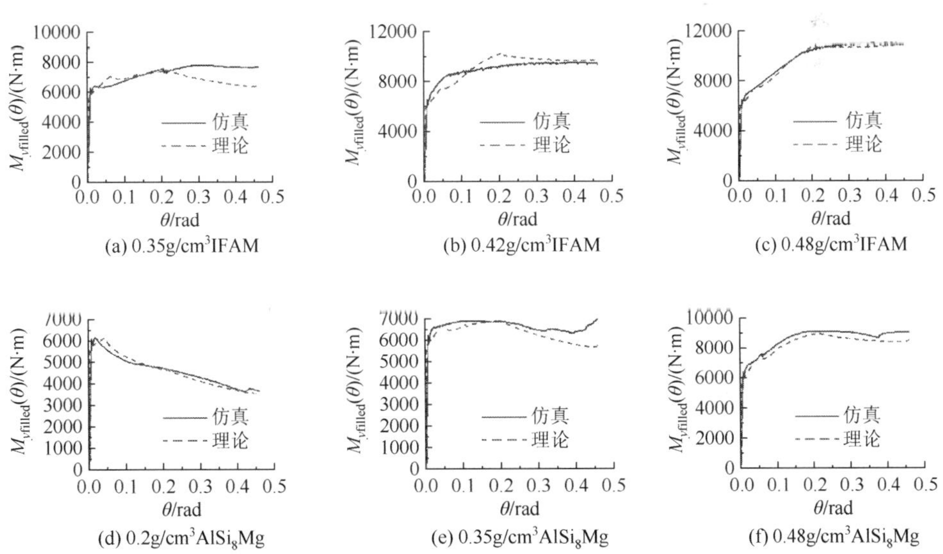

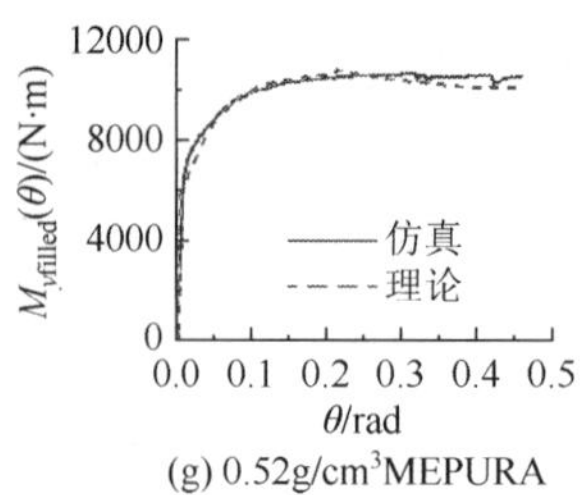

(g) 0.52g/cm³MEPURA

图 6.48　泡沫铝填充十二直角截面薄壁梁 y 向弯曲力矩-转角曲线

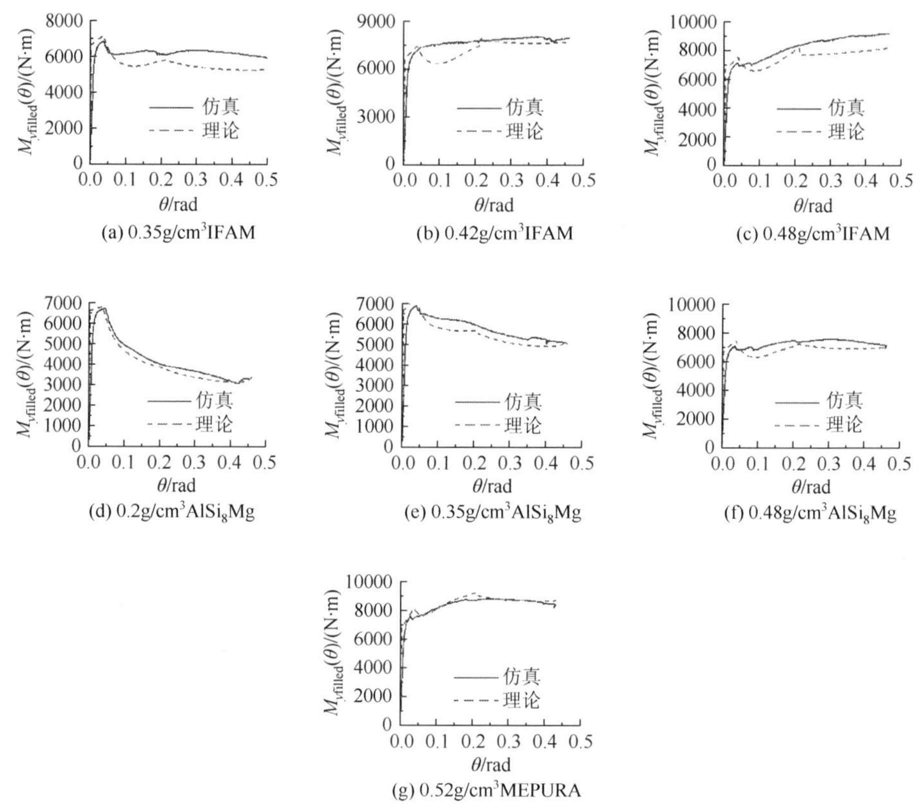

图 6.49　泡沫铝填充十二直角截面薄壁梁 z 向弯曲力矩-转角曲线

由图 6.48 和图 6.49 各密度的泡沫铝填充十二直角截面薄壁梁 y 向、z 向弯曲理论和有限元分析得到的弯曲力矩-转角曲线表明，理论计算相对有限元分析仍有一定误差，但是曲线的基本趋势相同。通过对理论和有限元得到的曲线能量进行对比（图 6.50 和表 6.8），可得理论和有限元分析能量误差小于 10%，本书的泡沫铝填充十二直角截面薄壁梁弯曲理论可以在一定程度上反映这种薄壁梁在纯弯工况下的力学特性。

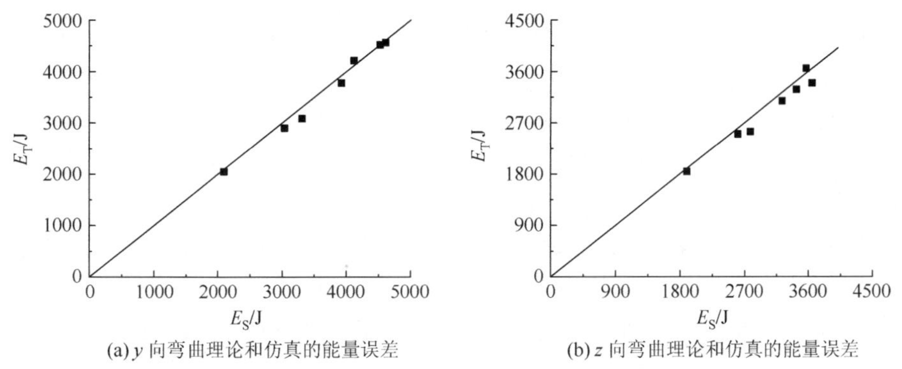

(a) y 向弯曲理论和仿真的能量误差　(b) z 向弯曲理论和仿真的能量误差

图 6.50　弯曲理论和仿真的能量误差

表 6.8　各泡沫铝填充的十二直角截面薄壁梁有限元仿真和理论能量耗散对比

序号	E_S/J	E_T/J	误差/%
图 6.48(a)	4611.6	4563.9	−1.0
图 6.48(b)	3322.5	3082.4	−7.2
图 6.48(c)	4111.1	4200.2	2.1
图 6.48(d)	4528.1	4527.1	0.02
图 6.48(e)	2094.5	2051.5	−2.1
图 6.48(f)	3044.5	2911.9	−4.4
图 6.48(g)	3923.4	3777.0	−3.7
图 6.49(a)	3565.0	3565.0	2.1
图 6.49(b)	2779.6	2779.6	−8.6
图 6.49(c)	3425.8	3425.8	−4.4
图 6.49(d)	3649.8	3649.8	−7.3
图 6.49(e)	1895.9	1895.9	−2.7
图 6.49(f)	2595.4	2595.4	−3.7
图 6.49(g)	3222.6	3222.6	−4.4

本书的修正系数是根据有限元分析结果拟合求得的，而本书的有限元分析只涵盖了本书中提及的泡沫铝类型及泡沫铝材料特性范围（泡沫铝密度和平台应力大小范围）。因此，该范围也作为本书泡沫铝填充十二直角截面薄壁梁弯曲理论的适用范围。对于其他类型和强度的泡沫铝材料，需采用样本获得相应的修正系数。

6.3.4　纤维增强复合材料包裹的十二直角截面薄壁梁理论模型的解析表达

金属薄壁梁通过管壁的渐进屈曲和局部弯曲吸收能量，而复合材料通过纤维断裂和基体破碎、纤维和基体的撕裂以及铺层时内外层的分离等所产生的失效机制来吸收碰撞能量[30]。但复合材料在变形中的比能量吸收（单位质量所吸收的能量）相对较高，且因为复合材料的性能可设计性，在汽车的轻量化设计中已被越来越多地采用[31]。通过复合材料包裹金属薄壁梁构件，复合材料对薄壁梁变形产生的约束作用，使相同质量的金属吸收更多的能量[32, 33]。

用于包裹的复合材料和金属管壁之间界面粗糙，连接方式可为紧密嵌套、黏接或螺钉连接，本书假设复合材料和金属管壁之间的连接方式是黏接[17]。通过对复合材料的应力应变关系进行适当简化和假设，并对两种材料在黏接情况下的应力分布重新计算，获得计算弯曲和拉伸时的塑性极限弯矩和极限屈服膜应力，代入金属空多直角截面薄壁梁的压溃反力和弯曲力矩表达式并适当修正，获得复合材料包裹的十二直角截面薄壁梁（composite material wrapped twelve-right angles section thin-walled beam）的压溃反力和弯曲力矩表达式。

1. 塑性极限弯矩和极限屈服膜应力

为表述方便，后面将纤维增强复合材料包裹的十二直角截面薄壁梁的结构形式简称为包裹薄壁梁。由于纤维增强复合材料是各向异性材料，各方向上的力学特性与纤维铺设角度相关，本书只选取纤维方向沿金属管周向排布（纤维方向与金属管轴向夹角 90°）的包裹薄壁梁作为研究对象。在轴向压溃过程中，垂直纤维方向的复合材料起主要作用，本书参考文献[32]中玻璃纤维增强复合材料应力-应变曲线如图 6.51 所示，将其简化为图 6.52 的形式。即该纤维增强复合材料在拉伸时，应力应变关系表现为线性，直到拉断为止；在压缩时，应力应变关系表现接近塑性金属材料，即在屈服之后应力维持某一水平不变。

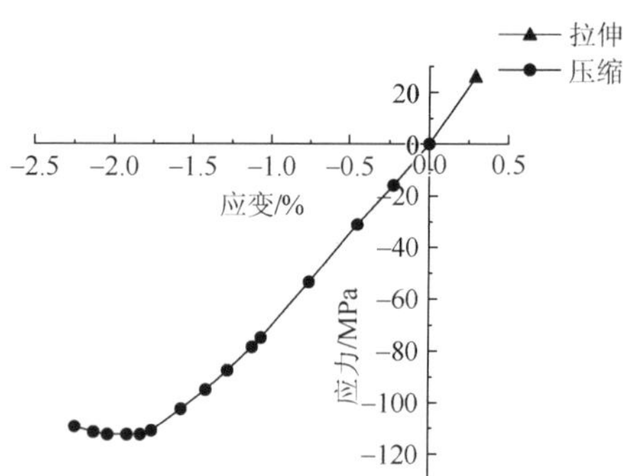

图 6.51　垂直纤维方向的应力-应变曲线

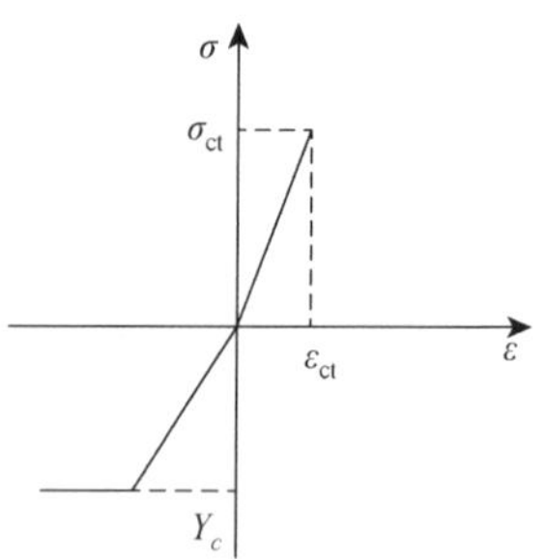

图 6.52 应力-应变曲线简化

Hanefi 和 Wierzbicki[33]将包裹薄壁梁压溃时的变形机制简化为弯曲和拉伸两种能量耗散方式，并根据弯曲耗散过程推导了包裹薄壁梁的塑性极限弯矩。

如图 6.53 所示，由于纤维沿圆周方向排布，复合材料管壁在铰线 2 和 4 的位置受到垂直于纤维方向的拉伸，此时，纤维在拉伸中几乎不起作用，基体材料在拉伸中所起的作用相对金属管壁的作用可忽略不计。所以，假设铰线 2 和 4 处的弯曲能量耗散是金属管壁完成的，此处的塑性极限弯矩为

$$M_0^{(2)} = M_0^{(4)} = \frac{\sigma_m h_m^2}{4} \tag{6.135}$$

式中，σ_m 为金属材料的屈服应力；h_m 为金属管的厚度。

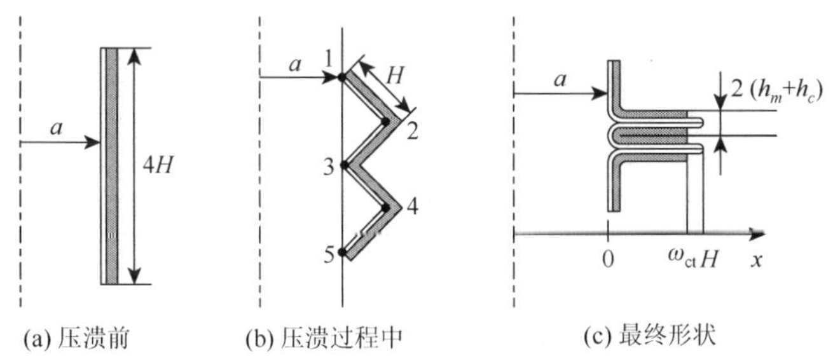

(a) 压溃前　(b) 压溃过程中　(c) 最终形状

图 6.53　复合材料-金属管壁失效假设

在铰线 3 处则产生垂直纤维方向的压缩，由于复合材料在该方向上可承受远大于拉伸方向的载荷，且材料屈服后，基本保持屈服应力不变。此时，假设复合材料表现为塑性材料特性，并假设两种不同材料之间的关系与黏接相同，则此处塑性极限弯矩为

$$M_0^{(3)} = \frac{\sigma_m h_m^2}{4}\left[1 + 2\frac{\sigma_c h_c}{\sigma_m h_m} + 2\frac{\sigma_c h_c^2}{\sigma_m h_m^2} - \left(\frac{\sigma_c h_c}{\sigma_m h_m}\right)^2\right] \tag{6.136}$$

式中，σ_c 为复合材料的垂直纤维方向的压缩屈服应力；h_c 为复合材料管壁的厚度。

考虑以上两种复合材料的变形，假定包裹薄壁梁的塑性极限弯矩的实际值为式（6.135）与式（6.136）的平均，其表达式为

$$M_0' = C\frac{\sigma_m h_m^2}{4} \tag{6.137}$$

式中，

$$C = \frac{1}{2}\left[2 + 2\frac{\sigma_c h_c}{\sigma_m h_m} + 2\frac{\sigma_c h_c^2}{\sigma_m h_m^2} - \left(\frac{\sigma_c h_c}{\sigma_m h_m}\right)^2\right] \tag{6.138}$$

在轴向压溃过程中，若金属管壁产生的拉伸应变为 ε_a，假设复合材料随金属管壁一起拉伸到此应变，由于垂直纤维方向的拉伸极限应力和应变远小于金属材料，复合材料会出现破坏。根据图 6.53 中复合材料拉伸时的特性，复合材料在拉

伸中耗散的能量 E_c 应为式（6.139）。同时，基于能量守恒原则，复合材料等效拉应力 Y_{ct} 所做的功与 E_c 相等。

$$E_c = \frac{1}{2}\sigma_{ct}\varepsilon_{ct} = Y_{ct}\varepsilon_a \tag{6.139}$$

式中，σ_{ct} 和 ε_{ct} 分别为垂直纤维方向拉伸的极限应力和极限应变，可求 Y_{ct}：

$$Y_{ct} = \frac{\sigma_{ct}\varepsilon_{ct}}{2\varepsilon_a} \tag{6.140}$$

在拉伸耗散过程中，包裹薄壁梁管壁能量耗散由金属和复合材料两部分组成，所以，包裹薄壁梁的极限屈服膜力应表示为

$$N_0' = \sigma_m h_m + Y_{ct} h_c \tag{6.141}$$

本书参考泡沫填充金属管压溃时锁定应变的概念[17, 18]，提出了纤维增强复合材料周向铺设时影响金属管压溃距离的压实应变 ε_d 表达式。考虑到复合材料失效后的堆积减少了原金属管每个皱褶在达到压缩行程极限 ε_d 时的有效长度，将包裹薄壁梁总厚度与褶皱压溃折叠长度（图 6.53（c））的比例关系引入表达式中：

$$\varepsilon_d = 1 - \frac{2(h_m + h_c)}{2H} = 1 - \frac{h_m + h_c}{H} \tag{6.142}$$

式中，$2H$ 为仅有金属管时的压溃折叠长度。

因此包裹薄壁梁的有效压溃距离 δ_{ef}' 表示为

$$\delta_{ef}' = \delta_{ef}\varepsilon_d \tag{6.143}$$

复合材料失效后的堆积还改变了超折叠单元的最终折叠角度 α_f'，如图 6.54 所示，在超折叠单元的最终压溃变形中，压缩长度 d 可以通过压溃折叠长度 $2H$ 与 α_f' 的几何关系计算获得，同时，d 也等于 $2H$ 与 ε_d 的乘积，得到式（6.144）：

$$d = 2H(1-\cos\alpha_f') = 2H\varepsilon_d \tag{6.144}$$

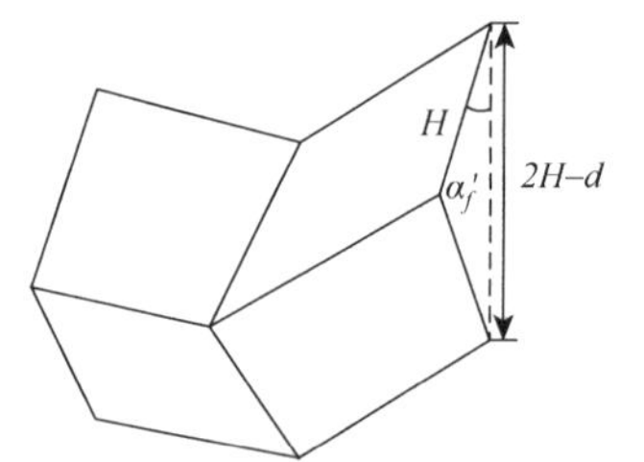

图 6.54　超折叠单元最终压溃变形

所以，包裹薄壁梁的超折叠单元的最终折叠角度应为

$$\alpha_f' = \arccos(1-\varepsilon_d) \tag{6.145}$$

2. 压溃力的表达

将 M_0'、N_0' 和 α_f' 分别替换金属多直角压溃平均反力推导过程中的 M_0、N_0 和 α_f，得到包裹薄壁梁单个超折叠单元的各部分耗散能量的表达式如下：

$$E_1' = 4N_0' bHI_1' \tag{6.146}$$

式中，I_1' 为

$$I_1(\psi_0,\alpha_f') = \sin\alpha_f \int_0^{\beta(\alpha_f')} \frac{\mathrm{d}\Phi}{\sqrt{\tan^2\psi_0 + \cos^2\Phi}} - \left[\frac{\pi}{2} - \psi_0 - \arctan\left(\frac{\cos\beta(\alpha_f')}{\tan\psi_0}\right)\right] \tag{6.147}$$

$$E_2' = 4\alpha_f' M_0' l \tag{6.148}$$

$$E_3' = 4M_0' I_3' \frac{H^2}{b} \tag{6.149}$$

式中，I_3' 为

$$I_3(\psi_0,\alpha_f') = \cot\psi_0 \int_0^{\alpha_f'} \cos\alpha \sqrt{\tan^2\psi_0 + \sin^2\alpha}\,\mathrm{d}\alpha \tag{6.150}$$

所以，包裹的 m 个直角截面薄壁梁轴向压溃时平均压溃反力 F_m' 所做的功为

$$\delta_{\mathrm{ef}}' F_m' = mE_1' + E_2' + mE_3' \tag{6.151}$$

F_m' 的表达式为

$$F_m' = \frac{mE_1' + E_2' + mE_3'}{1.46H\varepsilon_d} \tag{6.152}$$

当 $m = 12$ 时即为包裹的十二直角截面薄壁梁平均压溃反力 F_{12}'：

$$F_{12}' = \frac{12E_1' + E_2' + 12E_3'}{1.46H\varepsilon_d} \tag{6.153}$$

$$M_{c\max} = f\left(A, Y_c, E_c\right) \tag{6.154}$$

3. 压溃模型的有限元验证

本书参考文献[32]中玻璃纤维环氧树脂复合材料包裹的金属薄壁圆管的几何尺寸和材料特性（图 6.55 和表 6.9），建立相应试件的有限元仿真模型以验证理论模型，采用 LS-DYNA 软件中 54_55 号材料*MAT_ENHANCED_COMPOSITE_DAMAGE 模拟纤维增强复合材料，压溃工况的边界条件和加载方式与金属十二直角截面薄壁梁的压溃模型相同。

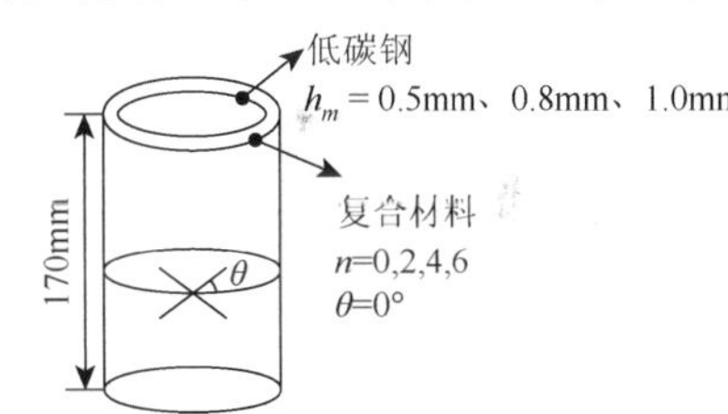

图 6.55　试件的几何尺寸

表 6.9　复合材料力学特性

力学特性参数	平行纤维拉伸	平行纤维压缩	垂直纤维拉伸	垂直纤维压缩
弹性模量/GPa	33.9	32.9	8.4	7.2
极限应力/MPa	845	855	24	116
极限应变/%	2.5	—	0.28	—

图 6.56 和图 6.57 对比了 $h_m = 0.5$mm 时的仿真计算和实验结果，可见，仿真获得的圆管的压溃变形与实验相似，分析得到的压溃力-位移曲线与实验压溃力的

变化趋势也较为接近。表 6.10 列出了各组实验和有限元仿真获得的平均压溃力，其误差低于 10%，所以，圆管压溃工况有限元仿真在一定程度上可以反映复合材料包裹薄壁梁的压溃特性。

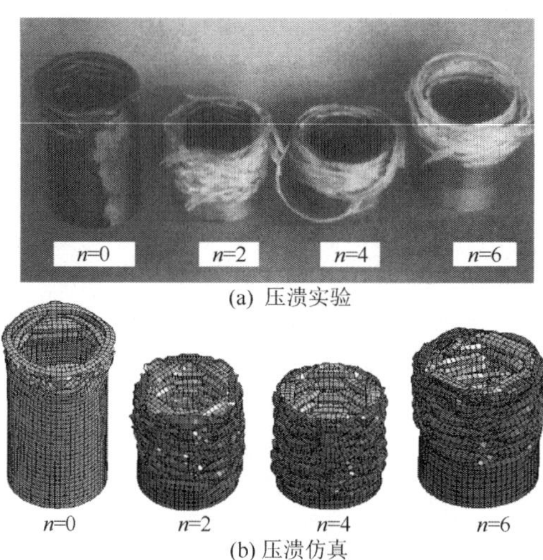

(a) 压溃实验

n=0　n=2　n=4　n=6

(b) 压溃仿真

图 6.56　金属管厚度 h_m 为 0.5mm 时，包裹复合材料层数 n 分别为 0、2、4 和 6 包裹薄壁梁压溃实验与仿真对比

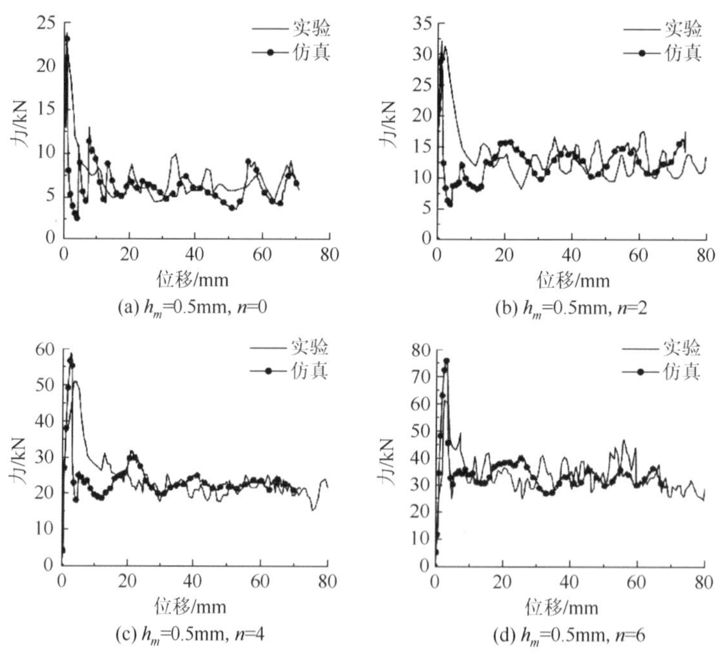

图 6.57　有限元仿真与实验的力-位移曲线对比

表 6.10　包裹薄壁圆管压溃实验和有限元仿真对比

金属管壁厚 h_m/mm	复合材料铺层数 n	平均力		
		实验/kN	仿真/kN	误差/%
0.5	0	6.2	6.0	–3.2
	2	12.8	12.5	–2.3
	4	22.0	22.1	0.5
	6	34.2	32.5	–5.0
0.8	0	13.1	13.4	–2.3
	2	21.1	19.3	8.5
	4	32.2	31.2	3.1
	6	45.9	46.0	–0.22
1.0	0	20.6	19.8	3.9
	2	29.9	27.1	9.4
	4	42.2	38.6	8.5
	6	54.4	51.1	6.1

根据圆管模型的复合材料特性、边界条件和加载方式，本书建立包裹的十二直角截面薄壁梁压溃有限元仿真模型，所用玻璃纤维增强复合材料的纤维沿金属管壁周向排布，与薄壁梁轴线垂直。金属管材料为 RSt37。厚度 h_m 分别为 1.0mm、1.4mm、2.0mm 和 2.4mm。复合材料包裹层数 n 为 2、4 和 6，对应厚度 h_c 为 0.7mm、1.4mm 和 2.1mm。

包裹的十二直角截面压溃反力有限元仿真和理论对比如图 6.58 所示，有限元分析和理论计算得到的平均压溃反力见表 6.11，理论计算相对于有限元分析所得平均压溃反力的误差小于 10%，通过有限元分析验证了本书提到的纤维排布方向时复合材料包裹十二直角截面薄壁梁压溃理论的有效性。

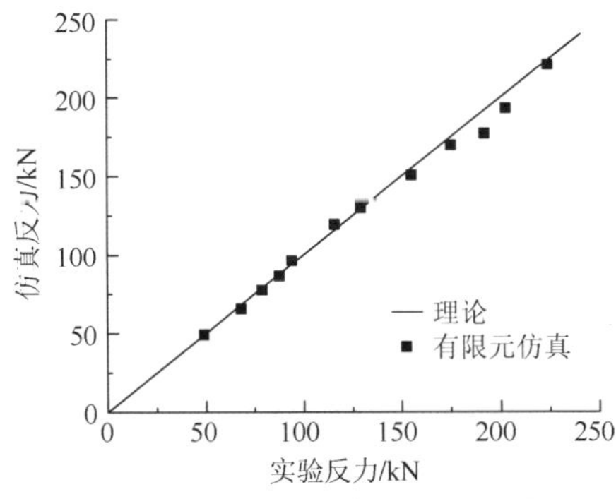

图 6.58　包裹的十二直角截面压溃反力有限元仿真和理论对比

表 6.11　有限元仿真和理论压溃反力对比

h_m/mm	n	仿真/kN	理论/kN	误差/%
1.0	2	48.8	49.7	1.8
	4	68.0	65.9	–3.1
	6	87.6	87.8	0.2
1.4	2	78.6	78.3	–0.4
	4	94.1	96.5	2.6
	6	116.2	120.8	4.0
2.0	2	129.6	130.2	0.5
	4	155.4	153.0	–1.5
	6	192.4	179.2	–6.9
2.4	2	175.2	170.4	–2.7
	4	202.9	195.5	–3.6
	6	224.4	223.6	–0.4

4. 弯曲模型的验证

复合材料包裹的十二直角截面薄壁梁尺寸如图 6.20 所示，复合材料特性如表 6.9 所示，薄壁梁材料为 RSt37，图 6.59（a）～（i）为绕 y 向弯曲的理论计算和有限元分析所得弯曲力矩-转角曲线对比，图 6.60（a）～（i）分别为绕 z 向弯曲理论计算和有限元分析所得弯曲力矩-转角曲线对比。其中，h_m 为金属薄壁梁厚度，n 为复合材料包裹层数。

由图 6.59（a）～（i）和图 6.60（a）～（i）可知由理论计算所得的弯曲力矩-转角曲线和有限元分析所得曲线的趋势基本相同。表 6.12 和表 6.13 分别为复合材料包裹的十二直角截面薄壁梁 y 向和 z 向弯曲理论计算的最大力矩和平均力矩与有限元分析的误差。y 向理论计算的最大力矩和平均力矩相对有限元的误差不大于 10%，z 向理论计算的平均力矩相对有限元的误差不大于 10%，而最大力矩的误差较大，这是由于复合材料本身的复杂性导致理论计算和有限元分析之间存在一定误差。

由于复合材料复杂性，本章针对复合材料包裹的十二直角截面薄壁梁的压溃和弯曲性能仅进行了初步探讨。通过手工铺层、模压和辊压的方式可以成型出十二直角形状的复合材料薄壁梁，复合材料和金属薄壁梁之间可以紧密嵌套，也可以通过胶黏和螺钉等方式固定在一起，可用于门槛梁、保险杠吸能盒、上纵梁和前纵梁等车身薄壁梁安全构件[19, 34, 35]。

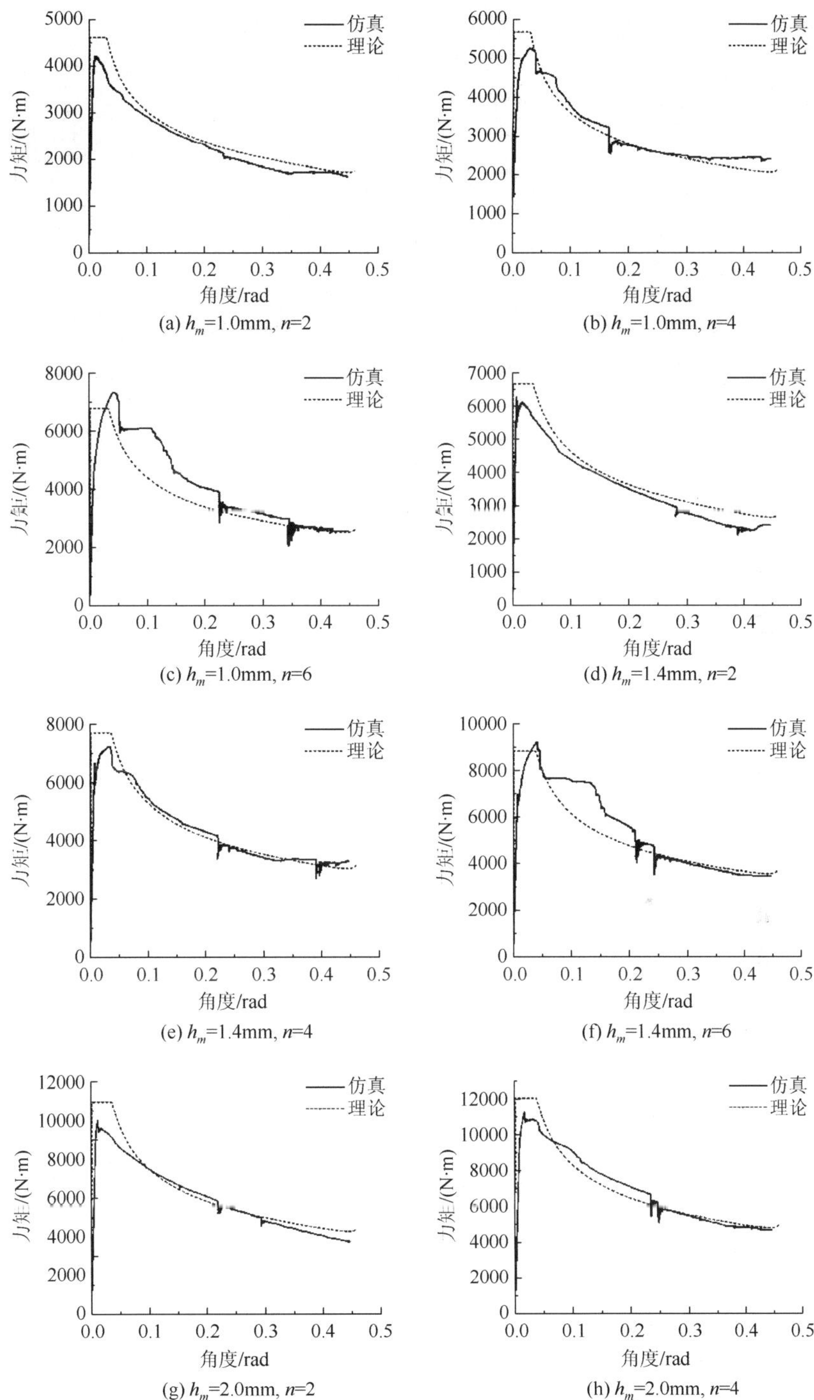

(a) h_m=1.0mm, n=2　　(b) h_m=1.0mm, n=4

(c) h_m=1.0mm, n=6　　(d) h_m=1.4mm, n=2

(e) h_m=1.4mm, n=4　　(f) h_m=1.4mm, n=6

(g) h_m=2.0mm, n=2　　(h) h_m=2.0mm, n=4

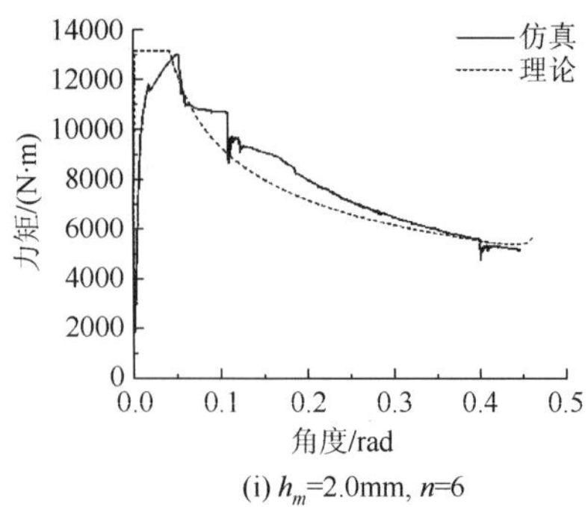

(i) h_m=2.0mm, n=6

图 6.59　y 向弯曲理论计算和有限元分析所得弯曲力矩-转角曲线对比

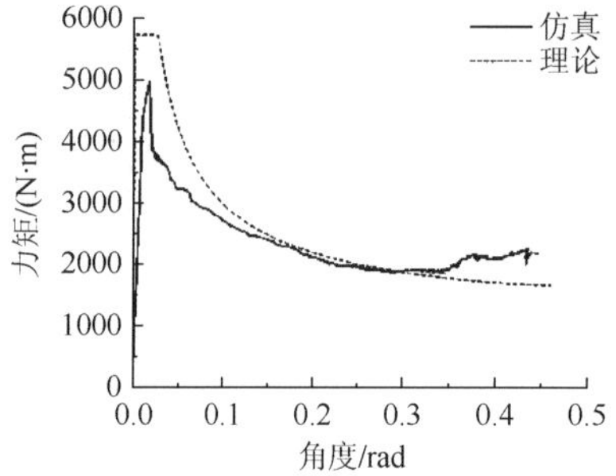

(a) h_m=1.0mm,n=2

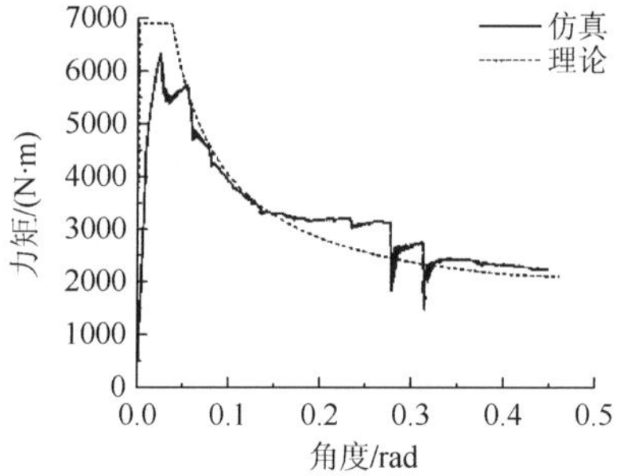

(b) h_m=1.0mm,n=4

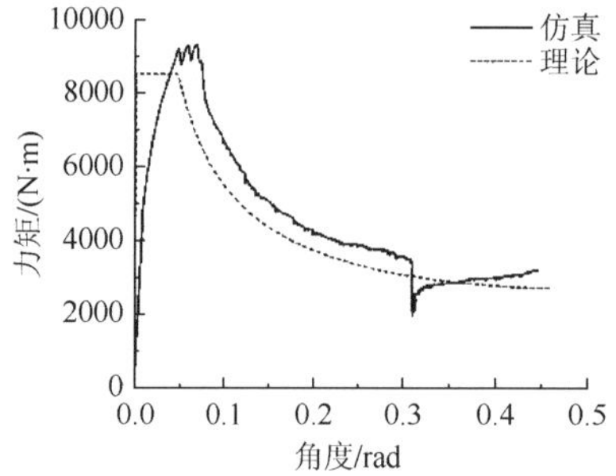

(c) h_m=1.0mm,n=6

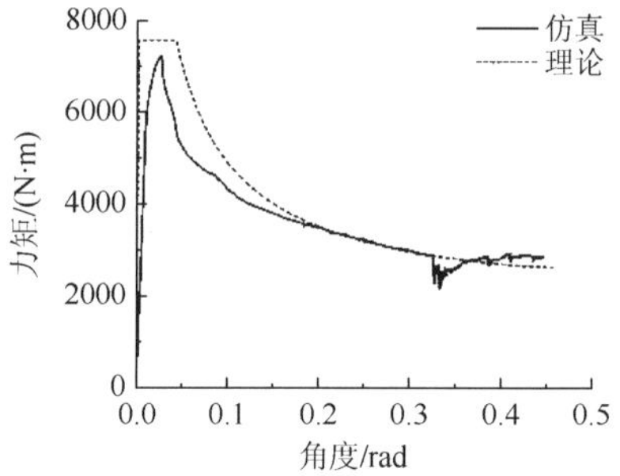

(d) h_m=1.4mm,n=2

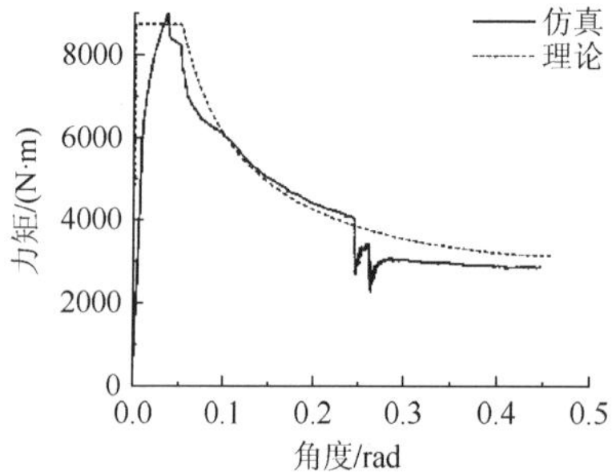

(e) h_m=1.4mm,n=4

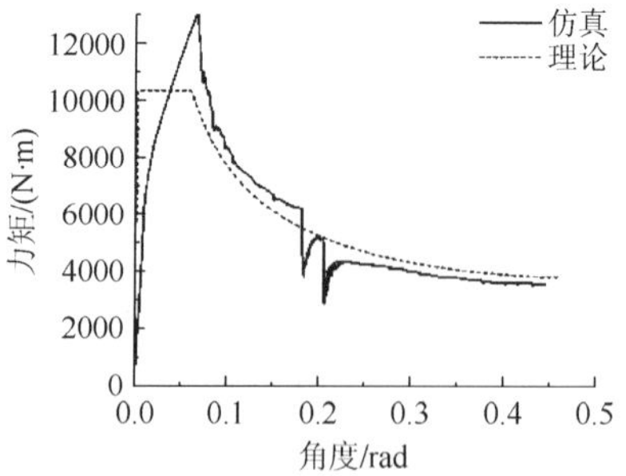

(f) h_m=1.4mm,n=6

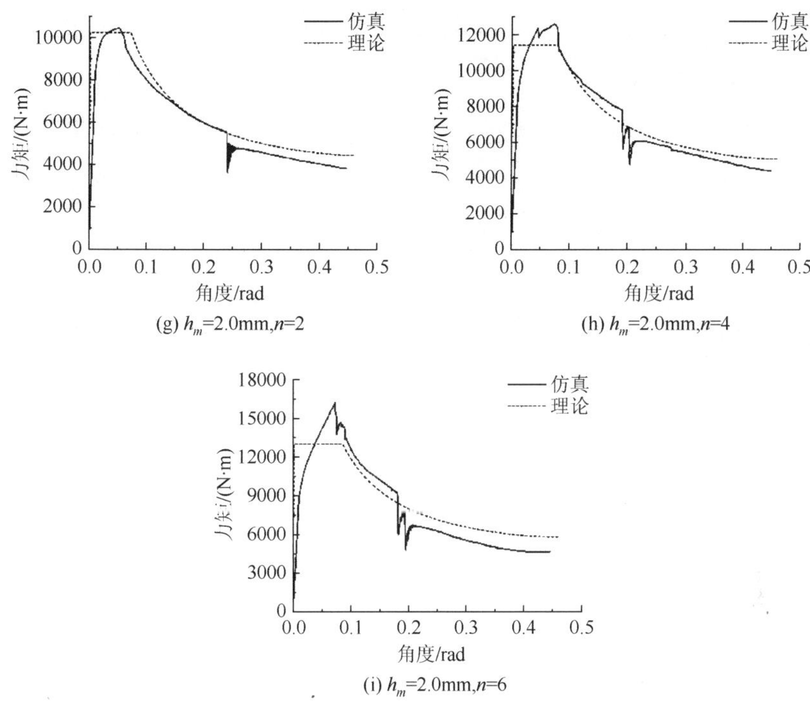

图 6.60　z 向弯曲理论计算和有限元分析所得弯曲力矩-转角曲线对比

表 6.12　复合材料包裹的十二直角截面薄壁梁 y 向弯曲理论和有限元分析对比

序号	最大力矩			平均力矩		
	理论计算/(N·m)	有限元分析/(N·m)	误差/%	理论计算/(N·m)	有限元分析/(N·m)	误差/%
(a)	4614.3	4198.3	9.9	2662.1	2431.3	9.5
(b)	5665.7	5241.7	8.1	3170.4	3161.8	0.3
(c)	6782.6	7346.6	−7.7	3724.9	4133.3	−9.9
(d)	6674.6	6130.6	8.9	4042.8	3675.0	10
(e)	7726.1	7254.2	6.5	4614.5	4514.3	2.2
(f)	8842.9	9239.7	−4.3	5358.5	5652.3	−5.2
(g)	10987.4	10043.1	9.4	6563.3	6247.8	5.0
(h)	12038.9	11267.1	6.9	7227.8	7164.5	0.9
(i)	13155.7	13052.2	0.8	8063.2	8305.8	−2.9

表 6.13　复合材料包裹的十二直角截面薄壁梁 z 向弯曲理论和有限元分析对比

序号	最大力矩			平均力矩		
	理论计算/(N·m)	有限元分析/(N·m)	误差/%	理论计算/(N·m)	有限元分析/(N·m)	误差/%
(a)	5732.7	4994.7	14.8	2574.4	2384.5	8.0
(b)	6898.3	6328.3	9.0	3468.3	3403.5	1.9
(c)	8505.7	9298.4	–8.5	4549.2	4829.3	–5.8
(d)	7568.4	7197.6	5.2	4012.6	3658.5	9.7
(e)	8734.2	8997.1	–2.9	5025.5	4624.3	8.7
(f)	10341.5	13093.5	–21.0	6171.3	6003.5	2.8
(g)	10238.7	10433.8	–1.9	6777.5	6297.3	7.6
(h)	11404.2	12561.1	–9.2	7717.4	7510.3	2.8
(i)	13011.7	16216.3	–19.8	8945.8	8419.8	6.2

参考文献

[1] Malen D E. Fundamentals of automobile body structure design[R]. SAE Technical Paper，2011.

[2] Wierzbicki T，Abramowicz W. On the crushing mechanics of thin-walled structures[J]. Journal of Applied Mechanics，1983，50（4a）：727-734.

[3] Abramowicz W，Jones N. Dynamic progressive buckling of circular and square tubes[J]. International Journal of Impact Engineering，1986，4（4）：243-270.

[4] Abramowicz W，Jones N. Dynamic axial crushing of square tubes[J]. International Journal of Impact Engineering，1984，2（2）：179-208.

[5] White M D，Jones N，Abramowicz W. A theoretical analysis for the quasi-static axial crushing of top-hat and double-hat thin-walled sections[J]. International Journal of Mechanical Sciences，1999，41（2）：209-233.

[6] Abramowicz W. Thin-walled structures as impact energy absorbers[J]. Thin-Walled Structures，2003，41（2）：91-107.

[7] Abramowicz W，Wierzbicki T. Axial crushing of multicorner sheet metal columns[J]. Journal of Applied Mechanics，1989，56（1）：113-120.

[8] Kecman D. Bending collapse of rectangular and square section tubes[J]. International Journal of Mechanical Sciences，1983，25（9）：623-636.

[9] Kecman D，Suthurst G D. Theoretical determination of the maximum bending strength in the car body components[C]. Papers Presented During the International Conference on Vehicle Structures Held at Cranfield Institute of Technology，Bedford，England，1984.

[10] Kim T H，Reid S R. Bending collapse of thin-walled rectangular section columns[J]. Computers & Structures，2001，79（20）：1897-1911.

[11] Thornton P H. Energy absorption by foam filled structures[R]. SAE Technical Paper，1980：96-117.

[12] Gibson L J，Ashby M F. 多孔固体结构与性能[M]. 刘培生译.北京：清华大学出版社，2003.
[13] Reddy T Y，Wall R J. Axial compression of foam-filled thin-walled circular tubes[J]. International Journal of Impact Engineering，1988，7（2）：151-166.
[14] Santosa S P，Wierzbicki T，Hanssen A G，et al. Experimental and numerical studies of foam-filled sections[J]. International Journal of Impact Engineering，2000，24（5）：509-534.
[15] Hanssen A G，Langseth M，Hopperstad O S. Static and dynamic crushing of square aluminium extrusions with aluminium foam filler[J]. International Journal of Impact Engineering，2000，24（4）：347-383.
[16] Zarei H R，Kröger M. Bending behavior of empty and foam-filled beams：Structural optimization[J]. International Journal of Impact Engineering，2008，35（6）：521-529.
[17] Mamalis A G，Manolakos D E，Demosthenous G A，et al. Axial plastic collapse of thin bi-material tubes as energy dissipating systems[J]. International Journal of Impact Engineering，1991，11（2）：185-196.
[18] Song H W，Wan Z M，Xie Z M，et al. Axial impact behavior and energy absorption efficiency of composite wrapped metal tubes[J]. International Journal of Impact Engineering，2000，24（4）：385-401.
[19] Bernal E，Cuartero J，Nuez C，et al. Advances in the crash simulation of vehicle frontal crash structures made of braided composite materials [R]. SAE Technical Paper，2004.
[20] Reid S R，Reddy T Y，Gray M D. Static and dynamic axial crushing of foam-filled sheet metal tubes[J].International Journal of Mechanical Sciences，1986，28（5）：295-322.
[21] 余同希，卢国兴. 材料与结构的能量吸收[M]. 华云龙译. 北京：化学工业出版社，2006.
[22] Santosa S P. Crashworthiness analysis of ultralight metal structures[J]. Massachusetts Institute of Technology，1999，68（4）：343-368.
[23] Hanssen A G，Langseth M，Hopperstad O S. Static crushing of square aluminium extrusions with aluminium foam filler[J]. International Journal of Mechanical Sciences，1999，41（8）：967-993.
[24] Seitzberger M，Rammerstorfer F G，Degischer H P，et al. Crushing of axially compressed steel tubes filled with aluminium foam[J]. Acta Mechanica，1997，125（1-4）：93-105.
[25] Zhao H，Abdennadher S. On the strength enhancement under impact loading of square tubes made from rate insensitive metals[J]. International Journal of Solids and Structures，2004，41（24）：6677-6697.
[26] Wierzbicki T，Jones N. Structural Failure[M]. New York：John Wiley and Sons，1989.
[27] 唐智亮. 薄壁结构轴向冲击能量吸收性能分析与改进设计[D]. 大连：大连理工大学，2012.
[28] Yamashita M，Gotoh M，Sawairi Y. Axial crush of hollow cylindrical structures with various polygonal cross-sections：Numerical simulation and experiment[J]. Journal of Materials Processing Technology，2003，140（1）：59-64.
[29] Chen W. Crashworthiness optimization of ultralight metal structures[J]. Polyhedron，2001，20（s3-4）：179-183.
[30] Mamalis A G，Manolakos D E，Demosthenous G A，et al. Analysis of failure mechanisms observed in axial collapse of thin-walled circular fibreglass composite tubes[J]. Thin-Walled Structures，1996，24（4）：335-352.
[31] 克莱恩. 轻量化设计——计算基础与构件结构[M]. 陈力禾译. 北京：机械工业出版社，2010.
[32] Wang X G，Bloch J A，Cesari D. Static and dynamic axial crushing of externally reinforced tubes[J]. Proceedings of the Institution of Mechanical Engineers，Part C：Journal of Mechanical Engineering Science，1992，206（5）：355-360.
[33] Hanefi E H，Wierzbicki T. Axial resistance and energy absorption of externally reinforced metal tubes[J].

Composites Part B：Engineering，1996，27（5）：387-394.

[34] Mahmood H，Moosa A G，Wang R. Crush design/analysis of composite vehicle front end structure[R]. SAE Technical Paper，2002.

[35] Park C K，Kan C D，Reagan S，et al. Crashworthiness and numerical analysis of composite inserts in vehicle structure[J]. SAE International Journal of Passenger Cars-Mechanical Systems，2012，5（2）：727-736.

第 7 章　乘员约束系统解析模型及参数求解

本章利用基本力学原理和理想气体状态方程（ideal gas state equation）建立了一种计算乘员与气囊相互作用关系的安全气囊解析模型（airbag analytical model），给出了安全气囊各设计参数与乘员响应内在联系的解析表达。气囊解析模型的建立不仅有助于对乘员与安全气囊相互作用的力学关系的深入研究，而且能够在概念设计阶段进行乘员响应快速求解与安全气囊主要参数设计，并为后续的安全气囊详细计算机仿真分析、气囊模块试验、台车试验等提供设计指导与初始设计参数范围。

本章在单自由度模型（见 3.1 节）基础上，构建了双自由度人体简化模型，并与约束系统子系统（包括安全带、安全气囊和转向机构）解析方程集成，形成了能够表达更多人体和约束系统参数的车体-乘员双自由度解析模型，简称双自由度模型。

值得一提的是，本章模型由于方程复杂，需借助于 MATLAB 等计算软件实现乘员响应的快速求解。因此本章可输入任意离散的车体碰撞波形，也因为这个原因，本章模型较简化波形更为精确。

7.1　气囊解析模型

7.1.1　基本假设与模型简化

当车辆发生正面碰撞时，以车辆作为参考坐标系，若无约束系统对人体的限制作用，人体运动是以车体加速度历程冲向仪表板的过程详见式（1.7）和式（1.8）。在该过程中，安全气囊充气展开后承受乘员的初始动能进而产生压缩变形以吸收该初始动能[1]，与此同时，其内部气体由于气囊内、外环境的压力差而通过泄气孔排出。根据上述对碰撞时安全气囊变化过程的分析，在只考虑乘员与安全气囊整体作用效果时，乘员与安全气囊的相互作用可以近似简化为一个冲击块以一定初速度撞击一个带有排气孔的“缓冲垫”的简化模型，如图 7.1 所示。

在实际的气囊开发过程中，针对气囊的模块试验都是上述简化模型的具体表现，如气囊冲击试验、跌落塔试验等。其中，跌落塔试验作为乘员与安全气囊相互作用的一种模块试验方法，大量应用于产品开发阶段[2, 3]，气囊跌落塔试验的结

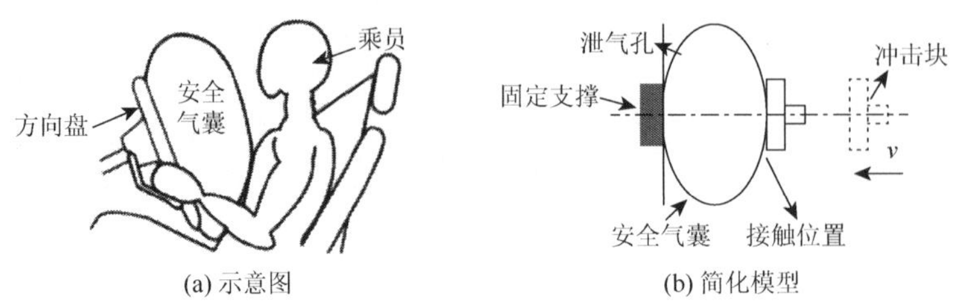

图 7.1　乘员与气囊相互作用关系及简化模型

果将能够在一定程度上反映气囊在实际碰撞中的保护效果。通常，安全气囊在与整车匹配之前可进行多次的跌落塔试验，其目的一是进行气囊展开的可靠性测试，二是进行初始设计参数的验证。因此，本书选定跌落塔试验作为建立气囊解析模型的基本试验工况，跌落塔试验和相应简化模型见图 7.2。

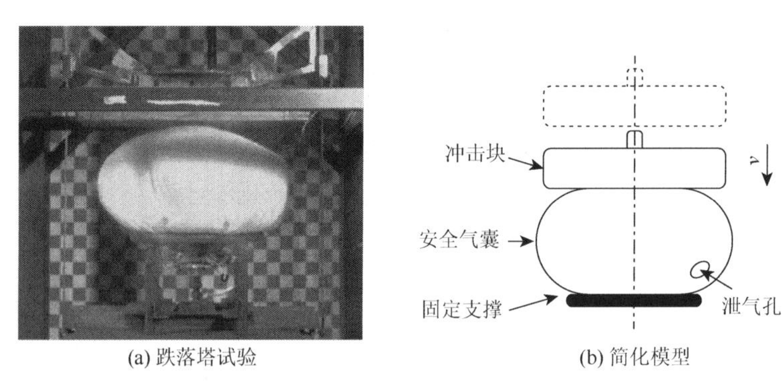

图 7.2　跌落塔试验和相应简化模型

为研究问题方便，本书引入以下假设：①冲击块的运动方向平行于支撑面的法线方向；②气囊袋体材料无弹性，且忽略袋体织物自身弹性变形和质量的吸能贡献；③安全气囊内部气体为理想气体、温度保持恒定且在整个气囊中均匀分布；④冲击块与气囊接触时刻不早于气囊充气完成时刻；⑤排气孔在碰撞发生的整个过程中保持标准形状且不被堵塞；⑥排气孔处气流流动为一维、准静态等熵流动。

7.1.2　气囊解析模型的建立与冲击块响应求解

1. 冲击块与安全气囊基本力学关系

在跌落塔试验中，冲击块与安全气囊的力的作用关系如下：

$$M_c g-(P-P_{\mathrm{atm}})S_c=M_c a_c \tag{7.1}$$

$$a_c = g - (P - P_{\text{atm}})\frac{S_c}{M_c} \tag{7.2}$$

式中，M_c 为冲击块质量；P 为气囊内部压强；P_{atm} 为大气压强；S_c 表示冲击块与气囊接触面积；g 为重力加速度；a_c 为冲击块加速度，取竖直向下为正方向。

在之前的假设中已经假定气囊内部气体为理想气体且温度保持恒定，根据理想气体状态方程可以建立气囊内部压强与内部气体密度的关系：

$$PV = \frac{m_g}{M_g} RT_g \tag{7.3}$$

$$P = \rho \frac{RT_g}{M_g} \tag{7.4}$$

式中，R 为理想气体状态常数；T_g 为气囊内部混合气体平均温度；M_g 为气囊内部混合气体摩尔质量；m_g 为气囊内部混合气体质量；V 为气囊体积。将该压强表达式代入冲击块加速度表达式中可得

$$a_c = g - \left(\rho \frac{RT_g}{M_g} - P_{\text{atm}}\right)\frac{S_c}{M_c} \tag{7.5}$$

由上述方程可知，冲击块加速度的大小直接与气囊内部混合气体质量、气囊体积以及冲击块和气囊接触面积的变化情况相关，因此下面将进一步建立描述这几部分的相关方程。

2. 气囊体积及接触面积计算

根据驾驶员正面气囊变形特点将气囊近似划分成两个部分，第一部分为气囊中间的圆柱体，其直径和高分别用 ϕ 和 H 表示，其中 H 为冲击块到气囊支撑平面的距离；第二部分为气囊外部的截面为两个半圆形的左右部分，其半径为 $H/2$，如图 7.3 所示。充气完成的气囊在受到冲击块冲击的过程中将产生几何尺寸的变化，逐渐从一个厚度较大的圆盘形变化成一个厚度较小的圆盘形，这个过程将会导致气囊体积以及冲击块与气囊接触面积的改变，并进一步影响冲击块的受力情况，如图 7.3 所示。

基于本书前面袋体材料无弹性的假设，根据 Esgar 和 Morgan 的研究，可认为冲击过程中过气囊轴线的气囊任意横截面的周长保持恒定[4]，因此，在气囊产生几何尺寸变化的过程中，该周长恒为气囊展平时布片直径的 2 倍，假定气囊展平后布片直径为 D_A。

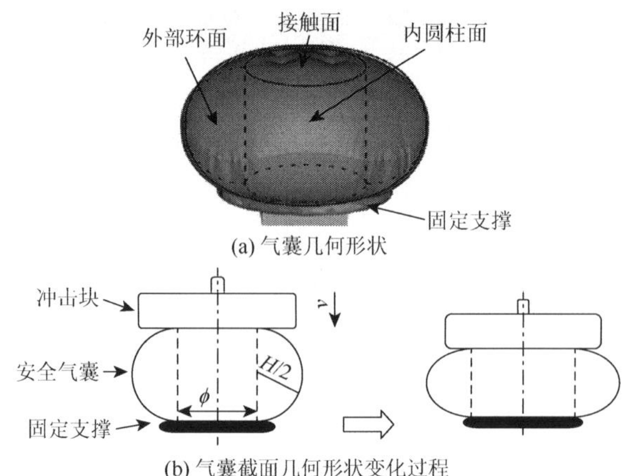

(a) 气囊几何形状

(b) 气囊截面几何形状变化过程

图 7.3　气囊几何形状划分及其截面几何形状变化过程示意图

根据气囊截面周长恒定的假设以及对气囊的近似划分可以建立气囊各尺寸参数之间的联系。则有

$$\pi H + 2\phi = 2D_A \tag{7.6}$$

$$\phi = D_A - \frac{1}{2}\pi H \tag{7.7}$$

在该简化模型中将气囊中部圆柱体的上底面面积近似看作冲击块与气囊的接触面积（如果分析冲击块形状对冲击块响应的影响则可考虑针对接触面积引入修正系数）。

$$S_c = \pi\left(\frac{\phi}{2}\right)^2 \tag{7.8}$$

根据上述对气囊的近似划分，建立气囊两部分体积的数学表达式，其中 V_1 表示气囊中部的圆柱体体积，V_2 表示气囊外部的圆环体积，V 表示气囊总体积。

$$V_1 = \pi\left(\frac{\phi}{2}\right)^2 H \tag{7.9}$$

$$V_2 = \int_{\frac{\phi}{2}}^{\frac{\phi+H}{2}} 4\pi x\sqrt{\left(\frac{H}{2}\right)^2 - \left(x - \frac{\phi}{2}\right)^2}\,\mathrm{d}x \tag{7.10}$$

$$V = V_1 + V_2 \tag{7.11}$$

3. 气囊腔内部气体质量

一般情况下，安全气囊排气孔是气囊袋体织物上的一个圆形孔洞，气囊内部的气体在安全气囊内、外环境的压力差下从排气孔排出，因此排气孔面积大小将直接影响气囊内部气体的排出量。若排气孔面积过大，造成气囊内部气体的流出量过大，内部气体压强将会迅速降低进而使得气囊“刚度”过小，导致气囊对于乘员的约束缓冲作用降低，使得乘员头、胸部易“砸穿”气囊与转向盘等刚性部件发生“二次碰撞”[5]，并最终造成严重的伤害。若排气孔面积过小，造成气囊内部气体的流出量过小，内部气体压力过大并使得气囊“刚度”过大，导致乘员和气囊之间发生“刚性”接触，同样可能会造成严重的乘员伤害。

综上分析，排气孔面积的大小将直接影响排气质量并进一步影响气囊内部气体质量、压强和缓冲效果，因此需对排气孔处气体流量的大小及其相关因素进行力学分析。基于本书前面的假设，建立排气孔处局部简化力学模型，如图 7.4 所示。

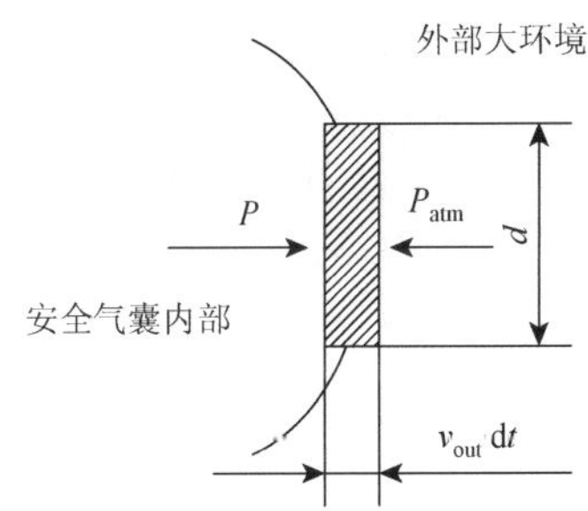

图 7.4　排气孔处气体流动的简化力学模型

$\mathrm{d}m_o$ 表示在时间增量 $\mathrm{d}t$ 下通过排气孔排出的气体质量微元，F_o 表示该排气质量微元在排气孔法线方向上受到的力，d 表示排气孔直径，h 表示排气速率，气体质量微元的流动方向为排气孔外法线方向。则有

$$\mathrm{d}m_o = \rho S_h h \mathrm{d}t \tag{7.12}$$

$$S_h = \frac{1}{4}\pi d^2 \tag{7.13}$$

$$m_g = m(t_{\mathrm{critical}}) - m_o = m(t_{\mathrm{critical}}) - 2\int_0^t \mathrm{d}m_o \tag{7.14}$$

式中，ρ 表示气囊内部混合气体密度；S_h 表示排气孔面积；m（t_{critical}）表示气体发生器充气完成时刻的气囊内部混合气体质量；m_o 表示由排气孔泄出的气体质量（通常正面安全气囊有两个排气孔）。对质量微元 $\mathrm{d}m_o$ 进行动力学分析，由动量定理可得

$$h\mathrm{d}m_o = F_o \mathrm{d}t \tag{7.15}$$

$$F_o = (P - P_{\mathrm{atm}})S_h \tag{7.16}$$

联立以上各方程可得

$$h = \sqrt{\frac{P - P_{\mathrm{atm}}}{\rho}} \tag{7.17}$$

$$m_g = m(t_{\mathrm{critical}}) - 2\int_0^t \rho S_h \sqrt{\frac{P - P_{\mathrm{atm}}}{\rho}} \mathrm{d}t \tag{7.18}$$

可以看出，排气孔排气速率的大小取决于安全气囊内外压强差和气囊内部混

合气体密度。安全气囊内外压强差越大，混合气体密度越小，则排气越快，气囊内部气体质量下降越快。此外，由于安全气囊内部压强是一个变量，其内部气体的密度也是一个变量，所以安全气囊排气孔的排气速率并非定值，而是一个随时间变化的量。

4. 气囊解析模型的建立与迭代求解

基于以上对冲击块与安全气囊基本力学关系、气囊体积及接触面积、气囊内部气体质量的分析，在该部分对这几个相互关联的物理过程进行整合以获得对各部分相互影响关系以及整个气囊解析模型的整体认识。通过将描述气囊体积及接触面积、气囊内部气体质量和理想气体状态的方程代入冲击块与气囊基本力学关系表达式中，就能建立起冲击块加速度响应与气囊几何参数、气囊内部气体特征参数之间的关系：

$$a_c = g - \left(\frac{m(t_{\text{critical}}) - 2\int_0^t \rho S_h \sqrt{\dfrac{P - P_{\text{atm}}}{\rho}} \mathrm{d}t}{\pi\left(\dfrac{\phi}{2}\right)^2 X + \int_{\frac{\phi}{2}}^{\frac{\phi+H}{2}} 4\pi x \sqrt{\left(\dfrac{H}{2}\right)^2 - \left(x - \dfrac{\phi}{2}\right)^2} \mathrm{d}x} \frac{RT_g}{M_g} - P_{\text{atm}} \right) \frac{\pi\left(\dfrac{\phi}{2}\right)^2}{M_c} \tag{7.19}$$

该方程左侧是冲击块加速度响应，右侧包含的变量均为安全气囊的主要设计参数，如气体发生器充气完成时的气囊内部气体质量（m（t_{critical}））、排气孔面积（S_h）等。基于该方程，在实际概念设计阶段给定安全气囊主要设计参数的情况下可以快速求解乘员加速度响应，或是在给定乘员加速度响应目标的情况下进行气囊参数的快速优化设计。在该方程中气囊内部气体压强（P）、内部混合气体密度（ρ）等参数是待求解量，同时其大小随时间和其他气囊状态量的变化而变化，这种相互影响的关系导致该方程无法通过直接求解而获得相应结果，因此考虑采用数值迭代的方法求解该方程，即对整个系统的变化过程在时间域上进行离散并通过给定初始条件在 MATLAB 中进行迭代求解，MATLAB 程序见附录Ⅲ。

7.1.3　气囊解析模型的验证

1. MADYMO 标准工况下的仿真验证

MADYMO 是荷兰国家应用科学研究院开发的汽车碰撞伤害模拟软件，使用多体系统和瞬态显示有限元一体化求解器对模型进行求解，其仿真精度和数据可信度已被很多研究机构所认可，被广泛用于气囊的设计和参数优化等研究中。MADYMO 自带的气囊模型参数来自于荷兰代尔夫特天欧碰撞测试中心的相关试验数据，在仿真优化中也证明了其可靠性和有效性[6, 7]。因此，通过 MADYMO 软件进行模拟仿真是目前乘员约束系统研究和优化的重要手段[8]。

本书采用驾驶员侧正面安全气囊跌落塔试验工况下的 MADYMO 仿真分析来验证安全气囊解析模型的准确性。采用软件（7.4 版本）自带的驾驶员正面安全气囊，基本试验条件为：气囊直径为 635mm，带有两个直径为 36.6mm 的泄气孔，气囊拉带长度为 280mm，充满时的体积约为 45L，冲击块质量为 25kg，冲击块下表面距离转向盘中心上表面的距离为 450mm 并以 5.85m/s 的初速度下落，下落时刻和气囊起爆时刻相同，重力加速度为 9.8m/s²。气体发生器质量流率曲线和孔口温度曲线见图 7.5，相应的初始参数设定见表 7.1。图 7.6 为仿真分析的时序图，图 7.7 给出了两种方式下所得到的冲击块加速度响应情况对比。

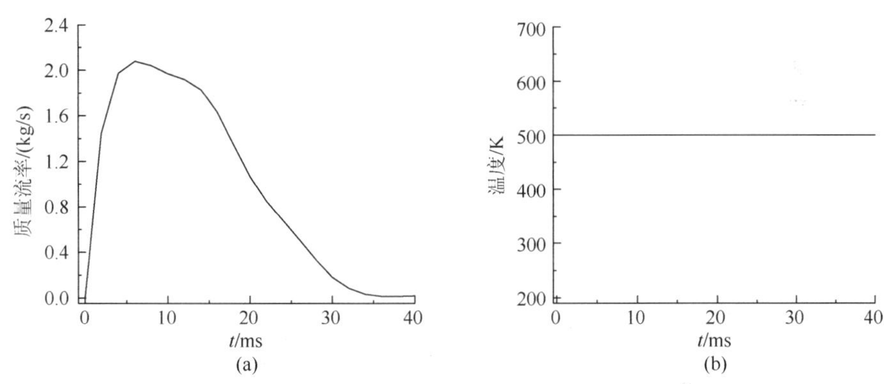

图 7.5　气体发生器质量流率曲线和孔口温度曲线

表 7.1　理论模型初始参数

参数	取值	参数	取值
t_{critical}/ms	35	M_c/kg	25
$M_c(t_{\text{critical}})$/kg	0.04	g/(m/s²)	9.8
d/m	0.03657	$v(t_{\text{critical}})$/(m/s)	6.1867
D/m	0.635	T/K	500
$X(t_{\text{critical}})$/m	0.28	P_{atm}/Pa	101325
$z(t_{\text{critical}})$/ms	0	R/[J/(mol·K)]	8.314
$w(t_{\text{critical}})$/m	0	M/(kg/mol)	0.028
$m(t_{\text{critical}})$/m	0	—	—

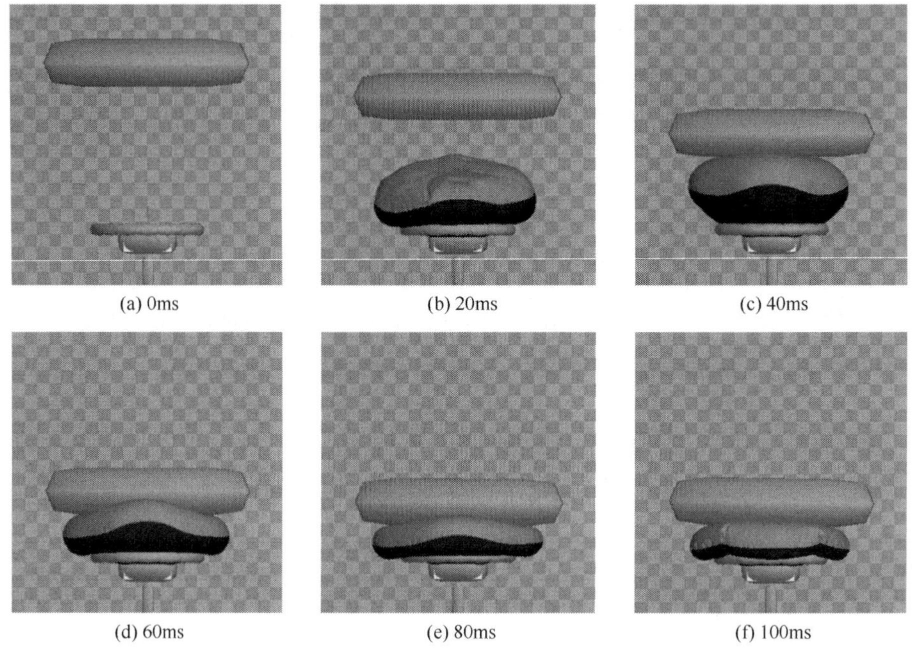

图 7.6　MADYMO 仿真分析时序图

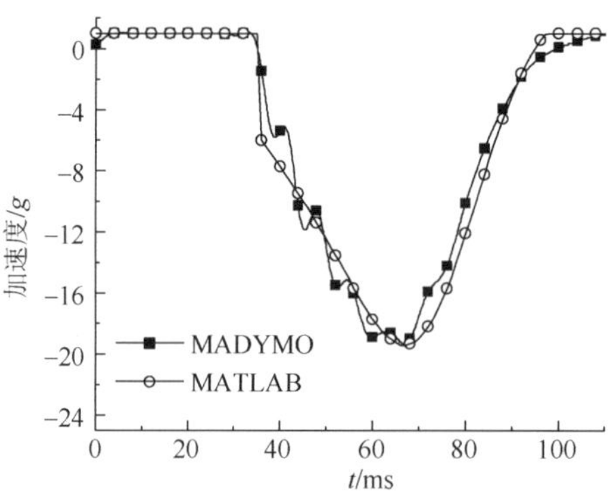

图 7.7　冲击块加速度响应对比

对比两种方式获得的冲击块加速度响应，可以看出：

（1）通过气囊解析模型获得的冲击块加速度响应峰值与仿真分析得到的冲击块加速度响应峰值大小和出现时刻接近（解析模型峰值与仿真分析峰值间的误差约为 0.4%），此外，通过气囊解析模型获得的冲击块加速度响应趋势和脉宽也与仿真分析得到的结果相接近，因此，说明在该实验工况下能够通过气囊解析模型较为准确地预估出冲击块加速度峰值的大小和出现时刻及其整体趋势。

（2）由于冲击块与安全气囊接触过程中，气囊内部气体会在气囊中产生不规则的流动，同时气囊内部气体也会通过排气孔以湍流或是射流的方式高速泄到气囊外部，因此导致仿真分析得到的冲击块加速度响应曲线产生波动效果，而安全气囊解析模型没有采用复杂的非线性流体动力学公式描述内部气体的运动以及泄出过程，所以不能复现加速度响应的波动效果，但通过安全气囊解析模型计算出的冲击块加速度响应的整体趋势与仿真分析结果是一致的。

2. 不同充气量和排气孔直径下的仿真验证

通常情况下，气囊设计中会考虑具体车型的内部空间尺寸、整车碰撞性能、气体发生器充气量、排气孔直径及位置、气囊大小及尺寸、气囊材料与折叠方式等[9]。在车型选定的情况下，气体发生器充气质量和排气孔直径是安全气囊的主要设计参数，针对气囊的试验及仿真优化基本上都会涉及这两个参数[1]。为检验气体发生器充气量和排气孔直径变化后安全气囊解析模型的有效性，结合安全气囊气体发生器零部件厂商提供的安全气囊充气量等级和常用的排气孔直径，组合出 20 组安全气囊试验设计（design of experiment，DOE）参数组合，见表 7.2。所有的试验样本都将采用 MADYMO 软件自带的驾驶员侧正面气囊模型进行仿真分析。再利用气囊解析模型求解出相应参数组合下的冲击块加速度响应，图 7.8 中对比了两种方式（仿真分析和气囊解析模型）下的冲击块加速度响应情况，表 7.3 中对比了两种方式下的加速度响应峰值误差。

表 7.2　DOE 参数组合试验编号

充气量 $M(t_{critical})$/g	泄气孔直径/mm				
	25	30	35	40	45
0.035	1-1	1-2	1-3	1-4	1-5
0.040	1-6	1-7	1-8	1-9	1-10
0.045	1-11	1-12	1-13	1-14	1-15
0.050	1-16	1-17	1-18	1-19	1-20

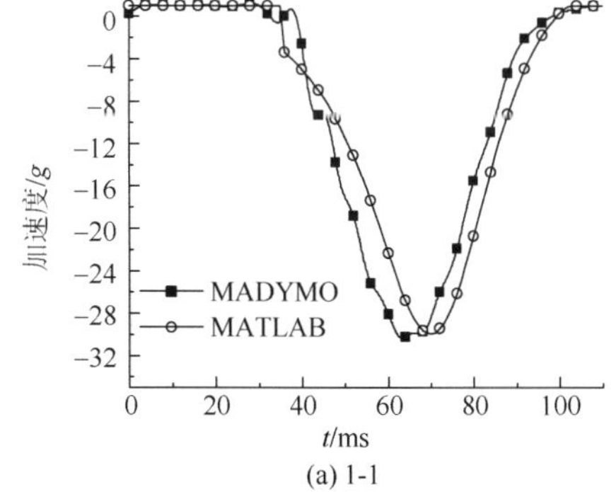

(a) 1-1

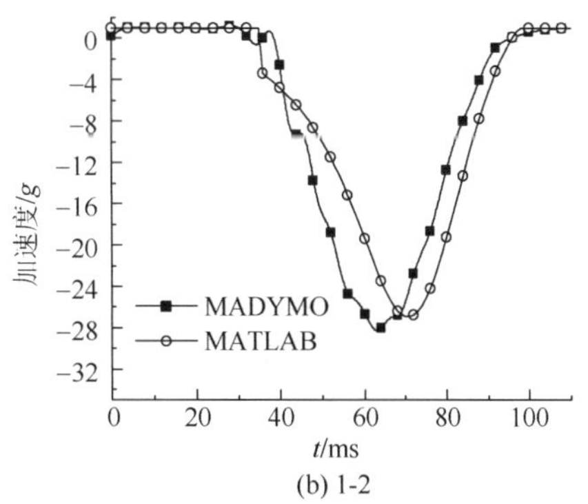

(b) 1-2

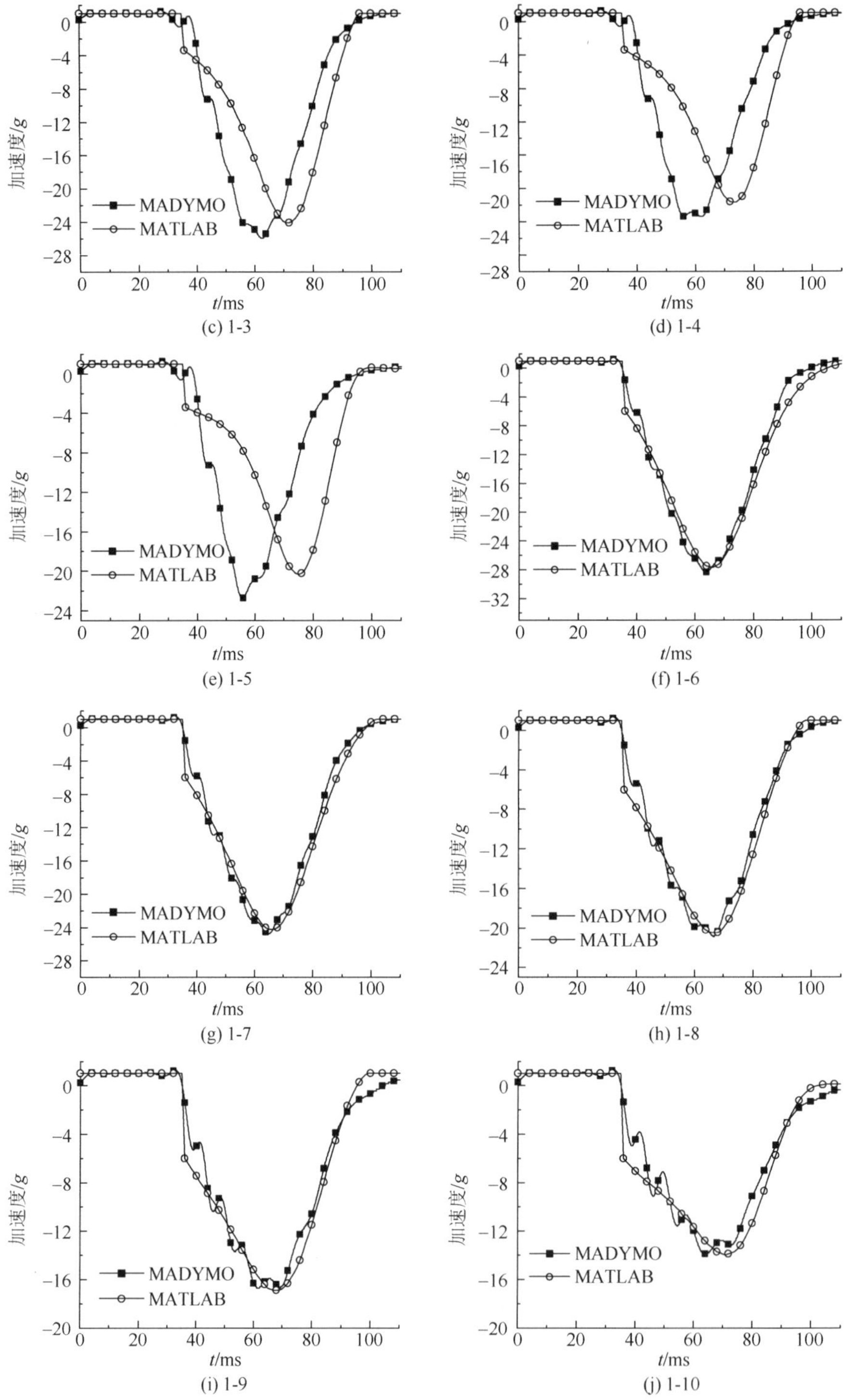

(c) 1-3

(d) 1-4

(e) 1-5

(f) 1-6

(g) 1-7

(h) 1-8

(i) 1-9

(j) 1-10

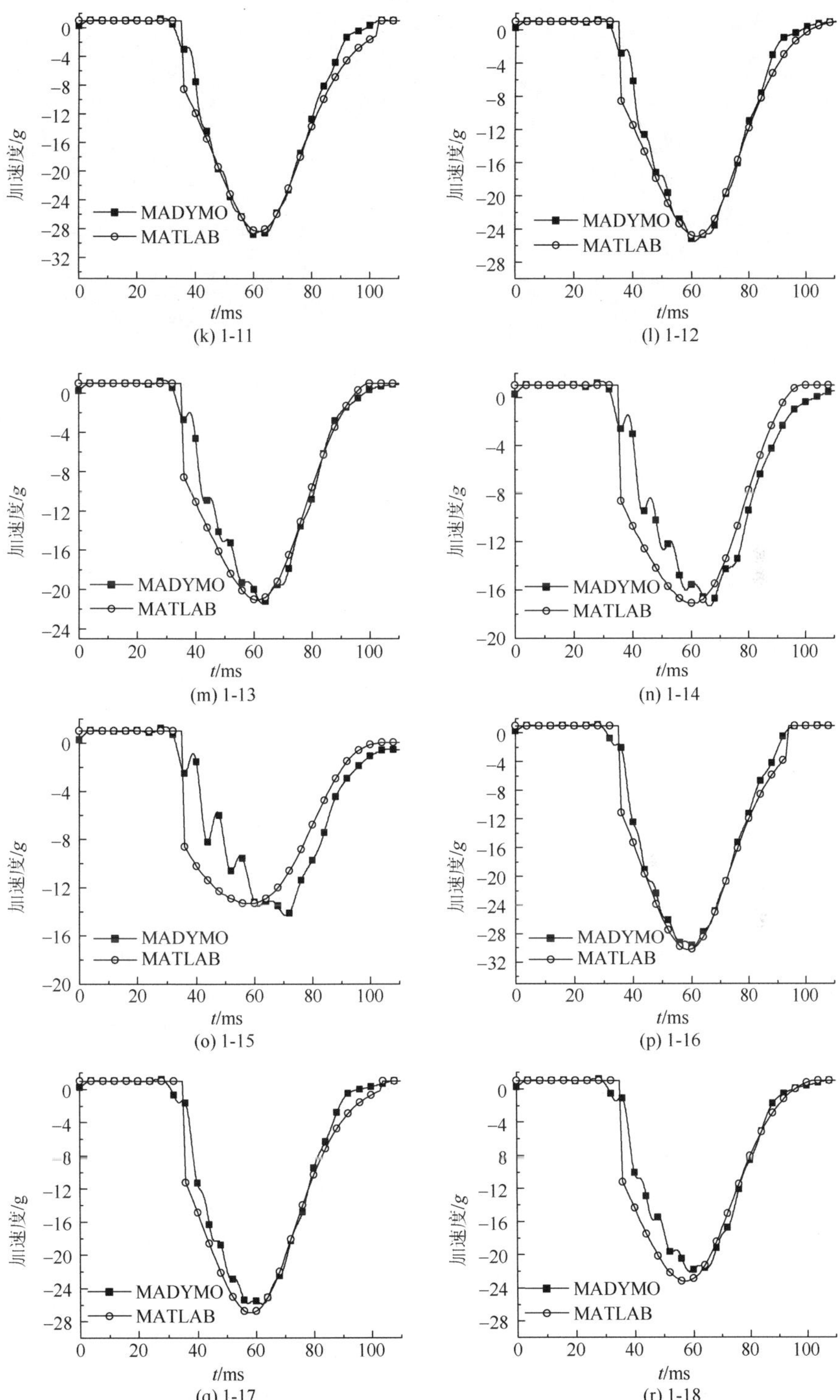

(k) 1-11　(l) 1-12

(m) 1-13　(n) 1-14

(o) 1-15　(p) 1-16

(q) 1-17　(r) 1-18

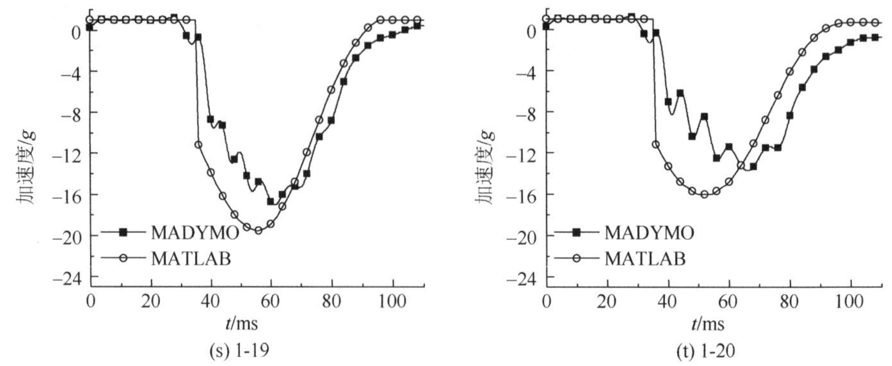

(s) 1-19　(t) 1-20

图 7.8　不同充气量和排气孔直径下的冲击块加速度响应

表 7.3　加速度响应峰值误差

试验序号	误差/%	试验序号	误差/%
1-1	1.5	1-11	1.4
1-2	4.7	1-12	2.3
1-3	7.1	1-13	1.6
1-4	7.2	1-14	1.2
1-5	10.7	1-15	7.2
1-6	2.5	1-16	1.7
1-7	2.2	1-17	4.1
1-8	1.5	1-18	5.4
1-9	1.5	1-19	14.5
1-10	0.3	1-20	17.1

大部分气囊参数组合中，通过解析模型均能很好地求解冲击块响应情况（冲击块加速度响应峰值误差均在 10%以内）；而在 1-5、1-19、1-20 试验组中误差较为明显（冲击块加速度响应峰值误差大于 10%）。相较于 MADYMO 标准工况中的气囊参数，误差较为明显这几组的排气孔尺寸偏大，同时充气质量偏高或偏低，说明解析模型在求解极端情况下的冲击块响应稍有不准。

因此，在本书选定参数范围内的大部分情况下，通过气囊解析模型可直接预估出不同气囊参数组合下的冲击块加速度峰值大小和对应时刻，并且不同参数组合的优劣可以得到快速的评价。而在较为极端的情况下，则可考虑通过对模型进行参数修正来提高气囊解析模型的求解精度。

3. 冲击块与气囊接触时刻和初始下落距离的影响

气囊最佳工况是保证在发生碰撞后，乘员的头、胸部与气囊接触时，气囊刚充气展开完毕并具有一定的支撑刚度，从而能够为乘员头、胸部提供足够的支撑力。如果气囊尚未充气完毕，乘员的头部已经接触到气囊（早接触），则气囊不仅不能起到缓冲吸能的作用，巨大的爆炸力反而会将乘员打伤[10]。在为具体车型匹配安全气囊时，通常会尽量避免发生早接触，但允许发生一定程度的晚接触情况。因此，在本书气囊解析模型中考虑两种冲击块晚接触的工况，其一是使冲击块延迟一定时间下落，其二是使冲击块相对于气囊的初始下落距离增大（相当于增大冲击块接触时的速度）。

为检验在这两种工况下解析模型的有效性，基于 MADYMO 自带的驾驶员正面气囊模型，在三个不同的冲击块下落时刻延迟（定义为 z（t_{critical}））和三个不同的冲击块初始下落距离增大量（定义为 w（t_{critical}））条件下进行仿真分析，再利用气囊解析模型求解出相应条件下的冲击块加速度响应。假定气囊在充气完成和冲击块接触的这段时间内只发生内部气体质量的改变。图 7.9 对比了两种方式（仿真分析和气囊解析模型）下的冲击块加速度响应情况。

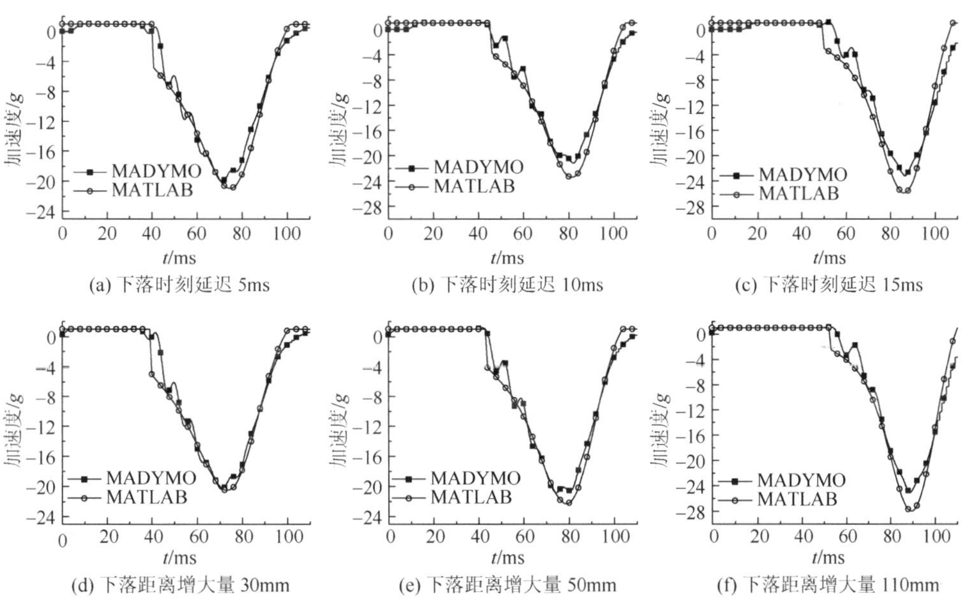

图 7.9　不同下落距离下的冲击块加速度响应对比

从图 7.9 中可以看出，在冲击块与气囊接触时刻相对于气囊充气完成时刻有一定延迟或在改变冲击块初始下落距离的情况下，通过气囊解析模型获得的冲击块加速度响应峰值与仿真分析得到的冲击块加速度响应峰值大小和出现时刻接近（解析模型峰值与仿真分析峰值间的最大误差在 10%左右），此外，通过气囊解析模型获得的冲击块加速度响应趋势和脉宽也与仿真分析得到的结果相接近，且不同延迟程度和下落距离增大量下的冲击块加速度响应变化趋势与仿真分析结果的变化趋势相一致。

7.2　基于单自由度模型的乘员约束系统参数求解

7.2.1　单自由度模型任意波形求解算法

第 2 章给出了单自由度模型在矩形波、正弦波和双台阶波输入下的乘员响应（胸部质量块加速度）的计算和表达。本节模型考虑到任意波形输入，给出算法程序。

将实际的碰撞波形转化成离散变量，利用 MATLAB 编写求解算法程序构造出车辆碰撞乘员胸部运动响应循环方程。该运算程序以车体碰撞波形为输入，将离散的数据点积分得到车体速度 $\dot{x}_v$、车体位移 x_v、乘员与车体的相对位移 $|x_o-x_v|$、约束力 F，从而求得乘员加速度响应 $\ddot{x}_o$。循环算法如图 7.10 所示，当安全带力达到限力水平时，程序自动调用事先设定好的限力值 F_L 进行计算。MATLAB 迭代程序见附录Ⅲ。

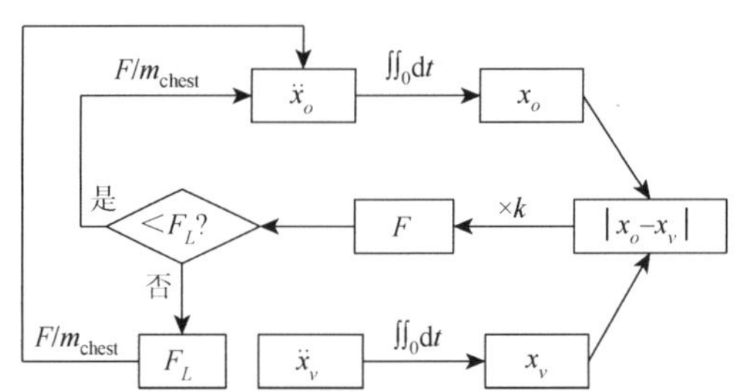

图 7.10　单自由度车辆碰撞模型乘员响应核心算法

利用该计算程序将正面碰撞曲线作为输入，得到代表人体胸部的质量块的加速度曲线。为了验证其精确度，利用 MADYMO 软件构建了完整台车实验仿真模型，求解得到乘员胸部加速度曲线。将上述两条计算曲线与实际试验测得曲线进行对比（图 7.11），单自由度车辆碰撞模型计算得出的乘员胸部加速度曲线与 MADYMO 仿真和台车实验都具有较好的一致性。

7.2.2　单自由度模型的改进

为了将安全带和安全气囊的作用分开考虑，本节将单自由度模型（见 3.1 节）

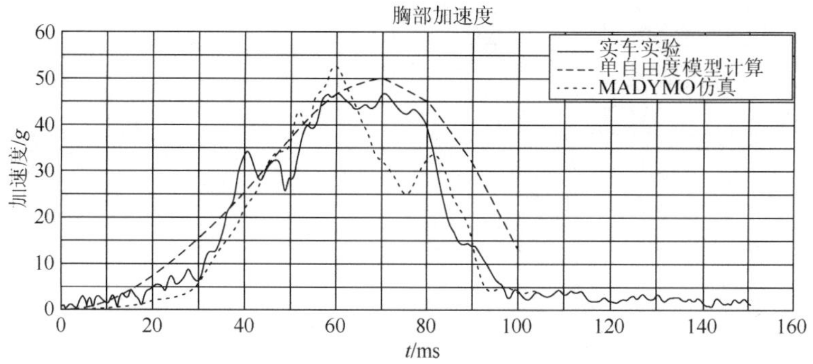

图 7.11　单自由度模型与实车实验乘员加速度对比

中的弹簧刚度 k 拆分成两个部分：安全带等效刚度 k_1 和安全气囊等效刚度 k_2。安全带等效刚度 k_1 和安全带织带刚度、限力值、预紧量相关，安全气囊等效刚度 k_2 和安全气囊体积、充气量、泄气孔直径相关。带有安全带和安全气囊主要参数的改进的单自由度模型如图 7.12 所示。

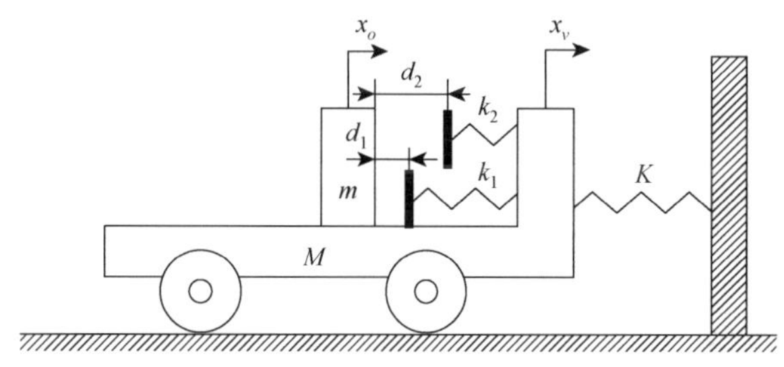

图 7.12　改进的单自由度模型

其中，M 代表车体质量，x_v 代表车体绝对位移，m 代表乘员质量，x_o 代表乘员绝对位移，d_1 是乘员与安全带之间的初始间隙，可表示安全带的预紧量。k_1 代表安全带等效刚度，d_2 代表乘员与安全气囊之间的初始距离，k_2 代表安全气囊等效刚度。

在碰撞发生前，乘员 m 车体 M 以相同的速度向前运动，m 相对于 M 保持静止，即等于 0。碰撞发生后，m 相对于 M 产生向前的运动，两者间的相对距离不再为 0，当大于 d_1 时，m 与安全带弹簧模型 k_1 发生接触。当大于 d_2 时，安全气囊弹簧模型 k_2 和 k_1 共同作用于 m。

构造的算法中有两处逻辑判断，即安全带是否达到限力值和乘员是否与安全气囊接触。

构造改进单自由度模型求解算法的流程图，如图 7.13 所示。

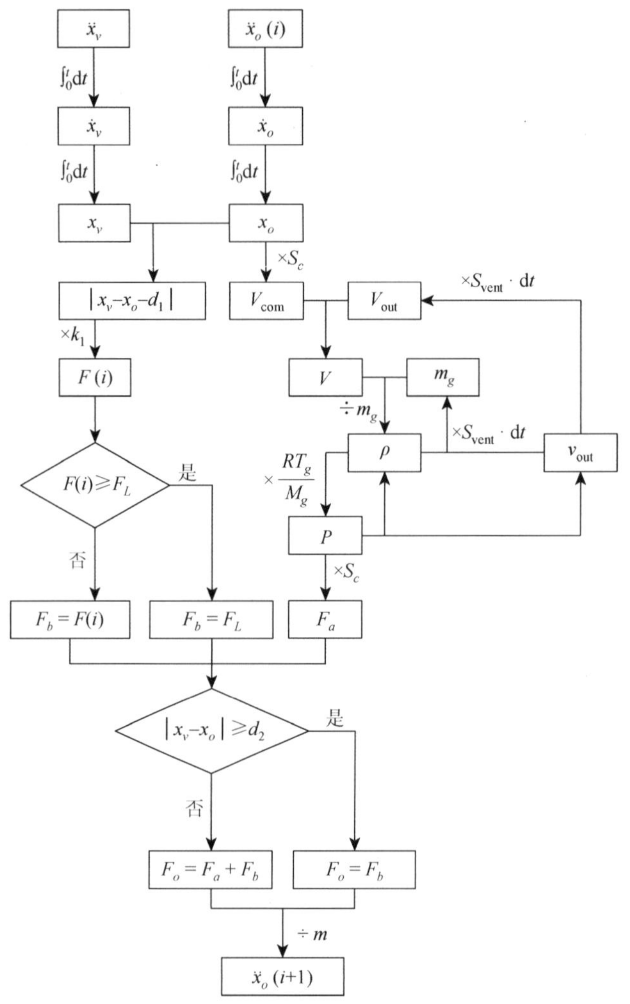

图 7.13　改进单自由度模型迭代求解算法流程图

改进单自由度模型的 MATLAB 求解程序见附录Ⅲ。

模型的基本输入条件为车体碰撞波形；初始状态值包括车体速度初始值、乘员速度的初始值、乘员与安全气囊之间的初始距离；输出值为乘员响应；设计参数包括安全带等效刚度、安全带限力值、安全带预紧量、安全气囊体积、安全气囊泄气孔面积、气体发生器发气量、混合气体温度、混合气体平均摩尔质量。

在乘员约束系统参数设计阶段，将碰撞波形作为改进的单自由度模型求解程序的输入条件，根据碰撞工况和车内结构尺寸确定初始状态值，输入安全气囊和安全带参数组合设计值，即可得到各个参数组合对应的乘员响应。根据乘员伤害，比较参数组合的优劣。

7.2.3　乘员约束系统参数设计实例

在 50km/h 正面全宽刚性壁障碰撞试验条件下，某小型乘用车的碰撞加速度波形如图 7.14 所示。室内乘员可移动空间为 220mm（图 7.15）。

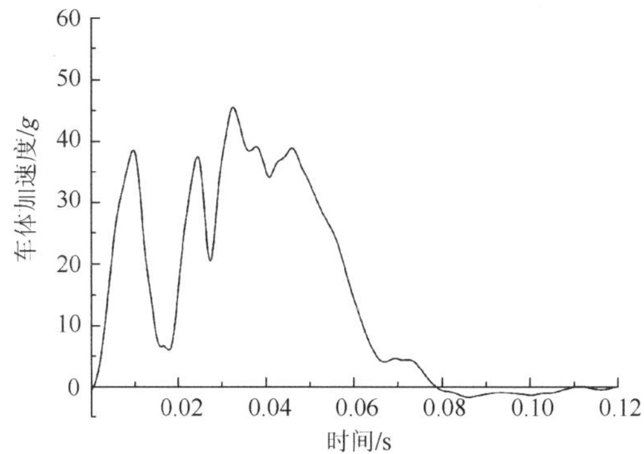

图 7.14　B 柱下端碰撞加速度波形

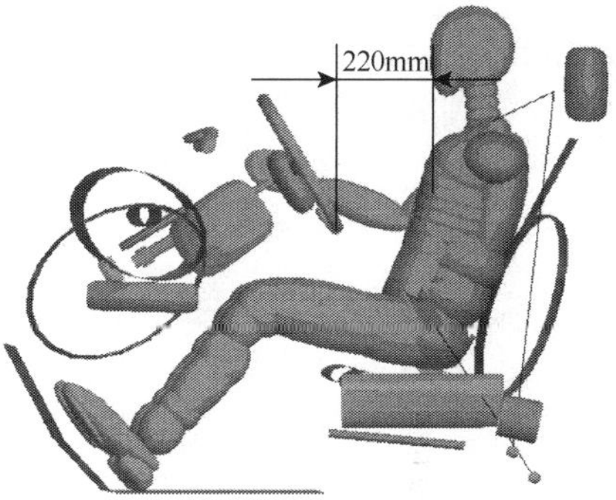

图 7.15　乘员生存空间示意图

车内空间决定乘员与安全气囊的初始距离约为 130mm。车体和乘员的初始速度为 50km/h。乘员质量采用乘员的胸块质量，设定为 16.8kg。不考虑乘员与安全气囊接触面积的变化，设定为 0.09m^2。

为简化算法，本例不考虑安全带预紧器，待优化参数为织带刚度和限力值。安全带织带刚度参数取值范围为[8%，14%]，步长为 2%；限力值的取值范围为[3000N，5000N]，步长为 500N。

安全气囊的待优化参数为安全气囊体积与泄气孔直径。安全气囊体积变化范围为[40L，60L]，步长 5L；泄气孔直径取值范围[24mm，40mm]，步长为 4mm。参数表如表 7.4 所示。

表 7.4　安全带和安全气囊参数设计表

试验序号	安全带织带刚度/%	安全带限力值/N	安全气囊体积/L	安全气囊泄气孔直径/mm
1	8	3000	45	32
2	8	3500	50	36
3	8	4000	55	40
4	8	4500	60	24
5	8	5000	40	28
6	10	3000	50	40

续表

试验序号	安全带织带刚度/%	安全带限力值/N	安全气囊体积/L	安全气囊泄气孔直径/mm
7	10	3500	55	24
8	10	4000	60	28
9	10	4500	40	32
10	10	5000	45	36
11	12	3000	55	28
12	12	3500	60	32
13	12	4000	40	36
14	12	4500	45	40
15	12	5000	50	24
16	14	3000	60	36
17	14	3500	40	40
18	14	4000	45	24
19	14	4500	50	28
20	14	5000	55	32

全部参数组合的计算结果如表 7.5 所示。计算结果有两项：一是乘员胸部最大移动量，二是乘员胸部伤害响应的极值。

表 7.5　全部参数组合的计算结果表

试验序号	加速度极大值/g	加速度极小值/g	试验序号	加速度极大值/g	加速度极小值/g
1	240.4	46.1	11	288.7	35.8
2	226.9	45.8	12	266.7	36.4
3	203.6	46.4	13	220.1	56.2
4	178.4	46.1	14	209.4	55.1
5	158.4	62.7	15	209.0	52.8
6	276.5	36.8	16	309.1	33.8
7	253.4	37.2	17	270.2	55.6
8	232.8	38.8	18	238.4	50.3
9	195.5	53.3	19	235.0	50.5
10	189.7	53.1	20	232.0	51.5

从表 7.5 看出：安全带织带刚度恒定时，乘员胸部伤害响应极值与安全带限力值正相关；安全带限力值恒定时，乘员胸部伤害响应极值与织带刚度也正相关。即安全带限力值越小，织带刚度越小，则乘员胸部伤害响应极值越小。

考虑到乘员最大移动空间限制，本车初始参数取为 4 号试验值：安全带织带刚度为 8%，限力值 4500N，安全气囊的体积 60L，泄气孔直径 24mm。

7.3　基于双自由度模型的乘员约束系统参数求解

7.3.1　双自由度模型的建立

在单自由度模型（见 3.1 节）基础上，本节将人体质量简化为上半身和下半身两个质量块，提出了车体-乘员双自由度解析模型（two-degree-of-freedom vehicle-occupant analytical model），简称双自由度解析模型或双自由度模型。上半身质量包括头、胸和上肢；下半身质量包括腹、骨盆和下肢。双自由度模型除了能够模拟人体相对车体的向前运动，还能模拟人体上身绕骨盆的相对转动。更为重要的是，考虑到人体各部位的力学响应与约束系统特性密切相关，将约束系统每个子系统的作用独立表达出来，例如，安全带肩带、安全气囊和转向机构集中作用于人体的上半身，而安全带腰带和座椅、护膝板等集中作用于人体的下半身，进而建立约束系统参数与乘员响应的直接关系。考虑到复杂的连接关系，本节建立的车体-乘员双自由度解析模型如图 7.16 所示。

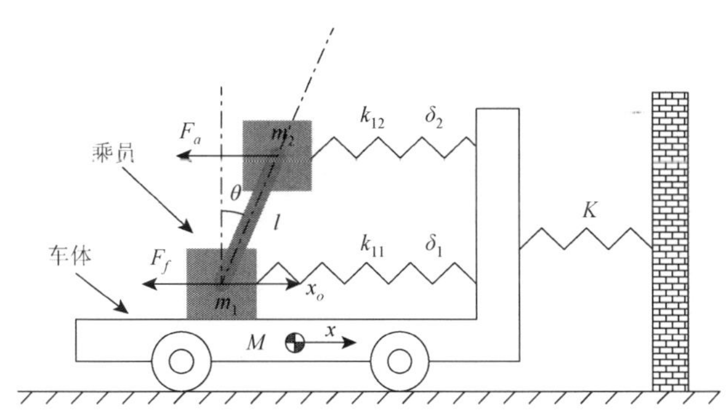

图 7.16　双自由度乘员动力学模型

图 7.16 中 m_1 和 m_2 分别代表下半身质量和上半身质量。k_{11} 和 k_{12} 分别代表腰带和肩带简化模型的等效刚度。δ_1 和 δ_2 分别代表腰带和肩带简化模型的伸长量。F_a 代表安全气囊及转向柱的约束反力，F_f 代表座椅坐垫对乘员的摩擦力。x_v 代表车体位移，可以根据已知的车体加速度二重积分获得。广义坐标选取骨盆质量块水平方向的运动 x_o 和胸部质量块绕骨盆质量块的旋转角度 θ。

7.3.2　乘员约束子系统解析模型及参数表达

1. 安全带系统力学简化模型及参数表达

安全带作为约束系统中最为重要的子系统是车辆发生碰撞时最先对乘员起到约束作用的装置。安全带主要靠织带的拉伸变形吸收乘员能量。预紧功能可以在碰撞发生时预拉紧织带，尽可能地减少乘员与安全带之间的间隙，从而更快地约束乘员。限力功能即当安全带的拉力达到一定限值时，织带可以自由地伸长，保持拉力不变，用以保证安全带不产生过高的约束力使得人体胸部变形及内脏伤害。

本书将安全带本体简化为一段弹簧，并在建模过程中假设在车辆碰撞过程中安全带肩带带力集中作用在胸部中央部位，腰带带力集中作用在骨盆中央部位；忽略乘员与安全带之间的摩擦以及运动过程中带段滑动现象。此时安全带肩带相当于以胸部中央位置在肩带上的投影点 O_2 为分界点，由上下两部分组成的织带。因此以 O_2 为分界点将安全带肩带拆分成 S_1 和 S_2 两部分考虑，如图 7.17 所示。其中 S_1 带段连接 D-环（D-ring）和 O_2 点，S_2 带段连接带扣（buckle）和 O_2 点。同理，采用相同的方法可以把骨盆中央位置在安全带腰带上的投影点 O_1 点作为分界点，将腰带拆分成 L_1 和 L_2 两部分。

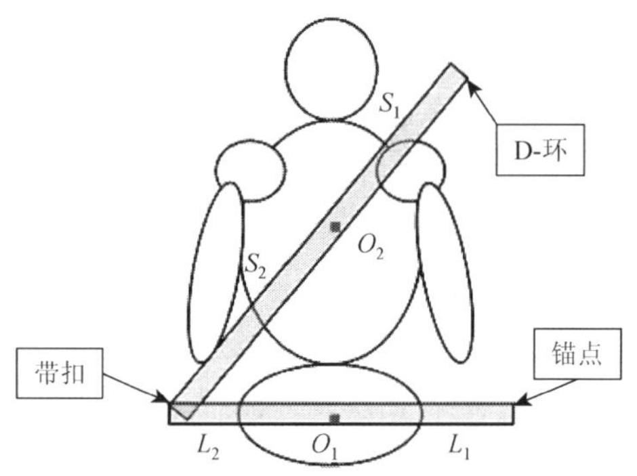

图 7.17　安全带系统作用示意图

基于上述分析将 L_1 和 L_2 段并联成一段安全带简化模型，等效刚度为 k_{11}，一端固定连接在车体上，另一端连接在人体胸部质量块上。同理，将 S_1 和 S_2 段并联，等效刚度为 k_{12}，连接车体和人体骨盆质量块。

安全带限力特性在计算中通过定常数阈值的方式加以体现，当安全带带力提升至限力水平时，带力保持为一恒定数值；安全带预紧特性通过弹簧的“预伸长”δ_{pre}加以体现。当预紧完成时，乘员与安全带之间产生一定的预紧力，使得安全带处于拉紧的状态且与人体紧密接触[11]。简化的安全带解析模型如图 7.18 所示。

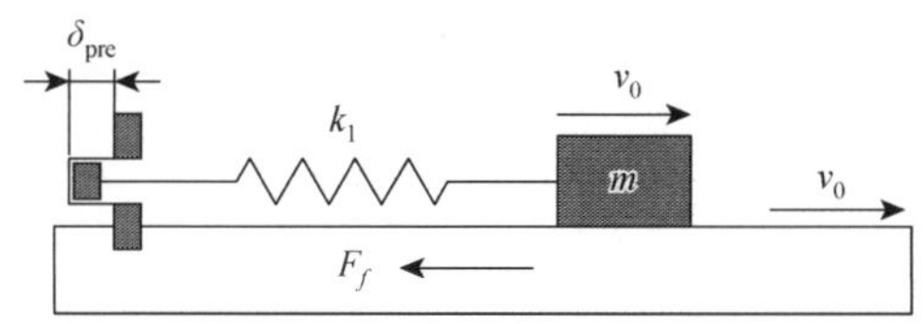

图 7.18　安全带力学简化模型

无预紧量情况下安全带腰带力 F_w 和肩带力 F_S 分别表示为：$F_w = k_{11}\delta_1$ 和 $F_S = k_{12}\delta_2$。考虑卷收器预紧的情况下肩带力 $F_S = k_{12}$（$\delta_{2+}\delta_{pre}$）；带扣预紧的情况下，肩带力 $F_S = k_{12}$（$\delta_2 + \delta_{pre}$），腰带力 $F_w = k_{11}$（$\delta_{1+}\delta_{pre}$），其中 δ_{pre} 为预紧量。

2. 座椅坐垫、安全气囊及吸能式转向柱力学简化模型及参数表达

座椅系统性能体现在座椅坐垫对乘员的支撑、坐垫表面对乘员的摩擦。其中摩擦力与坐垫支持力水平分量直接影响到乘员骨盆加速度以及乘员整体的运动趋势。根据查阅相关论文阐述的统计学试验结果，该力与乘员在坐垫表面的正压力相关为 $F_f = 1.86$（$m_{1+}m_2$）[11]。为计算方便，本书将阻力简化为一个数学常量，具体数值需要根据实际情况加以修正。

安全气囊对驾驶员的作用力取决于气囊内部压力，而一般来说，在气体发生器确定的情况下，气囊内部压力随时间变化，其大小取决于气囊点火时间、泄气孔尺寸以及外部冲击物的质量和冲击速度。包含了气囊主要几何参数和气体物理特性，该模型能够计算出气囊与外部冲击物之间的相互作用力。考虑到气囊的反力并非从始至终作用于人体，利用乘员胸部与气囊展开后的距离参数作为判断是否接触的驱动条件，具体方法如图 7.19 所示，$D_{p\max}$ 为目标车型转向柱与乘员胸部的最短距离，$D_{s\max}$ 为简化模型气囊展开后到乘员胸部中央位置的最短距离，t_a 代表气囊充气后的厚度，t_{ax} 为 t_a 在 x 向的分量，t_c 代表人体胸部中央位置到胸部外表面的距离。气囊简化模型的驱动条件可由目标车型实际尺寸获得，即 $D_{s\max} = D_{p\max+}t_{ax+}t_c$。运动过程可以理解为当运动过程中乘员胸部质量块向前移动距离超过距离 $D_{s\max}$ 时，乘员胸部质量块的速度作为输入，将所获得的气囊反力 F_{DAB} 施加到人体上。

对于吸能式转向柱，提取其压溃临界力 F_c 与维持力 F_u 的设计参数作为动力学简化模型参数，如图 7.20 所示，当气囊对转向柱的作用力超过转向柱压溃临界值 F_c 则按照系统给出恒定维持力 F_u 进行计算。综合考虑安全气囊和吸能式转向柱对人体的作用，其逻辑关系如图 7.21 所示。运动过程中定义人体胸部的位移为 $x_{chest} = x_o + l\theta$。

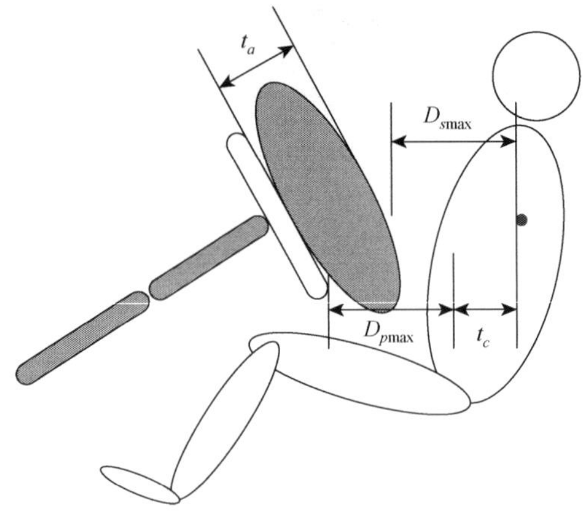

图 7.19　气囊驱动条件分析示意图

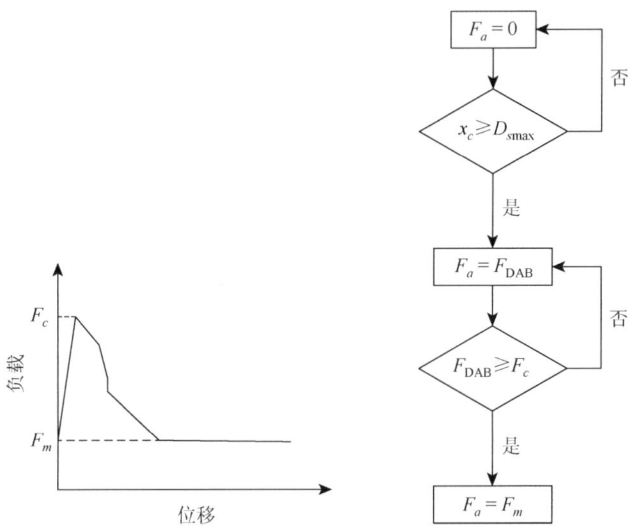

图 7.20　转向柱压溃曲线

图 7.21　气囊和吸能式转向机构反力算法的逻辑关系

7.3.3　双自由度解析模型集成与力学响应方程建立

基于拉格朗日力学原理，如果一个力学系统所受外力仅包含保守力，则可以引入势能函数 U，这时拉格朗日函数表示为

$$\frac{\mathrm{d}}{\mathrm{d}t}\left(\frac{\partial L}{\partial \dot{q}_j}\right)-\frac{\partial L}{\partial \dot{q}_j}=0 \tag{7.20}$$

式中，$L=T-U$，T 和 U 分别是这个力学体系的动能和势能[12]。为了求解双自由度模型的动力学响应表达式，建立含有非有势力的理想约束系统的拉格朗日方程：

$$\frac{\mathrm{d}}{\mathrm{d}t}\left(\frac{\partial L}{\partial \dot{q}_j}\right)-\frac{\partial L}{\partial \dot{q}_j}=Q_j \tag{7.21}$$

式中，Q_j 为该理想约束系统的广义力。

定义系统的独立变量：①$i=1$，$q_1=x$；②$i=2$，$q_2=\theta$。

双自由度模型系统的动能可以表示为

$$T=\frac{1}{2}m_1(\dot{x})^2+\frac{1}{2}m_2(L\dot{\theta})^2+\frac{1}{2}m_2(\dot{x})^2+m_2(L\dot{\theta})(\dot{x})\cos\theta \tag{7.22}$$

$$U=m_2gL(1-\cos\theta) \tag{7.23}$$

考虑到微幅振动，令 $\sin\theta\approx\theta$，$\cos\theta\approx 1-\theta^2/2$，因此可将动能和势能表示为

$$T=\frac{1}{2}(m_1+m_2)\dot{x}^2+\frac{1}{2}m_2L^2\dot{\theta}^2+m_2L\dot{x}\dot{\theta} \tag{7.24}$$

$$U=\frac{1}{2}m_2gL\dot{\theta}^2 \tag{7.25}$$

其中完整有势力的理想约束条件下的拉格朗日函数为

$$\frac{\mathrm{d}}{\mathrm{d}t}\left(\frac{\partial T}{\partial \dot{q}_j}\right)-\frac{\partial T}{\partial \dot{q}_j}+\frac{\partial U}{\partial \dot{q}_j}=Q_j \tag{7.26}$$

通过对式（7.26）求解得到

$$\begin{bmatrix} m_1+m_2 & m_2L \\ m_2L & m_2L^2 \end{bmatrix}\begin{bmatrix} \ddot{x} \\ \ddot{\theta} \end{bmatrix}=\begin{bmatrix} Q_1 \\ Q_2-m_2gL\theta \end{bmatrix} \tag{7.27}$$

另将等式右侧矩阵换为$\begin{bmatrix} F_{AB} \\ F_{CD} \end{bmatrix}$。

用约束系统的约束力替换广义力部分的 Q_1 与 Q_2，方程为

$$F_{AB}=-F_f-F_S-F_L-F_a \tag{7.28}$$

$$F_{CD}=(F_f+F_L-F_S-F_a)L-m_2gL\theta \tag{7.29}$$

经过计算得到模型响应结果：

$$\ddot{\theta}=\frac{(m_1+m_2)F_{CD}-m_2LF_{AB}}{m_1m_2L^2} \tag{7.30}$$

$$\ddot{x}=\frac{F_{AB}L-F_{CD}}{m_1L} \tag{7.31}$$

在约束系统主要参数如织带刚度、预紧量、限力阈值以及气囊主要几何参数和

气体物理特性给定的情况下，车体加速度作为激励，该方程能够快速求解代表人体的两个质量块的加速度响应。双自由度模型的 MATLAB 求解程序见附录Ⅲ。

7.3.4 双自由度解析模型求解及乘员响应验证

本书取某国产 A 级轿车作为例子，其 50km/h 实车 FRB 碰撞试验波形如图 7.22 所示。本书将车体加速度的离散数据作为激励，采用 MATLAB 软件利用迭代方法求解双自由度系统质量块响应。

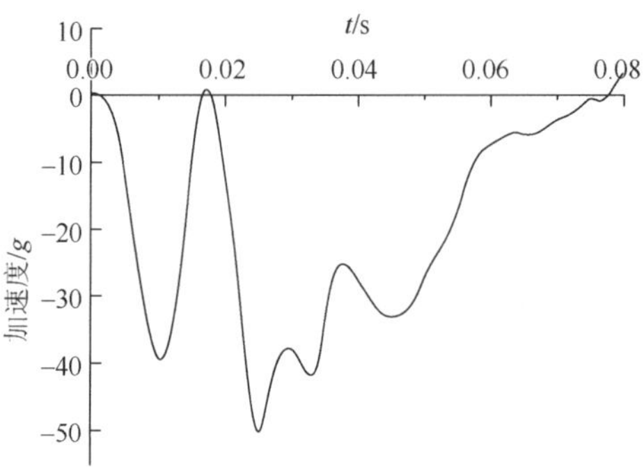

图 7.22 目标车型车体加速度离散波形

为了验证双自由度模型的有效性，本章将计算结果与实车碰撞试验测量值和 MADYMO 模型计算值进行了对比，MADYMO 仿真模型如图 7.23 所示，台车试验如图 7.24 所示。图 7.25 是 m_1 质量块加速度响应曲线与实车碰撞试验测量和 MADYMO 模型计算出的乘员胸部加速度曲线对比；图 7.26 是 m_2 质量块加速度

图 7.23 S6 车型的 MADYMO 仿真模型

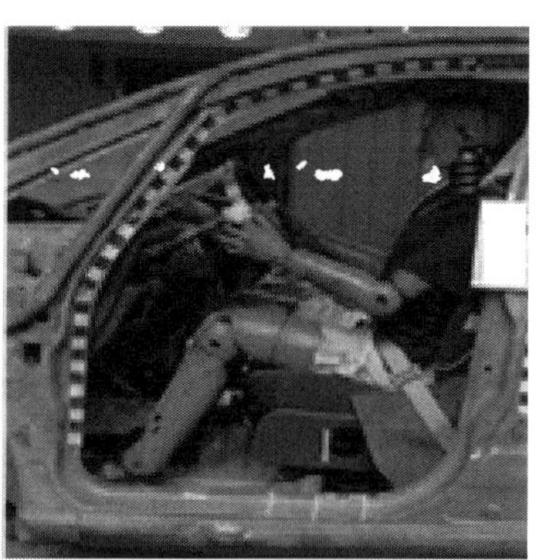

图 7.24 台车试验

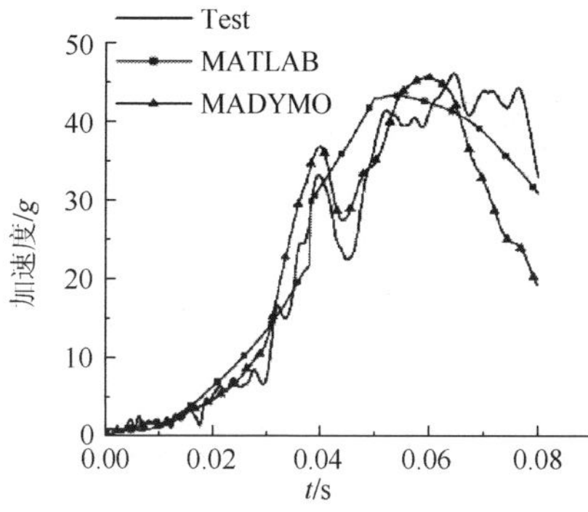

图 7.25　胸部加速度对比曲线

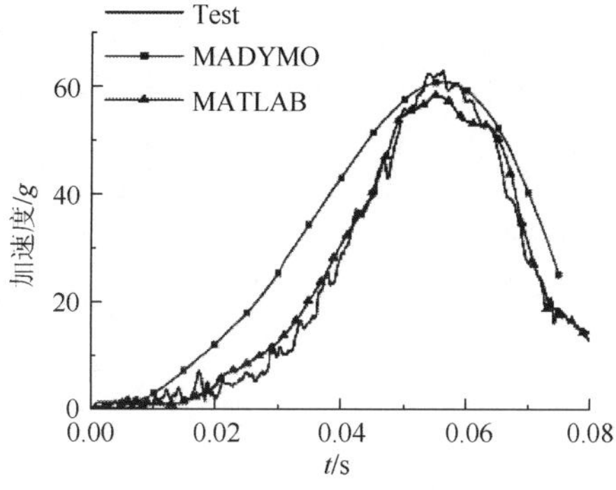

图 7.26　骨盆加速度对比曲线

响应曲线与实车碰撞试验测量和 MADYMO 模型计算出的乘员骨盆加速度曲线对比。

本章构建的安全气囊解析模型和乘员及约束系统双自由度模型与单自由度模型相比，运算较为复杂（需借助于计算机编程求解），但一方面模型中体现了子系统更多的设计参数，包括安全带织带刚度、预紧量、限力值以及安全气囊的体积、充气量和泄气孔面积等若干重要参数，使得设计过程更为直接；另一方面，能够输入离散的原始波形也使得计算结果与实际更为接近。

参 考 文 献

[1] Liu S，Cao L，Yu W，et al. Test and simulation study on the performance improvement of SUV airbag[J]. Chinese Journal of Automotive Engineering，2012，2（5）：334-340.

[2] Keun J. Validation methodology on airbag deployment process of driver side airbag[C]. 22th Enhanced Safety of Vehicles（ESV）Conference，Washington D C，America，2009.

[3] Lee S B，Hong S G. Parametric study on mid-mounted passenger airbag cushion using design of experiments[R]. SAE Technical Paper，2003.

[4] Esgar J B，Morgan W C. Analytical study of soft landing on gas-filled bags：NASA Technical Report R-75 [R]. Cleveland：Lewis Research Center，1960.

[5] Huston R L. Vehicle occupant movement and impact with the interior in frontal collisions-the'second collision'[J]. International Journal of Crashworthiness，2013，18（2）：152-163.

[6] Zhang X，Liu X，Su Q. Testing validation and parameter optimization in occupant restraint system development[J]. China Mechanical Engineering，2008，19（10）：1254-1257.

[7] Zhang H，Raman S，Gopal M，et al. Evaluation and comparison of CFD integrated airbag models in LS-DYNA，MADYMO and PAM-CRASH[R]. SAE Technical Paper，2004.

[8] Owens C，van Hassel E，Unger M，et al. Frontal system optimization with MADYMO and mode FRONTIER[R]. SAE Technical Paper，2009.

[9] Zhong Z，Yang J. Automotive airbag technology and its application[J]. China Mechanical Engineering，2000，

11（1-2）：234-237.

[10] Kim Y S，Fischer K，Nayef E，et al. Single stage driver airbag module development for out-of-position[C]. 23th Enhanced Safety of Vehicles（ESV）Conference，Seoul，Korea，2013.

[11] Augenstein J，Perdeck E，Stratton J，et al. Performance of depowered air bags in real world crashes[R]. SAE Technical Paper，2002.

[12] Hamid M S，Narayanasamy N，Shah M J，et al. Systems approach in development of adaptive energy absorbing steering columns by virtual engineering[R]. SAE Technical Paper，2005.

附录 I　缩写与符号说明

缩写与符号	说明
α	能量密度比
β	约束系统综合评价指标
γ	碰撞波形综合评价指标
η	压溃率，波形效率
δ_{eff}	有效压缩距离
ω_n	约束系统固有频率
ξ	压缩系数
σ_0	等效流动应力
σ_{cr}	受压翼缘的临界应力
σ_u	材料的极限应力
σ_f	泡沫铝的平台应力
σ_m	金属材料的等效流动应力
σ_c	复合材料的等效流动应力
σ_{ct}	复合材料垂直纤维拉伸极限应力
σ_y	材料屈服强度
ε_a	复合材料拉伸应变
ε_u	材料极限应力
ε_d	泡沫铝密实应变
$\varepsilon_{\mathrm{cr}}$	泡沫铝材料特性的弹性临界应变
$\varepsilon_{\mathrm{ct}}$	复合材料垂直纤维拉伸极限应变
ρ_f	泡沫铝密度
ρ_s	泡沫铝基础材料密度
$a_{\max}$	汽车碰撞过程中的加速度峰值
$a_{\mathrm{EDTW}}(t)$	时间域的等效双梯形波
$A_{\max}$	碰撞波形峰值
D	车辆前端结构的可压溃量
D_1	发动机前端的压溃量
D_2	发动机到防火墙的压溃量
D_3	前纵梁到发动机之间的压溃量

续表

缩写与符号	说明
D_{10}	发动机前端的布置空间
D_{20}	发动机到防火墙的布置空间
D_{30}	前纵梁到发动机之间的距离
D_E	发动机的布置空间
D_L	吸能式转向管柱触发时乘员的相对位移
$D_{\max}$	车辆碰撞过程中的最大动态压溃量
$D_{o/v}$	碰撞过程中乘员相对于车体运动的最大位移
DAF	动力放大系数
$e_{\max}$	碰撞过程中车体变形吸收的能量密度，也是车体的最终能量密度
e_{rs}	乘员约束能量密度
e_{rd}	乘员压溃能量密度，也称 Ride-down 能量密度
ESW	等效方波
E_{beam}	薄壁梁吸能量
E_{foam}	泡沫铝吸能量
E_{rd}	Ride-down 能量
E_{rs}	乘员约束能量
F_a	安全气囊及转向柱的约束反力
F_{avg}	车体前端结构的平均反力
F_C	转向压溃力
F_f	座椅坐垫对乘员的摩擦力
F_L	安全带限力值
F_m	车体前端子结构的平均压溃力
$F_{\max}$	车体前端结构的最大反力
F_p	子结构的压溃力峰值
F_S	安全带肩带力
F_w	安全带腰带力
g	重力加速度
G_1	等效双梯形（台阶）波参数，第一台阶高度
G_2	等效双梯形（台阶）波参数，第二台阶高度
G_L	安全带限力值对应的加速度响应
G_o	形心加速度
i	阶梯比
K	车体前段结构等效刚度

续表

缩写与符号	说明
K_{W400}	车体压溃距离为 400mm 时的能量等效刚度
K_{AB}	防撞梁及吸能盒的刚度
K_{AE}	车体前端结构的平均刚度
m	乘员质量
m_{chest}	乘员胸部质量
m_g	气囊内部混合气体质量
M	车体总质量
M_g	气囊内部混合气体摩尔质量
n	材料硬化指数，复合材料层数
N	极限屈服膜力
N_0	复合材料包裹管的极限屈服膜力
P	气囊内部压强
P_{atm}	大气压强
R	理想气体状态常数
S_0	车内生存空间
S_A	安全气囊泄气孔总面积
t^*	乘员与约束系统接触时刻
t_1	双台阶波上发动机开始碰撞的时刻
t_2	双台阶波上碰撞结束的时刻
t_{AB}	等效双梯形波 AB 段对应的时间
t_C	发动机碰撞时刻，也是等效双梯形波 C 点对应的时刻
t_{CD}	等效双梯形波 CD 段对应的时间
t_E	车辆速度为 0 的时刻，也是回弹时刻
t_o	形心时刻
Δv	乘员与约束系统接触时刻，车体的碰撞速度
v_0	车体碰撞前的速度
v_{t_C}	发动机碰撞时刻的车体速度
w	宽度比
$\ddot{x}_o$	乘员绝对加速度
$\dot{x}_o$	乘员绝对速度
x_o	乘员绝对位移
$\ddot{x}_v$	车体绝对加速度

续表

缩写与符号	说明
$\dot{x}_v$	车体绝对速度
x_v	车体绝对位移
$\ddot{x}_{o/v}$	相对加速度
$\dot{x}_{o/v}$	相对速度
$x_{o/v}$	相对位移

附录Ⅱ　33款（40辆）车56km/h正面全宽刚性壁障碰撞的实验数据

序号	实验年份	车型	星级	序号	实验年份	车型	星级
1	2011	福特嘉年华（FORD FIESTA）	5	15	2014	雪佛兰 IMPALA（CHEVROLET IMPALA）	5
2	2012	别克君威（BUICK REGAL）	5	16	2014	起亚 FORTE LX（KIA FORTE LX）	5
3	2012	讴歌 TL（ACURA TL）	4	17	2014	雷克萨斯 IS250（LEXUS IS250）	4
4	2012	起亚锐欧（KIA RIO）	4	18	2014	马自达 3（MAZDA 3）	5
5	2012	日产西玛（NISSAN MAXIMA）	4	19	2014	马自达 6（MAZDA 6）	5
6	2012	沃尔沃 S60T6（VOLVO S60）T6	5	20	2014	梅赛德斯-奔驰 E350（MERCEDES-BENZ E350）	4
7	2013	讴歌 ILX（ACURA ILX）	5	21	2014	丰田凯美瑞（TOYOTA CAMRY）	4
8	2013	奥迪 A4（AUDI A4）	5	22	2015	现代索纳塔（HYUNDAI SONATA）	5
9	2013	雪佛兰迈锐宝（CHEVROLET MALIBU）	5	23	2014	英菲尼迪 Q50（INFINITI Q50）	4
10	2013	福特 FUSION（FORD FUSION）	5	24	2013	特斯拉 Model S（TELSA MODEL S）	5
11	2013	梅赛德斯-奔驰 C300（MERCEDES-BENZ C300）	4	25	2013	日产 SENTRA（NISSAN SENTRA）	5
12	2013	日产 ALTIMA（NISSAN ALTIMA）	5	26	2013	本田雅阁（HONDA ACCORD）	4
13	2013	斯巴鲁翼豹（SUBARU IMPREZA）	5	27	2013	本田思域混合动力（HONDA CIVIC HYBIRD）	4
14	2014	凯迪拉克 CTS（CADILLAC CTS）	5	28	2013	道奇 DART（DODGE DART）	5

续表

序号	实验年份	车型	星级	序号	实验年份	车型	星级
29	2013	凯迪拉克 ATS（CADILLAC ATS）	5	35	2011	日产 VERSA（Nissan VERSA）	3
30	2013	凯迪拉克 XTS（CADILLAC XTS）	5	36	2012	日产西玛（NISSAN MAXIMA）	3
31	2012	三菱蓝瑟（MITSUBISHI LANCER）	5	37	2011	梅赛德斯-奔驰 C300（MERCEDES-BENZ C300）	3
32	2012	马自达 6（MAZDA 6）	4	38	2011	丰田凯美瑞（TOYOTA CAMRY）	3
33	2011	奥迪 A4（AUDI A4）	3	39	2011	日产 SENTRA（NISSAN SENTRA）	3
34	2011	本田 CR-Z（HONDA CR-Z）	3	40	2011	福特 FUSION（FORD FUSION）	3

附录Ⅲ　MATLAB 求解程序

气囊解析模型求解程序：

```
for i=2:110
    dt=0.001;
    Sh=0.25*π*d^2;
    if i>tcritical
       mg(i)=mg(i-1)+2*ρ(i-1)*Sh*sqrt((p(i-1)-patm)/ρ(i-1))
        *dt;
       Ma(i)=Ma(tcritical)-mg(i);
       z(i)=z(i-1)-1000*dt;
       w(i)=w(i-1)-(v(i-1)*dt+a(i-1)*(dt)^2/2);
           if  z(i)<0 & w(i)<=0
                H(i)=H(i-1)-v(i-1)*dt;
           else
                H(i)=H(tcritical);
           end
       Phi(i)=D-π*H(i)/2;
       Sc(i)=π*(Phi(i)/2)^2;
       y=@(n)4*Pi*x*sqrt((0.5*H(i))^2-(n-0.5*Phi(i))^2);
       V(i)=Sc(i)*H(i)+quad(y,Phi(i)/2,(Phi(i)+H(i))/2);
       ρ(i)=Ma(i)/V(i);
       p(i)=ρ(i)*R*Tg/Mg;
            if p(i)<patm
                p(i)=patm;
            end
           if  z(i)<0 & w(i)<=0
                ac(i)=g-(p(i)-patm)*Sc(i)/Mc;
           else
                ac(i)=g;
           end
```

```
        v(i)=v(i-1)+ac(i)*dt;
    else
      ac(i)=g;
      end
end
```

单自由度模型任意波形求解程序：

```
for  i=2:100
     dt=0.001;
     ẋv(i)=ẋv(i-1)+(ẍv(i)+ẍv(i-1))*dt*0.5;
     xv(i)=xv(i-1)+(ẋv(i)+ẋv(i-1))*dt*0.5;
     F(i)=k*abs(xo(i-1)-xv(i));
     ẍo(i)=F(i)/mchest;
     ẋo(i)=ẋo(i-1)+(ẍo(i)+ẍo(i-1))*dt*0.5;
     xo(i)=xo(i-1)+(ẋo(i)+ẋo(i-1))*dt*0.5;
end
```

改进单自由度模型的求解程序：

```
for i=2:100
     dt=0.001;
     ẋv(i)=ẋv(i-1)+0.5*(ẍv(i)+ẍv(i-1))*dt;
     xv(i)=xv(i-1)+0.5*(ẋv(i)+ẋv(i-1))*dt;
     F(i)=k1*abs(xv(i)+xo(i-1)-d1);
     if     F(i)>=FL
         Fb(i)=FL;
     else
         Fb(i)=F(i);
     end
     mout(i)=mout(i-1)+vout(i-1)*Svent*ρ(i-1)*dt;
     Vcom(i)=Vcom(i-1)+ẋ(i-1)*Sc*dt;
     Vout(i)=Vout(i-1)+Vout(i-1)*Svent*dt;
     P(i)=(R*Tg*(mtotal-mout(i)))/(Mg*(Vtotal-Vcom(i)-
     Vout(i)));
     k2(i)=P(i)-Patm;
     Fa(i)=k2(i)*Sc;
     if      abs(xv(i)-xo(i))>=D
          Fo(i)=Fb(i)+Fa(i);
```

```
    else
        Fo(i)=Fb(i);
    end
    ẍo(i)=Fo(i)/mo;
    ẋo(i)=ẋo(i-1)+0.5*(ẍo(i)+ẍo(i-1))*dt;
    xo(i)=xo(i-1)+0.5*(ẋo(i)+ẋo(i-1))*dt;
    ρ(i)=(mtotal-mout(i))/(Vtotal-Vcom(i)-Vout(i));
    vout(i)=sqrt((P(i)-Patm)/ρ(i));
end
```

双自由度模型的求解程序:

```
for i=2:80
    dt=0.001;
    Ẋ(i)=Ẋ(i-1)+0.5*9.8*(P(i)+P(i-1))*dt;
    X(i)=X(i-1)+0.5*9.8*(Ẋ(i)+Ẋ(i-1))*dt;
    δ1(i)=x(i-1)-X(i);
    δ2(i)=δ1(i)+L*θ(i-1);
    FL(i)=k1*δ1(i);
    FS(i)=k2*δ2(i);
    FAB(i)=-Ff-FS(i)-FL(i)-Fa(i);
    FCD(i)=(Ff+FL(i)-FS(i)-Fa(i))*L-m2*g*L*θ(i-1);
    ẍ(i)=(FAB(i)*L-FCD(i))/(m1*L);
    θ̈(i)=((m1+m2)*FCD(i)-m2*L*FAB(i))/(m1*m2*L^2);
    ẋ(i)=ẋ(i-1)+0.5*(ẍ(i)+ẍ(i-1))*dt;
    x(i)=x(i-1)+0.5*(ẋ(i)+ẋ(i-1))*dt;
    θ̇(i)=θ̇(i-1)+0.5*(θ̈(i)+θ̈(i-1))*dt;
    θ(i)=θ(i-1)+0.5*(θ̇(i)+θ̇(i-1))*dt;
    ẍ(i)=ẍ(i);
    ẍ(i)=ẍ(i)+L*θ̈(i);
end
```

索　引

（按笔画排序）